Apple vs. BlackBerry，
H&M vs. ZARA，
Bumble vs. Tinder，
看巨頭爭霸如何
鞏固優勢、瓜分市場！

每場商戰都是史詩級的冒險，
誰才能在市場上贏到最後？
當巨頭林立，新進黑馬又如何攻其不備？
iPhone打趴黑莓機，H&M和Zara各擅勝場，
Netflix狠甩其他影音平台好幾條街……
從史上最經典的商戰案例，
看見鞏固自身優勢、立足競爭洪流的商場謀略！

大衛‧布朗（David Brown）——著
李立心、柯文敏——譯

U0014461

WONDERY

BUSINESS
WARS

THE ART OF BUSINESS WARS

破壞性競爭

Contents
目錄

前言

「非利不動，非得不用，非危不戰。」

《孫子兵法・火攻篇》

    商場即戰場。不管你靠什麼賺錢，總有人想和你做一樣的事情，而且試圖在速度、價格或品質上打敗你。面對超級飢渴、執著又糾纏不休的對手，你該如何擊敗他們？

    這場戰爭的成敗事關重大。沒錯，商戰上的對手確實和真實戰場不同，他們是文明人——至少理論上是如此。但這場戰爭依舊攸關生死。你自己、公司員工和你們的家人都需要吃飯，如果公司倒了，你們要拿什麼來付租金？在商場上吃了敗仗，你還有國家可以依靠，但淪落到要靠政府救濟的你依舊是重傷者。適者生存的道理適用於董事會的會議室，也適用於共同工作空間，與戰場無異。當生計來源面臨威脅，這場戰爭對**你**而言就再真實不過。你到底想不想贏？

    兩千多年來，想在戰爭中占上風的戰士們無不選擇翻開中國軍事家孫子撰寫的那本軍事建言暨哲理小冊子，尋求解答。孫子身處諸侯割據的春秋末期，那是一個激烈戰事綿延不絕的時代。過去百餘年來，美國商場局勢不正是如此？《孫子兵法》的英譯是「The Art of War」，直譯回中文是《戰爭的藝術》，

但實際上，孫子最重視的是**避免**戰爭。身經百戰的孫子深知戰爭的昂貴、浪費與超高風險。最後一點最為重要，也是戰爭永遠是最後手段的原因。《孫子兵法・謀攻篇》中寫到，「知可以戰與不可以戰者勝。」相較於作戰，孫子的重點反而是如何規避戰爭、締結盟友、威嚇與使詐。唯有在其他策略全數失效的時候，開戰才有道理。而且即便要開戰，也要等到勝率大、可以取得決定性勝利的時候才出手。對孫子而言，最浪費寶貴資源的莫過於兩軍僵持。

雖然書中提及馬車相關的戰術讓內容有些過時，但《孫子兵法》大部分的內容至今仍適用，二千五百年前想必也同樣是適時且重要的文本。幾乎所有高風險衝突都可以套用孫子的指示。孫子對培養耐性、長遠規劃或利用對手弱點的書寫都讓麥肯錫（McKinsey）顧問與哈佛商學院（Harvard Business School）的教授難以望其項背。這就是為什麼當我們決定要將世界上最熱門的 Podcast 之一——《商戰》（Business Wars）——改寫成冊時，選擇向這本不朽的經典取經。

我們在 Podcast 中所做的對比很單純。每一個專題都連結到兩個指標性企業間的戰爭，例如 Uber 大戰 Lyft、FedEx 對上 UPS、星巴克（Starbucks）對決 Dunkin' Donuts。我們希望可以藉著仔細回顧過去的商場戰役，了解當時的將領在想什麼，並進一步了解要如何取勝。一如孫子所悉，經驗是最好的老師。當我們缺乏自身經驗，可以以史為鏡。溫斯頓・邱吉爾（Winston Churchill）曾說，「回顧的時間拉得愈長，向前看

就可以看得愈遠。」我們撰寫這本書的目的不只是要講述精彩故事而已。Podcast 受制於特定形式，沒有辦法鑽研得更深入，這本書就要帶讀者進一步踏入每一場戰事的核心，揭露所有可以從中學到的寶貴知識。

＊　　　＊　　　＊

　　企業的成敗故事除了對參與其中的人切身相關，對於受那些企業的成就所感動的人也同等深切。本書提到的品牌是我們生活中的試金石。拿我自己當例子，我在工作之餘，會去把玩萊斯・保羅（Les Paul）吉他，然後立刻為我身為吉普森派[1]感到愜意（當然，芬德派也有自己的一席之地）。我和家人共進晚餐的時候，也會為了身為「Mac」人而非「PC」人的好處激辯一場。哈雷重機（Harley）騎士從我這個凱旋（Triumph）車手旁呼嘯而過時，甚至不肯給我個車友式揮手。

　　那也無妨：我們都有自己鍾愛的品牌。

　　在我成長的南方小鎮上，可口可樂就是王道，打開百事可樂幾乎可說是背叛行為。我還記得第一次看到必勝客（Pizza Hut）的時候，覺得那東西不知怎地有種異國風味（當時的世界比現在小得多）。我跑新聞的時候如果遇到大選之夜，就得守在喬治亞州議會大廈（Georgia State Capitol）等待結果陸續公布。那時候我就會點達美樂（Domino）來吃，在那個圓形

---

[1] 譯注：吉普森（Gibson）和芬德（Fender）是美國兩大吉他品牌，相互纏鬥多年。詳情請見第二章。

大廳內的記者，三更半夜的也只有達美樂能吃了。現在我每次看到達美樂的看板都忍不住想，在這麼短的時間內，世界居然發生了如此劇烈的變化。我們每個人應該都有這樣的經驗，在第一次搭上 Uber 的時候，想著未來在陌生的城市中旅行，將變成與過去截然不同的體驗了。

商業的世界與社會緊密結合的程度，讓人幾乎看不見它的存在，這正是為什麼我對商場如此好奇。那是一個隱藏版的世界，卻從各方面劇烈影響著我們的日常生活。身為記者，好奇就是我的本質。我想了解這個隱藏的世界，因此成了美國公共傳媒（American Public Media）財經節目《Marketplace》的主播，爾後又主持《商戰》這個節目。

其實在成為產業線記者之前，我就一直對商業很感興趣。我還清楚記得自己小時候會從書架上拿出《少年百科》（*Childcraft encyclopedia*），翻到給像我這種年輕讀者的挑戰單元，挑戰把商標與企業連在一起。我為了可以區分全州保險（Allstate）和西屋電器（Westinghouse）的商標而自吹自擂，連哥哥都覺得我瘋了，但對我而言，那些標誌就是通向故事的跳板，即使還只是個孩子，我也樂於花好幾個小時閱讀，了解電視台、不動產開發，甚至是西爾斯（Sears）百貨型錄。那些都是故事背後的故事，共同拼湊成一張地圖，向孩提時的我講解了當年充滿廣告、品牌滿布的美國商業局勢。

歸根究底，商戰並不是一件冷血的事，而是人的故事。主角是懷抱想法的人，而那些想法有時候具備改變事物的潛能。

這本書回顧的戰事每一場都教會我們許多事情：堅定對抗反對新事物的力量、抵禦新來的競爭者、管理、反擊、做出巨大改變，以及很常見的——去承擔那些你力有未逮的事。這些商戰故事是關乎勝利與敗仗的經驗談，因為存在著意外反轉、莎士比亞式悲劇而格外引人入勝。在本書中，各種類型的領導人意志同等堅決，追求著相反的結局。他們善用策略並籌措資源，最細微的差異也可能逆轉結果，單一戰術錯誤就足以顛覆整個帝國。勝者與敗者最終都學到了寶貴的一課。現在，閱讀本書的讀者完全不用擔心公司倒閉或是受到眾人恥笑的風險，就可以學到這些內容。

書本是不是很棒呢？

* * *

考量到這年頭對注意力的競爭度有多猛烈，我很榮幸得知，我們的 Podcast 每個月下載量突破了四百萬人，而且高達九成五的聽眾都完整聽完所有集數，這在 Podcast 的世界裡是驚人的數字。聽眾們包括來自世界各地的領導人、經理人、商管研究人員和企業家，為什麼他們都在聽《商戰》？這就和好幾代的領導人閱讀《孫子兵法》一樣，他們收聽《商戰》是因為有些道理不會被時間淘汰。

我熱愛在 Podcast 上講商戰的故事。在這本書中，我們有機會更加深入鑽研這個故事。有些公司我們已經在 Podcast 上討論過，但許多都是還沒探討過的品牌，書中素材也都會提供

嶄新的觀點。這是我們第一次有機會將不同的故事擺在一起做類比與連結,跨越產業與時代的界線。

　　每一章的主題都是受《孫子兵法》的章節啟發而來。舉例而言,孫子的《用間篇》對應到本書討論商戰中骯髒技巧的章節,像是誤導、欺騙,甚至為戰勝而蓄意破壞。兩者間的對應並不完美,《孫子兵法》有十三篇,這本書只有九個章節,但我們衷心感謝《孫子兵法》這部不朽經典給予我們的啟示。

　　一場精彩的商業對決其實沒那麼像個案分析,反而像是一場冒險。在這段漫長而艱難的冒險中,裡頭大膽的英雄戰勝逆境,或是輸給自己的氣急敗壞、傲慢自大等嚴重缺失。先透過Podcast,現在再透過書籍來分享這些故事,對我而言也是終生一遇的大冒險。

第 **1** 章

踏上戰場

「夫未戰而廟算勝者，得算多也。」

《孫子兵法・始計篇》

　　每一個偉大的企業起點都是相同的：無。一開始，都只是對於未來**可能**出現什麼事物懷抱著願景，僅是粗略的構想。不管這樣的構想最初是好好在紙上規劃而成或是在紙巾上胡亂寫一通，或者有時候是受到競爭者的啟發，都一樣只有這麼一個粗淺的想法。不管是靈光乍現或是經過多年研究，新的商業構想仍不過是一個目標、地圖上的 X 點，你還是得透過戰鬥並打贏戰爭才能取下領地。創業家灑下構想的種子並將它化為現實的時刻，戰爭就開打了。在市場上，沒有任何一塊領地會是別人自願出讓的，新構想再亮眼，一間企業也絕不可能在不推翻現況的情況下就勝出，必然得先擊潰那些依著現況輕鬆發懶的競爭者。

　　在讀那些為知名創業家造神的傳記時，記得抱持懷疑的態度，因為人在回顧獨特的自身故事時，往往會淡化運氣與時機的重要性。如果想了解放諸四海皆準的事實，最好是多拿幾個歷史上的例子做類比與對比。一再出現的成功創業實例有哪些共通點？有些絕妙的構想未能成功生根──至少在時機成熟或出現手段更高超的創業家把那個構想帶入戰場之前是失敗了。而這些失敗案例教會我們的事也很重要。

　　想帶著新點子做出突破，必然會經歷一番苦戰，這其實不是什麼新鮮事。就連咖啡這個讓人活起來的神藥最初問世時，也並非一帆風順。威尼斯植物學家普羅斯佩羅・阿爾皮尼（Prospero Alpini）從埃及將咖啡引進歐洲的時候，梵蒂岡認

定咖啡會帶來負面影響而反對信徒品嚐[1]。直到教宗克萊孟八世（Pope Clement VIII）試喝了這款外來的飲料，深深愛上咖啡，並給予咖啡祝福（最後，義大利人成了超級咖啡控）。

如果你有著狂野的構想以及想讓構想成真的熊熊欲望，千萬不要期待自己會收到他人溫暖的讚許。任何改變都會威脅既得利益者，改變愈劇烈，反抗力道就愈強。因此請先試想：誰是主要玩家？你得利的時候，誰會蒙受損失？新產品的確切影響難以預測，可能會帶來意料之外的深遠影響也未可知。在你跨出第一步之前，要先徹底畫出戰場地圖，確定你真正清楚自己即將發動的這場戰爭規模有多大。

CASE 1

亨利・福特的過人野心：福特 T 型車

一八九六年六月四日凌晨一點半，亨利・福特（Henry Ford）在那笨拙的裝置前打了個大哈欠，向後輕鬆坐下，舒展僵硬的脖子。福特環顧這個被他當成工作室的小磚屋。他發現自己**完成了**，倍感滿足。經過兩年的嘗試、改進與試驗，他終於完成了這份工作。他母親總要他盡力而為，在這件事情上，他始終恪遵母志。說疲憊倒也不盡然，但福特確實該感到疲倦。今天，身為工程師的他又是在愛迪生電燈公司（Edison Illuminating Company）上了一天班之後，再花一整晚為他的

---

[1] 譯注：由於咖啡是從阿拉伯世界傳入歐洲的飲料，保守的信徒將它視為「魔鬼的飲料」，並聯合要求時任教宗的克萊孟八世必須禁止信眾飲用。

新發明做最後調整。福特的老婆克拉拉（Clara）和兒子艾德塞（Edsel）想必已經睡熟了，他們剛剛有來道過晚安嗎？福特想不起來了。協助福特進行這項計畫的詹姆士・畢夏普（James Bishop）顯然和福特一樣疲憊。畢夏普坐在旁邊一張凳子上打盹。這真是個漫長的夜晚。

　　一片寂靜的屋子裡，福特眼前擺放著的是一台被他稱為「四輪車」（Quadricycle）、重約二百二十七公斤的機械車輛。四輪車恰如其名，底下裝著四顆腳踏車輪胎，沒有任何綴飾，所有零件都有其功能。所有東西該是如此，這樣的機械才容易修理與複製。

　　四輪車的雙汽缸內燃機使用了複雜的機械技術，但在福特看來，眼前這個兩人座汽車很單純，算不上是產品，還只是個原型（prototype）而已。試著實踐新想法的時候，本來就該盡量簡化所有元素。福特孩提時，第一次看到蒸汽機拉著農車在路上走，從此之後，他就一直想落實一個構想：做一台「不需要馬的馬車」。其實就類似福特現在親手打造出的東西。

　　福特的朋友查爾斯・金恩（Charles King）近來在底特律（Detroit）開著自己製作的木製四汽缸引擎車兜風，那台車最快可以開到每小時約八公里，福特的車可以超越它嗎？同個鎮上還有其他人也在進行類似的實驗。福特聽說，歐洲也有許多人在做一樣的事情。誰也不曉得這些機械最後會長成什麼樣子，或者確切該如何融入日常生活。此刻，這些車輛只有業餘愛好者在小圈圈內把玩而已。但是福特心裡很清楚，這個情況

不會持續多久。現在這些小發明家還懷抱著袍澤之情，金恩甚至曾經幫助福特製作他的四輪車，但是這種開放又合作的精神不可能永存。還有正事要辦。四輪車沒辦法取代馬車，但是未來的版本可以，而做出**那個**版本的創業家將改變世界，讓一整代的競爭者在他身後苦苦追趕。

福特環顧屋內，現在已經非常晚了，眼前的機器又吵雜得不得了。但他非得出去試開一下那台車……。

*　　　*　　　*

福特一八六三年七月三十日出生於美國密西根州（Michigan），他的父親威廉‧福特（William Ford）是愛爾蘭移民，為了尋找便宜的農地而遠渡重洋。威廉與他的老婆瑪莉（Mary）在底特律外圍找到超過四十公頃的田地。福特在成長過程中，與他的七位弟妹一起幫助父母務農，但福特對農業毫無興趣，他的學術表現也差強人意。不過，數學倒是得心應手。還只是個孩子的時候，福特就受機械裝置深深吸引。他經常把玩各種機械，拆解弟妹的發條玩具再仔細檢視，搜尋他可以拿來用的機械品。

福特家族每週六會到底特律進行採買。河面上的明輪船與其他靠蒸氣驅動的驚人裝置讓福特深深著迷。當時，這類靠蒸氣獲取動力的機械裝置在底特律日益普及。底特律已是美國創新中心，瀰漫著改變的氛圍。但福特的父母總是會有採買完成的時候，一家人又得再回到農場，對福特而言那想必就像是某

種時光旅行——回到遙遠的過去。

　　某個福特家族的親友因為知道福特熱愛機械裝置，送給男孩一只老舊、壞掉了的錶當玩具。福特用鐵釘當螺絲起子，拆解了那隻錶，了解每個零件的運作方式之後，再重組成可運作的錶。這項壯舉引起鄰居的注意，附近的人開始把壞掉的錶送來給福特修理。福特用編織針和其他家用品為自己湊合出一套工具組，靠著修錶賺外快。或許福特最終真的可以順利避開辛苦乏味的務農工作。

　　福特十三歲時，他的母親瑪莉難產過世。瑪莉生前總是以他這個「天生的技工」為榮，在她死後，福特對機械裝置的著迷程度更深了。瑪莉總是鼓勵福特去找尋自己擅長的事情，然後竭盡所能、全力以赴地去做。母親離世後，福特將那段鼓勵視為自己的使命。大約就是在那時候，福特第一次在底特律親眼看到一名農夫用蒸汽機拉動一卡車的作物。那台吵雜的燃煤裝置是在馬車之外，福特看過的第一台車。蒸氣當時已經被用來驅動許多農業工具，但像這種由蒸氣帶動的推車反映出一種可能性：未來可能可以不費力地從一個地點移動到另一個地點，而且基本上不受速度或距離限制。這樣的畫面燃起了福特的想像。後來福特曾說，「就是那台機器讓我跨入汽車運輸」。那名農夫很友善，接受福特提問並讓他好好檢視那台機器，但當然不可能讓福特在大馬路上拆解機器，那就太超過了。

　　十六歲的福特到城市裡尋覓技師工作，順利進到一家機械專賣店任職，靠這份薪水取代了過去在晚間幫人修錶的微薄收

入。不到一年，福特就離開了那間小店，轉而到造船公司當學徒，換得在各種不同的發電廠工作的機會。整整三年的時間，福特每一天幾乎無時無刻都在接觸引擎與其他機器。最後，他回到家裡的農場，鄰居雇用他操作蒸汽機來切玉米、鋸木頭與其他勞力密集的務農工作。西屋引擎公司（Westinghouse Engine Company）聽聞福特在引擎上的長才，就聘請了這名十九歲的技師負責南密西根州各地的產品維運。

一八九一年，福特已經結婚，準備安定下來。他和老婆克拉拉一同搬進底特律的一幢公寓生活，此時他決定跳槽到西屋創辦人喬治·威斯汀豪斯（George Westinghouse）的勁敵——湯瑪士·愛迪生（Thomas Edison）——所創辦的愛迪生照明公司。福特的兒子艾德塞一八九三年出生後不久，福特就晉升為主任工程師。即便家庭與工作兩頭燒，福特仍懷抱足夠衝勁繼續推進他的個人計畫，日日忙到夜深。同期還有蘭塞姆·奧茨（Ransom Olds）、大衛·鄧巴·別克（David Dunbar Buick）、約翰·道奇（John Dodge）與霍勒斯·道奇（Horace Dodge）兄弟檔等人，他們全部和福特一樣，一心想要利用內燃機引擎打造自備動力的車輛。福特希望自己做出來的車可以量產。

四輪車是福特第一台靠內燃機驅動的車輛。第一次成功試駕的時間是清晨四點，福特的助手畢夏普騎著腳踏車在前面提醒早起的行人小心車輛，福特則在後面開著他脆弱的車，時速高達約三十二公里。試駕成功後不久，福特就決定打造第二

個版本。新版四輪車更大而堅固，成功開到密西根州龐蒂亞克市（Pontiac）再開回來，路程全長約四十八公里。這次的展示行動讓福特獲得資金支持，成功成立製造公司，不過卻在一九〇〇年破產。他再度創業，但因為與投資人起爭執憤而離開。〔那些投資人承接了公司的剩餘價值，包括引擎設計和工廠，並以踏上底特律的法國探險家凱迪拉克（Cadillac）之名成立車廠。〕一九〇三年六月十六日，福特終於成立了福特汽車（Ford Motor Company）。

一九〇三年，全球汽車數量不到八千台，玩車還只是有錢人的興趣而已。早期的車輛全部靠人工製作，既昂貴又講究細節。事實上，福特的工廠根本沒有生產任何零件，而是向鎮上其他技師購買包括引擎在內的各種零件，再由十二名員工負責組裝。由於車輛缺乏一致性，需要維修、更換零組件的時候，往往需要依據需求特製新的零件。福特相信終有一天，幾乎所有人都會需要汽車，但前提是汽車製造必須兼具速度與一致性。第一位做到這件事情的業者就能大幅領先，甚至是立於不敗之地。福特懷抱著這樣的願景，但他同時受到馬車產業與早期汽車製造商的阻撓。眾人爭相搶奪的目標物是美國道路運輸的未來。

福特新公司的大金主是煤炭經銷商亞歷山大・馬康森（Alexander Malcomson）。馬康森無法跳脫「無馬馬車」（horseless-carriage）的思維，他認定汽車最終就只會取代馬車，成為另一種供富豪使用、昂貴又奢華的運輸方式而已。福

特不同意，他希望達到競爭者想像不到的生產規模，他腦海中勾勒的是輕便又堅固的車輛，價格要讓多數人負擔得起。那時候，要讓**每個人**都有車的想法很驚人。但在一九〇六年以前，福特就已經取得了長足的進展。那一年，他生產了 N 型車（Model N）。成本呢？只要六百美元。N 型車比價格較高的車款更輕但更牢固，關鍵在於福特用了耐久又容易以機器形塑的釩鋼，搭配他極為堅持的極簡設計。N 型車只保留了真正不可或缺的設計，滿足一個用車人的需求，沒有額外累贅。

「我相信自己已經解決了以便宜又簡單的方式製造汽車的難題。」福特告訴媒體。

但即便福特逐漸實現願景，馬康森還是不斷試圖把公司導向不同的方向。而且只要福特繼續仰賴其他人供應零件，就不可能成功。一九〇五年，福特採取了新策略，靠著垂直整合一口氣解決上述兩個問題。如果想稱霸汽車製造業，福特就必須要能果斷並單方面採取行動，完全掌控生產的所有環節。為了達成這個目標，他成立了福特製造（Ford Manufacturing Company）這個獨立法人，自產引擎。福特 N 型車的獲利原本全數流向馬康森，現在有了福特製造，福特也可以分得一些獲利，讓福特最後成功用賺到的錢買下馬康森所有股份。福特全權掌控福特汽車之後，就將引擎製造公司收編旗下，再買下一座煉鋼廠來自產鋼材，以自製車軸、曲軸箱等關鍵零組件。這一記妙招讓福特得以製造自家汽車所需的全部零組件，產品完全符合他開出的規格，並以他認為合適的方式製造。

*　　*　　*

　　現在回頭看可能會覺得生產線的概念再直覺不過,但所有偉大的創新都是如此,看起來很簡單,其實只是後見之明。一名領導人進入戰場時,面對的是極度龐雜而繁複的景況,就連所謂顯而易見的解決方案都很難辨識。唯有超凡靈巧的腦袋才能在檢視所有競爭者正在做的事情之後,找出缺點,並朝更好的方向努力邁進。

　　福特當時面臨的問題就是「龐雜」(complexity)。汽車公司耗費大量心力在訓練員工,讓他們具備獨自製作整台車的能力。員工必須要知道數百個零件所屬的位子,以及如何搭配那些零件,每一台車都完全靠人工組裝而成。要達成任務必須具備極強的機械天賦。有些員工願意接受挑戰,但很難找到適合人選。大部分的員工都做得很吃力,因此產線運作緩慢又參差不齊。即使只是一個很小的錯誤,像是誤判一頂螺帽的鬆緊度,都可能因此導致汽車故障,甚至造成事故。在這點上,製造商唯一能做的就是投入更多人力來解決問題,或是鼓勵所有人再更努力一點。

　　福特深知汽車的組裝存在根本性的問題,不改不行。但那個問題是什麼?發明家搜尋新的參考範本時,經常會去尋找可類比的東西,福特也不例外。機械錶的結構雖然極為繁複,但運作起來效率驚人,數百個小零件平順地依據特定方式相互動,達成單一結果──每一秒走一格。反覆地做這件事情,規

律性接近百分之百。福特自問：如果汽車工廠也可以像時鐘一樣運作呢？生產流程中的每一個步驟都可以直接連結到下一個步驟，如同環環相扣的齒輪？把工廠設計得像錶一樣，每一名員工只負責生產流程裡的一個步驟。如此一來，只要提供最基本的訓練，任何人都可以學會單一動作，並反覆以相同方式執行。製作流程中的步驟幾乎都是每隔一段時間就要做調整，如果哪一個步驟需要更動，那也只要訓練一個員工就可以了，不需要重新訓練所有人。一座設計如鐘錶一樣的工廠生產起來既精確又一致，而且迅速。可能可以非常快。一旦流程「自動化」（automated），要加速就容易了，就像汽車一樣。

福特最後做出了他名為「整合型移動生產線」（integrated moving assembly line）的成果，但這條研發之路走得並不平順。福特沒有預先繪製藍圖，如果他等到想出完美的解方才動手，根本就不可能起步。相反地，他養成研究產線的習慣，想辦法找出從原料開始製造完全可運作的福特汽車這段過程中，有哪些可以加快生產的方法，即使只快一秒鐘也好。福特這些「時間與動態研究」（time-and-motion studies）幫助他改善了生產流程。但他仍受限於工廠空間。

福特對微小細節的執著想必讓員工感到厭煩，不過這對他而言不是什麼新鮮事，打從他開始趁午夜在鎮上試駕四輪車之前，鄰居就已經把福特視為瘋狂的發明家了。福特已經接受，沒有人會理解他想靠自己的工廠達到什麼樣的成就，更不用說會給他掌聲。他知道自己正在創造前所未見的東西。一百年

後，傑夫・貝佐斯（Jeff Bezos）說出了一句名言，他說亞馬遜（Amazon）「樂於長時間被誤解」。亨利・福特也同樣被誤解得心甘情願。

一九〇八年十月一日，福特宣布繼 N 型車大獲成功之後，福特汽車將推出下一代車款：T 型車。T 型車要讓數百萬美國人都買得起，並永遠改變了美國的運輸界。T 型車彰顯了汽車設計在效率與牢固程度上的大躍進，但福特的壯舉不僅在於車體設計本身，還有他對生產流程所做的調整。福特持續精進生產線，成功壓低 T 型車的價格。以現在的貨幣價值計算，T 型車剛推出時的價格相當於每台二萬四千美元，爾後幾年持續降價，一九二七年下市前，一台已經不到四千美元了。每調降一次價格，就有更多人買得起，最後福特汽車總計賣出了一千五百萬台 T 型車，這樣驚人的銷量讓美國的道路上處處都是 T 型車的蹤跡。

一九一〇年，福特在高地公園（Highland Park）打造了約二十五公頃大的汽車工廠。現在，福特總算可以從零開始設計工廠產線，把效率拉到最大值。我們現在所熟知的量產概念，就是在高地公園的廠區開始成形。最初幾年這種大規模生產的方法被稱為「福特主義」（Fordism）。隨著福特主義不斷演進，生產汽車的時間從每台耗時十二小時，縮減到只要九十三分鐘，與此同時需要的人工還減少了。

福特向一名來工廠參觀的人說明，「負責放零件的人不鎖零件。放螺栓的就不放螺帽，放螺帽的不負責鎖緊。場內所有

事情都會移動。」這支錶終於開始運行。一九一二年,福特在工廠內加裝傳動帶之後,整座廠房確實就像錶一樣「移動」。福特對產線所做的無數個微調,最終創造出複利效果:工廠每產出一台新車,多省一秒鐘的價值就會加乘。小改變長遠來看帶來極大效益,福特汽車的產能不像競爭者那樣直線成長,而是指數成長。一九一四年以前,福特就超越了同業總體產能。

對福特的員工而言,這份工作無聊透頂,不如技術性的組裝工作,為了補償他們,福特汽車的員工薪水是業界平均的兩倍。他們也可以享受許多其他領先業界的福利,每天還可以少工作兩小時。福特深知量產意味著「讓員工盡可能不需要思考,並極簡化他自己的想法」。那就是重點。某些層面上來說,福特的工廠是將他自身想法與雙手規模化的工具,否則怎麼可能像福特期待的,完全按照他所想的方式製作汽車,又要達到他理想中的超大產量?

亨利‧福特贏得這場戰爭是因為他有辦法想像一個與他所處的世界截然不同的世界,再以完美的執行力去搭配心中願景。那是福特真正的天賦,而這類天賦鮮少人擁有。路上才八千台車在跑的時候,只有福特想到汽車的年銷售可能高達百萬台,但前提是要有人可以做出這麼多台車。一九二二年,福特跨越了這座里程碑。他的做法不是和其他車廠一樣不斷嘗試新的設計,而是更迅速且有效率地製作同一款車。願景與專注正是決定一名領導人是屬害抑或超級屬害的關鍵,可說是最重要的戰術。

CASE 2

打造夢想屋：芭比與美泰兒

一九五六年一個美好的夏日，韓德勒（Handler）家族正在瑞士開心度假。芭芭拉（Barbara）與肯恩（Ken）兩個孩子看來玩得很開心，他們的母親露絲·韓德勒（Ruth Handler）卻心不在焉。她一如往常地在想著自家公司：美泰兒（Mattel）。露絲和老公艾略特（Elliot）老早就規劃好這次旅程了，但現在她想不起來當初自己怎麼會覺得帶著兩個青少年來歐洲旅行有任何放鬆的可能。

這次的喘息時光確實是她和艾略特自己賺來的。美泰兒靠著好幾款熱銷商品換來幾年的好業績，但在玩具產業中打滾，一刻都不得閒，必須不斷預想下一季要做什麼。露絲腦中思緒紛飛。美國那邊為這次假期做的準備進度如何？為什麼他們沒有稍微**早一點**過暑假？例如，一月就放？

一家人在迷人的歐洲街頭漫步，露絲卻滿腦子都是這些憂慮。此時，一家小店讓她突然駐足。店內櫥窗展示了一排小型塑膠人像：長相完全相同的金髮美女身著一系列時尚滑雪衣。

露絲的女兒芭芭拉成長過程中，對於寶寶人偶向來沒什麼興趣，她比較喜歡大人人偶，一邊把玩，一邊想像長大後的場景，像是參加派對、甚至是媽媽常在公司裡舉辦的商務會議。由於玩具製造商並沒有製造成人人偶，芭芭拉得從《好管家》（*Good Housekeeping*）、《麥考爾》（*McCall's*）等女性雜誌

上剪下紙玩偶。那些雜誌經常會印出精美的彩色紙偶，搭配一件可以讓讀者剪下來的裙子。

露絲好幾年來一直試圖說服其他美泰兒高層，年輕女孩不只對扮演媽媽的角色有興趣，成熟女性的娃娃可能也有其市場。紙玩偶很漂亮但十分脆弱，裙子也沒辦法好好附著在娃娃上。然而，露絲完全無法說服其他人。他們總認為女孩就是想玩扮演媽媽的遊戲。但在露絲看來，讓這些男人更不安的顯然是塑膠女性人偶的隱含意義，只是他們不願承認而已。現在看來歐洲人已經搶先一步了。還是並沒有？那家店**看起來**不像玩具店。

露絲還不知道答案，但櫥窗內的確實是莉莉人偶（Lilli dolls）。莉莉是連載漫畫中的低俗角色，比貝蒂娃娃（Betty Boop）更猥瑣。那部連載漫畫刊登在西德報紙《圖片報》（*Bild*）上。櫥窗中的人偶其實原本是要讓人買來送給莉莉的「愛慕者」，也就是《圖片報》的男性讀者，當成惡作劇用的搞笑禮物。但德國女孩都在玩莉莉娃娃，就像芭芭拉喜歡玩成熟女性的紙偶一樣。露絲知道商機就在這裡，現在她拿到一個成功的實例可以和美泰兒那些存疑的男性分享了。

露絲走進店裡買了三個莉莉娃娃。取得範例之後，她需要幫新產品想一個名字。也許芭芭拉有什麼好的建議……。

*　　　*　　　*

玩具公司為了活下去，必須抓住每一個新世代消費者的

心。上一季必買的聖誕熱銷商品到了隔年秋天就被束之高閣了，但即使改變的腳步如此迅速，玩具公司抗拒創新的程度可能與其他製造商無異。讓孩童又驚又喜的玩具就會成功，但負責設計與推銷那些玩具的大人常常選擇打安全牌，和其他更務實的產業業者一樣保守。

　　雖然玩具產業要討好的對象是兒童，這塊市場的競爭始終猛烈，甚至殘酷無情。每逢節慶，製造商為了搶單用盡手段，包括無恥模仿、無情破壞。背後原因或許是這塊市場給予創新的回報太過戲劇化又難以預測。「那一款」玩具像海浪一樣席捲全國，促使急切的父母隨著戰術性的消費主義起舞。消費者逛遍商場通道（這年頭改成狂更新網頁），就是為了搶下最後一件時下最熱銷商品。因此，玩具產業對於心懷願景、滿腹點子又積極爭取的創業家而言，總有種特殊的吸引力。

　　帶著真正創新的想法上戰場，永遠會遇到阻礙。多數人無法接受新點子。不管是不是在玩具產業，新進者都需要很有毅力才能面對資深者的抗拒，那些質疑的聲浪可能來自競爭者，也可能來自身邊存疑的盟友。諷刺的是，在玩具產業中，經驗往往蒙蔽了老將的雙眼。有時候，需要一雙未經世事的眼眸才能看出新型玩具的潛能，發現它具備永遠改變產業與兒童玩樂方式的能力。

　　露絲婚前的姓氏是摩斯可（Mosko），她一九一六年十一月四日出生於科羅拉多州（Colorado）丹佛市（Denver），是猶太裔移民家族中的第十個孩子，父執輩為逃離反猶太主義

而離開波蘭。露絲的母親體弱多病，因此她小時候主要由大姊與姊夫養育，露絲經常到姐姐的藥店幫忙，在過程中學習經商技巧。青少年時期，她遇見了艾略特・韓德勒，兩人共舞後墜入愛河。露絲十九歲時決定移居洛杉磯（Los Angeles），艾略特也跟去了。露絲到派拉蒙影業（Paramount Pictures）擔任速記員，艾略特則到藝術中心設計學院（Art Center College of Design）就讀。兩人一九三八年結婚。

由於手頭很緊，艾略特開始利用剛問世的塑膠材質（如壓克力）製作燈飾和其他小擺設，布置他們的小公寓。在露絲的鼓勵下，艾略特將興趣變成事業。露絲拿一小時的午休時間到洛杉磯各處的高端商家推銷艾略特的作品。「我發現自己熱愛銷售的挑戰，」露絲事後回想，「每次我帶著樣品走進店裡，再帶著訂單出來，腎上腺素就會飆過體內所有角落。」最後，露絲為艾略特取得道格拉斯飛行器公司（Douglas Aircraft）的大單，製作壓力鑄造模型飛機當成企業贈品。艾略特雇用了另一位工業設計師哈羅德・「麥特」・麥特森（Harrold "Matt" Matson），協助完成這份工作。接下來，露絲建議兩人開始製作相框，並快速拿下多張照相館的訂單。二戰開打後，塑膠僅限軍事用途，因此他們改做木製相框，訂單倍增。一九四二年，一行人決定將新公司命名為美泰兒（Mattel），結合麥特（Matt）與艾略特（Elliot）的名字。他們從來沒想過要把露絲的名字給加進去。

美泰兒隨後跨足娃娃屋的家具。艾略特利用做相框剩下的

零碎塑膠來做家具，成功之後又接著做其他玩具。美泰兒的第
一個熱銷商品是「尤克里里琴」（Uke-A-Doodle），那是一
把迷你烏克麗麗。那時候麥特森的健康狀況很差，因此韓德勒
夫婦買下了他所有的股權。到了一九五一年，美泰兒已經雇用
六百名員工，售出數百萬個手工音樂盒。美泰兒得以蓬勃發展
的關鍵是露絲優異的經商手腕。露絲擔任美泰兒執行副總，負
責行銷與營運。當時，美國男人陸續從前線返鄉，女人不管再
不情願也得回歸家庭，露絲是個異類，在高度競爭又由男性主
導的玩具產業中，擔任衝勁十足的企業高階主管。

　　露絲並不甘於現狀。她始終是多元包容的倡議者。為露
絲撰寫傳記《芭比與露絲》（*Barbie and Ruth*）的羅賓・格伯
（Robin Gerber）指出，「她和艾略特當時採用開放的聘雇政
策。露絲依據才能選人。」美泰兒的工廠聘用的女性與有色員
工人數遠超過均值，一九五一年，美泰兒更因聘雇政策獲得城
市聯盟獎（Urban League Award）。

　　一九五五年，露絲帶美泰兒打進《米老鼠俱樂部[2]》（*The
Mickey Mouse Club*），一舉讓美泰兒躍升為產業領頭羊。當
時的玩具商只對家長行銷，主要投放廣告的媒介是《展望》
（*Look*）雜誌、《生活》（*Life*）雜誌、《星期六晚郵報》
（*Saturday Evening Post*）等紙媒。成年人才是進到玩具店裡
購物、為孩子挑選適合商品的人，但露絲決定要跳過中間人，

---

[2] 譯注：迪士尼在一九五五到一九九六年間播送的兒童電視節目。

直接向孩子推銷。美泰兒提供迪士尼（Disney）的新節目長達十二個月的贊助，成為第一家針對孩子投放電視廣告的公司，堪稱創舉。

露絲贊助《米老鼠俱樂部》五十萬美元的決定風險很高，那個金額幾乎相當於美泰兒當時的總淨值。這項決定大獲成功。那一年，美泰兒的「飽嗝槍[3]」（Burp Gun）成為必買的聖誕玩具。這次宣傳的成功不僅標誌了美泰兒的關鍵轉變，也是整體玩具產業的改變：從此刻起，小孩對於父母要買哪些玩具給他們，擁有了更大的話語權。玩具公司必須摸清楚孩子的思維模式，而不是為孩子買玩具的大人。

露絲是個賭性堅強的人，閒暇時就邊抽菸邊打牌，她完全不怕風險。除此之外，她還很有遠見，兩者恰恰是創業家最需要的特質。雖然艾略特是公司內的主要創作者，但露絲才是具有劃時代見解的人，是她的那些想法讓美泰兒脫胎換骨。主導產業的男人依舊假設年輕女孩只想模仿媽媽，露絲卻發現消費者有個典型的痛點：數以百萬計的女孩都像她的女兒芭芭拉一樣，只能靠剪刀和色紙來創作符合現實的擬真成年人偶，她們用那些人偶來「夢一場關於未來的夢」（dream dreams of the future）。何不針對這項需求利用新的塑膠製造工法製作可調整姿勢的擬真成人人偶？女孩不需要把嬰兒放進嬰兒床或假裝拿奶瓶餵寶寶喝奶，她可以為女人換上各種衣裳，並依據她想

---

[3] 譯注：飽嗝槍是蘇聯在二戰時期製造的衝鋒槍。

像中的未來拿人偶玩角色扮演的遊戲。她們可以帶人偶參加奢華派對、到充滿異國風情的地方旅遊，或者讓人偶面對一屋子滿心存疑的男性高層（沒錯這個場景也可以），那些人明明沒當過女孩卻自認比妳還懂女孩子。

露絲沒能說服艾略特或任何其他美泰兒的男性高層她的想法多麼具前瞻性。他們告訴露絲，製作擬真女性人偶的成本太高了。但露絲爾後在文章中寫到，她懷疑他們的抗拒「主要來自人偶有胸部的事實」。露絲的猜測是對的。一名美泰兒廣告部高層在多年後的紀錄片中坦言，「過去不曾有人擁有過為孩子製作的成人玩偶。感覺就是不太對勁。修長美腿、胸部、面容姣好的女人，這整個概念並不是⋯⋯那就不是一個給小孩玩的人偶。」

露絲幾乎不曾感到退縮，但她發現自己完全不知道該如何說服同事她提出了一個極具意義的想法。直到露絲在瑞士的商家櫥窗中發現了莉莉。現在，露絲拿到一個真實範例可以證明，即使莉莉人偶最初的行銷對象只限成年人，但女孩確實會玩這樣的成人人偶。拿到莉莉人偶之後，露絲終於說服其他人讓她放手一搏。露絲的努力讓她的願景化作現實。她指導美泰兒規模龐大的研發部門針對美國女孩修改瑞士來的莉莉人偶，美國版人偶的塑膠皮膚會更柔軟，頭髮較堅固，臉蛋依舊漂亮，但少了一些異國風味。

當個事後諸葛很容易，回頭看任何新構想的育成階段都會認為那是通往成功的直接路徑。事實上，戰爭才剛剛開始。雖

然為女孩製作成人人偶的想法是新的，但女孩的幻想遊戲並不是無人固守的領地，原本就有許多老字號商家製作嬰幼兒的人偶。露絲起初得面對來自內部強烈的抗拒，後來美泰兒在從發想到實際製作人偶的過程中，每個階段都遭逢外部阻礙。露絲完全是靠著無盡的熱情與執著才得以落實想法。

美泰兒費盡心思預測父母對這款新的玩具會有哪些擔憂。市場調查的結果發現，母親因為人偶的成人特徵而不太放心。為此，美泰兒找來心理學家向家長掛保證，人偶有胸部這件事情雖然幾乎讓遊戲產業中的每一個人（大多是男性）飽受驚嚇，但對於成長中的女孩而言是很有幫助的教育模範。事實上，在拿著產品原型去採訪女孩和她們的母親之後，心理學家鼓勵美泰兒把人偶的胸部加大。最後，原本被視為人偶最大弱點的胸部成了關鍵強項與賣點。人偶的女性特徵讓女孩可以無盡想像成年人的生活場景。

經過三年的研發，露絲帶著以女兒的名字命名的芭比娃娃（Barbie）出席紐約市（New York）玩具展覽會（Toy Fair），那是產業每年最重要的一場盛會。在此之前，美泰兒的創新已經超越了原始的莉莉設計，甚至加上關節設計，讓身高約三十公分的塑膠人偶可以擺出撩人姿勢。露絲最重視的是品質與真實性，她希望女孩可以完全模擬出她們腦海中的畫面，想像未來的自己過著精采刺激的生活。芭比的頭髮以手工縫製，指甲也是手工上色。美泰兒甚至聘請了設計師為芭比打造奢華衣櫥（一開始，芭比在行銷上的設定是青少女的時尚模

範）。從營運的角度來看，在日本製造人偶讓製造成本遠低於在美國製造。零售價格訂在三美元，盡可能讓更多孩子買得起。消費者也可以加購伸展台時尚服飾，有些服裝的設計甚至參照了當時巴黎最新的服裝款式。每一件服飾的價格訂在一美元或以上。

然而，即便美泰兒投入大量心血，也盡力防堵所有可能爆出的問題，芭比一九五九年三月九日的初登場仍徹底失敗。紐約市熨斗區（Flatiron District）的國際玩具中心（International Toy Center）內，滿懷希望的玩具創作者沿著走道架起一個個的攤位。露絲坐在美泰兒的攤位內，當她發現零售商對芭比毫無興趣，內心愈來愈沮喪。買主清一色都是男性，每一個都走過來看一眼就離開，他們完全不懂芭比的魅力何在。女孩就是想假扮成媽媽，如此而已。此外，美泰兒攤位上的時尚模特兒人偶令那些買家感到不自在，在他們看來，具備那種身體曲線的人偶絕不可能是有益健康的東西。女孩需要的是為未來的人生做準備，準備像自己的母親一樣好好持家，而不是走上時尚伸展台。

當玩具展覽會的最大買主西爾斯百貨斷然拒絕購買芭比娃娃的時候，露絲已經近乎絕望。美泰兒預期芭比的需求量會很大，因此日本廠每週都會生產二萬個芭比娃娃，但所有主要零售業者都不願進貨。露絲別無選擇。如果商家不肯進貨，她就要讓小孩主動要求買芭比，就像之前飽嗝槍的操作一樣。

　　美泰兒改變重點，用盡各種方法將芭比直接帶到小女孩面前。例如：寄送促銷用的幻燈片觀賞器玩具 View-Master 到玩具店，觀賞器內預先裝好芭比娃娃的照片。玩具展過後不到幾週，美泰兒就為芭比娃娃推出第一支電視廣告。廣告內容直接點出芭比的魅力核心：

　　有一天，我會成為和妳一模一樣的人。在那之前，我很清楚自己要做些什麼。芭比，美麗的芭比，我要假裝我就是妳。

　　坐領高薪的資深專家靠了解女孩的偏好賺錢，卻不了解芭比的魅力。但露絲確信，女孩子一拿到芭比就會懂了。露絲的想法再度正中紅心。透過電視，美國女孩直接接觸到芭比，芭比娃娃人氣指數暴漲。到了聖誕節前夕，日本廠已經趕工不及。芭比上市第一年，美泰兒就賣出了超過三十五萬個芭比娃娃，整整三年產能才追上需求。「娃娃一上架就被買走。」露絲後來如此形容。芭比和大多數的玩具不同，她受歡迎的程度在上市後扶搖直上，有增無減。芭比不像飽嗝槍那種華而不實的玩具，芭比系列玩具開啟了彈性無上限的世界，讓年輕男女孩可以安全地在玩樂的過程中，隨心所欲地想像自己未來的樣貌。

　　一九六〇年，芭比上市一年後，韓德勒夫婦決定讓美泰兒上市，當時的市值一千萬美元，後來一路爬進《財星》（Fortune）雜誌全球五百大企業之列。一九六三年，美泰兒開始將芭比娃娃賣到全世界。雖然最初的樣本來自德國，但芭

比娃娃很快成為美國人的標誌。十年內，芭比的銷售額就突破二億美元。除了日本數千名勞工負責製作芭比娃娃、加州（California）數百名員工處理行銷與通路，芭比還有專屬祕書，專門回覆每週湧入的二萬封粉絲來函。到了一九六八年，芭比粉絲俱樂部（Barbie Fan Club）光是在美國就擁有超過一百五十萬名會員。

如果說芭比的成人特質是吸引年輕女孩最重要的資產，男性角色顯然有互補作用，幫助孩子繪出完整的成人生活景況。一九六一年，美泰兒以韓德勒的兒子為名推出芭比的男友角色——肯恩（Ken）。爾後幾年，芭比系列不斷推出新角色。芭比交到許多朋友，在一九六八年以前，她的朋友群中就已經有有色人種女性代表了。芭比自己也被賦予多重角色，她可以當機師、醫生、運動員或政治家。一九八〇年，黑人芭比問世。很重要的一點是，在各式各樣的變化中，露絲從來沒有讓芭比自己養育孩子，芭比系列最接近生兒育女的版本是芭比褓母遊戲組（Barbie Baby-Sits playset）。

又過了好些年，芭比成為女性主義攻擊的目標，甚至遭到嘲諷。有些人認為芭比娃娃間接鼓勵年輕女性要達到不切實際的身體樣態。然而，露絲的動心起念其實是要給予女孩子較接近真實女性形象的人偶，那是其他地方遍尋不著的。撇開誹謗者不談，現在回頭看，數百萬人都很感謝芭比的存在。露絲後來受訪的時候說，「我一次又一次地聽到婦女對我說，芭比對她而言遠超過一個人偶，而是她們的一部分。」

露絲在一九七〇年確診乳癌，同一時間，美泰兒面對經濟衰退、工廠大火、碼頭工人罷工。對任何領導人而言，這幾個事件組合都難以克服，更不用說那位領導人才剛接受了乳房切除手術。美泰兒正是在那時候開始做假帳以維持股價。一九七二年，美泰兒的股東控告公司，韓德勒夫婦被迫請辭。艾略特對為露絲寫傳記的人說，露絲的野心戰勝了她，她就是「無法止住那樣的野心」。一九七八年，露絲因共謀罪遭到起訴。露絲選擇認罪，遭判罰款與社區服務。為此，她成立了基金會為弱勢年輕男性進行職業訓練。

露絲無所畏懼的人格讓她選擇再次成立新公司，製造舒服且擬真的人工乳房。她又一次從自身經驗中，體會到消費者的痛點，並把它化成產品。露絲經營這間新公司超過十年才出售。這段過程中，她成為早期乳癌檢查的倡議者。當時，乳癌還是個禁忌話題。美國第一夫人貝蒂・福特（Betty Ford）接受乳房切除手術之後，也是請露絲幫她做人工乳房。

一九八九年，露絲與艾略特被選入玩具產業名人堂（Toy Industry Hall of Fame）。二〇〇二年，露絲在洛杉磯與世長辭。九年後，也就是二〇一一年，艾略特也去世了。現在，芭比是文化標誌也是商業傳奇。一九五九年至今，美泰兒賣出超過十億個芭比娃娃。拜芭比與她的朋友所賜，美泰兒成為全球第二大玩具公司，僅次於丹麥的樂高。美泰兒的產品幾乎遍及全球，公司年營收超過四十億美元。

「我的芭比哲學就是透過這個人偶，小女孩可以成為任

何她想成為的角色。芭比永遠代表女性擁有選擇的事實。」露絲在自傳中寫到。美泰兒很幸運，露絲當時具備那樣的拼搏精神，成功說服一群固執又超級不自在的男性，一個代表成年女性的人偶可以成功打入市場。一個構想在初登場的時候遇到的阻礙愈大，潛力往往也愈大。

多次創業的連續創業家在過程中理解到，要把眾人的抵制看成是一種鼓舞：構想被打得愈兇，潛力就愈大。如果新東西沒能激起火花，怎麼可能引燃烈火？

CASE 3

逾期費用：百視達 vs. 網飛

一九九七年一個美好的夏日早晨，家住加州聖塔克魯茲市（Santa Cruz）的里德‧哈斯汀（Reed Hastings）和馬克‧藍道夫（Marc Randolph）在聖塔克魯茲外圍的斯科茨谷市（Scotts Valley）碰頭，會面點是一座停車場。兩人從那裡一起開上十七號加州州道前往矽谷。過去幾個月以來，兩人週間都像這樣一起通勤上班。當時的科技圈充滿刺激與機會，他們身邊的每一個人都想跟上網路產業的爆發期，那是貨真價實的淘金熱。矽谷的範圍沿著海岸線從聖塔克魯茲延伸到舊金山（San Francisco），沙山路（Sand Hill Road）這個矽谷頂尖創投的集散地夾在中間。但這些熱衷科技、很早就接受新科技的人卻還在做一件超級古老的事：拆信。

藍道夫的新創公司前一年被軟體開發公司 Pure Atria 收購

之後，就一直在 Pure Atria 位於桑尼威爾市（Sunnyvale）的公司上班。Pure Atria 是哈斯汀擔任高層的公司。哈斯汀正準備完成 Pure Atria 與另一家公司的合併案，那場合併案後來刷新了矽谷合併案的規模紀錄。在合併後的公司中，兩人都會成為冗員，因此他們趁著早上開車上班的機會，一起規劃新的事業。起初，他們的共識只有一個：在網路產業仍蓬勃發展的時候投入其中。但要想到確切想做什麼，卻是一大挑戰。哈斯汀和藍道夫都不想為了前景有限的構想注入心血。

「我們要打造某一個領域中的亞馬遜。」哈斯汀說。

每天早上，藍道夫都會在車上闡述他最新的網創構想：宅配洗髮精、客製化狗食、客製化衝浪板。哈斯汀的回答一成不變，「那絕對不會成。」每一次，藍道夫都得重頭來過。

用這種方式試想了數百個可能性之後，藍道夫向哈斯汀提出了前景可期的構想：透過郵件租電影。哈斯汀雖然受到吸引，但稍做研究之後，否決了這項提案。來回運送與倉儲管理讓家用錄影系統（Video Home System，VHS）錄影帶的寄送成本過高，做不成。後來他們聽到來自日本的傳聞，在家看電影的嶄新規格——數位視訊光碟（Digital Versatile Disc，下稱 DVD）——出現了。DVD 的大小和光碟片一樣，但可以存放一整部高解析度的電影，很有機會取代錄影帶和雷射影碟（Laserdisc），成為居家電影播放的標準規格。

如果 DVD 勝出，大家還會費力地跑去百視達（Block-buster）借一卷約一百公克的錄影帶嗎？理論上，寄送 DVD

既不費力又便宜。如此一來就不需要租下一千座實體店面了，透過郵政系統配送即可。租幾間大倉庫就足以存放所有庫存，亞馬遜就是這麼做的。而且就像亞馬遜一樣，你也可以利用銷售數據了解顧客之後會想訂購哪些商品。

哈斯汀很興奮，但藍道夫半信半疑。他不相信五吋的塑膠光碟可以挺過寄送過程。過去二十年來，藍道夫的主業是直接行銷，其中一部分的工作就是要寄送數百萬份郵件，他甚至曾經在聖荷西中央郵政（San Jose central post office）做過幕後工作。

「那些機器輸送信件的速度奇快無比，還會把信件硬推過一個個轉角，諸如此類的事。」藍道夫說。DVD 到底有沒有辦法毫髮無傷地送達目的地？只有一個方法可以得到答案。

藍道夫和哈斯汀弄不到 DVD，因為當時 DVD 還只在美國少少幾個市場試售，但他們知道 DVD 的樣貌和光碟片一模一樣。幾天後，兩人走到哈斯汀家幾個路口外的太平洋大道（Pacific Avenue）上，在二手書籍暨唱片店家 Logos Books & Records 買了珮西·克萊恩（Patsy Cline）最暢銷的一張唱片。他們把光碟從盒子裡拿出來，放進信封袋。信封上寫著哈斯汀的住址，貼妥三十二美分的郵票後，投入附近的郵筒。

一天早晨，哈斯汀帶著印有郵局章的信封抵達兩人每天通勤上班的會面點。他們急切地打開信封袋，檢查光碟上有沒有刮痕。

光碟完美得不得了，毫髮無傷。藍道夫很驚訝，兩人開心

極了。

哈斯汀和藍道夫站在停車場內相互對視，一切來得太簡單了一些。但顧客如果急著想看最新釋出的電影，還會願意等一天、甚至更久再拿到那部影片的檔案嗎？

這就要看他們有多討厭去百視達了。

　　　　　　＊　　　　＊　　　　＊

企業為了爭搶美國人的沙發人生大動干戈，那些戰役可說是當代最曠日廢時、令人疲憊的商戰，時至今日仍未終結。蘋果（Apple）、網飛（Netflix）、迪士尼等巨獸到現在還在為影視串流的未來投入大筆賭注，並在過程中徹底重塑了娛樂產業。當未來仍未明朗，精明的領導人會選擇回顧歷史，找尋可參照的類似事件。

在網速極慢的年代，連三十秒的影片都放不太出來，而且畫面尺寸只有一張郵票的大小。那時候，每到星期五晚上，民眾就會開車到藍黃相間的百視達租片。百視達當時在全球有數千家分店，顧客在店內走道徘徊，尋找最棒的電影。現在，世界上只剩下一家百視達，那是位在奧瑞岡州（Oregon）本德郡（Bend）的獨立店家，與已經倒閉的前錄影帶租借霸主百視達毫無關係[4]。

---

[4] 譯注：此分店二〇〇〇年成為百視事達加盟店，在百視達宣告破產，後將商標賣給 Dish Newtwork，店主仍持續繳交加盟金。二〇一九年，當年留下來的五十家加盟店陸續倒閉，讓它成為最後一家百視達。因此，準確來說這家店不算是與原本的百視達公司完全無關。

　　百視達在全盛時期以倉儲式商場（big-box retailer）策略，將規模小的地方型競爭者逐出市場。那些家庭式經營的錄影帶租借商家原本是在臉書（Facebook）、Reddit 問世之前電影社群的據點。熱愛電影的員工則是在還沒有維基百科和網路電影資料庫（Internet Movie Database，IMD）的時代，扮演傳播電影知識的角色。然而，從商業的角度來看，這些小店完全無法在效率與一致性上與百視達相比。身穿藍黃色制服的百視達員工或許不了解馬丁・史柯西斯（Martin Scorses），了無生氣、靠螢光照明的商場也或許讓人毫無交際應酬的心情，但百視達幾項聰明的創新做法將這個新的連鎖商店推上了霸主地位。百視達創辦人大衛・庫克（David Cook）利用複雜的電腦資料庫確保所有分店都租得到最熱門的幾檔電影，電腦也讓百視達得以為各分店客製化電影選單，以迎合當地喜好。百視達摒棄了多如牛毛的小眾電影，並規避一般錄影帶租借店常見的色情影片，架上滿滿都是最新上市的錄影帶，藉此營造出適合闔家選片的環境。在這裡，不管觀眾的組成是什麼，幾乎都能找到所有人願意看、甚至喜歡的電影。

　　百視達如此賺錢的主因，是它巧妙地利用了人性。百視達的租借費用很便宜，成功從競爭者手上搶走消費者，但是如果租客因為某種因素必須延後一或兩天才能歸還錄影帶，百視達就會收取高額的逾期費用。這套精明的策略成功了。百視達高速成長，最後成功在全球各地設立據點。二〇〇四年，百視達達到巔峰，員工數高達八萬四千三百人，其中有五萬八千五百

人是美國國內員工，散在超過九千家店內服務。然而，當時就已經出現不祥之兆。百視達是顛覆產業的競爭者，但它對上了比自己更具顛覆性的對手，敵人手上拿著閃亮的金屬光碟片，鋒利程度足以劈開百視達壓倒性的市場霸權。

一九九七年八月二十九日，哈斯汀與藍道夫創立了網飛。一開始，他們還沒有摸索出最終讓網飛成功的商業模式。隔年四月，網飛的網站正式上線，顧客可以購買或承租 DVD，就像在百視達一樣，費用是一筆一筆計價。網飛和百視達最大的差異點是它不受實體店面限制，因此顧客的選擇完全不受限。然而，即便 DVD 快速普及，網飛的網站並沒有成功吸引到關注。藍道夫因此決定要耍點公關花招：網飛以兩美分的低價出租柯林頓（Bill Clinton）針對莫妮卡‧陸文斯基（Monica Lewinsky）醜聞案作證的 DVD。此舉成功為網飛這間新創贏得它亟需的媒體關注，並吸引愈來愈多人開始試用它們的服務。但網飛的商業模式依然需要調整。

一九九九年某天夜裡，藍道夫站在公司位於聖荷西的倉庫裡，意識到自己身邊環繞著數萬張 DVD。他大聲對著哈斯汀說出自己的疑惑，「為什麼我們要把這些東西存放在這裡？」

「我們就讓顧客想看多久就看多久吧！」哈斯汀回答。「他們看完以後，我們再寄下一張 DVD 給他。」再也沒有逾期費用──這就是賣點。繼這項創舉之後，網飛很快地又打出兩個創新做法。第一，以固定月費無限租借 DVD，並依據費率決定一次可以借幾部影片。第二，便利排隊法。顧客可以先

預訂下次要看的電影，只要歸還手中的 DVD，下一支影片就會立刻寄出。

雖然網飛的規模還很小，但已經對百視達造成嚴重威脅。沒錯，顧客需要多等一、兩天才能拿到 DVD，但相對地，他們可以選擇的片子遠比一般百視達分店來得多，更棒的是還能想看多久就看多久，依據自己的步調看完一部影片，也可以重複觀看。看完以後，只要用同一個信封袋寄回去就可以了，屆時又能再拿到另一張 DVD，網飛收取的月費金額也很合理。租客再也不用擔心逾期費用或是被迫熬夜一口氣看完整部電影。不用再全家出動開車到百視達之後，再花一個小時為了要看哪一部電影爭論不休。雖然網飛沒有辦法收取超高逾期費用，但採用訂閱制讓它得以享有穩定且可預測的營收。與此同時，網飛完全不需要負擔昂貴的倉儲式商場店租，只要策略性地選好幾個地點，以便宜的價格租借倉庫即可。

網飛從二〇〇〇年開始，依據瀏覽者過去對電影的評價提供客製化的推薦清單，就如同當年家庭式租片店家那些熱愛電影的店員推薦影片給熟客，網飛的這個推薦功能是一樣的道理。此舉成功擊中百視達另一個超大痛點：顧客必須不斷在走道間徘徊才能找到想看的影片。然而，網飛在那時候遇到了與百視達完全無關的障礙。網路產業泡沫了。一夕之間，過去那個只要在公司名稱後面加上「.com」就可以取得超高收購價格與驚人上市價格的時代過去了。

百視達同意會見藍道夫和哈斯汀。那真的是「大衛遇上歌

利亞 [5]」（David-meets-Goliath）的時刻。網飛當時的營收逐漸往五百萬美元邁進，而那一年百視達的營收是**六十億美元**。不巧的是，兩位科技新創創辦人前一天晚上參加了超嗨的公司內部派對。這次的會談草草約成，兩位創辦人抵達的時候，還有些宿醉。藍道夫穿著染布上衣、短褲和夾腳拖。那時候，如果產業龍頭選擇併購網飛，現在看來就是個奇蹟。兩位衣衫不整的男子提議，百視達「只要」以五千萬美元的價格就可以收購網飛，百視達執行長約翰‧安提奧科（John Antioco）明顯費了一番功夫才忍住笑意。哈斯汀和藍道夫自覺丟臉，離開了會議室，回頭想辦法自己籌錢活下去。現在看來，倘若百視達在那時候以五千萬美元買下網飛，絕對是商業史上最划算的一筆交易。

哈佛商學院教授克雷頓‧克里斯汀生（Clayton Christensen）在他的經典著作《創新的兩難》（*The Innovator's Dilemma*）中寫到，破壞式創新因為在一或多個關鍵領域中，較現況跳了一級，因此撼動了某個現存領域。一開始，既有玩家通常對於這類創新不屑一顧，因為新東西某些面向未達標準。像當初相機與電影製造商就是因為數位相機的圖像品質不佳，而無視它的潛力。已站穩位子的在位者和新創不同，如果它選擇追求新科技，既有業務就可能被吞噬。這樣的兩難拖累了市場老將，只能眼睜睜看著創新者的威脅與日俱增。在百視達的案例中，

---

5 譯注：聖經中，大衛憑著對神的信心，以石頭擊敗巨人歌利亞。現在常用來形容商場上「以小勝大」的故事。

寄送 DVD、不收取逾期費用、讓顧客在線上挑選下一部要租借的影片，就是這樣的威脅。最終，新商業模式或科技的成功導致原本站穩位子的公司無法繼續用和過去一樣的方法做生意。但到了那個時候才想要調適，通常為時已晚。

百視達可以選擇不改變既有商業模式，拼命抓住仍有利可圖的生財模式，並對未來樂觀以待，也可以選擇冒著犧牲一切既有成就的風險，投入新的賽場中與他人競爭。推出郵寄DVD 服務和網飛競爭，會對百視達極為不利。百視達在世界各地簽了長期租約，以高昂價格租下數百萬平方公尺的零售空間，並聘雇數萬名員工，這些員工還已經為了在實體零售環境服務接受培訓。如果把行銷經費拿來將自家客群向外推出實體店面，等同於讓他們脫離了相應的逾期費用獲利體系，那只會加速擴大網飛對百視達的獲利所造成的打擊。網飛在新領域中已經取得先機，百視達必須連結不同的商業模式，在網飛取得新市場的主導地位之前，關閉部分或所有零售點。百視達有足夠的時間成功做到嗎？

孫子在西元前六百年，就已經很清楚百視達面臨的關鍵問題。網飛在百視達的領土上對百視達展開攻擊。《孫子兵法・作戰篇》提到「務食于敵」。所謂「食敵一鐘，當吾二十鐘。」，要從母國運來一卡車的食物，就得耗費大量資源。同樣的道理，用更好的商品搶下既有客群，比為全新的產品或服務建立客群容易得多。

這正是網飛所做的事：在敵軍的領土上覓食。百視達花了

將近二十年建立起美國人租借電影的習慣，藍道夫和哈斯汀只是說服大家換一種租借方法，就能獲得從各方面來看都更優質的體驗。網飛透過這樣的方式，在幾乎沒有承擔任何風險的情況下，蠶食了租片市場。

　　另一方面，百視達面對的挑戰大得多。讓既有顧客轉向新租借模式，某些層面上來說是在吃自己的糧食，讓既有業務餓肚子，孫子嚴正提醒絕對不能這麼做，但所有已成氣候的企業只要想創新，就躲不過這道難題。歷史一再重演，領導人必須吞噬原有業務以適應劇烈變化，但歷史也一再證明他們通常不願意這麼做。等到百視達領導層發現自己的策略錯誤，以五千萬美元買下網飛的機會早已消逝。二〇〇二年，網飛坐擁六十萬付費訂戶，藍道夫和哈斯汀決定上市。網飛很快成為標普五百指數（S&P 500）中，表現最好的股票之一。

　　許多人認為問題出在百視達執行長安提奧科和其他高層錯過併購網飛的機會，但其實他們當時是受制於母公司維亞康姆公司（Viacom）。維亞康姆強烈反對百視達進行任何線上租借實驗。不過，維亞康姆在二〇〇四年將百視達拆分出去，讓苟延殘喘的百視達可以自由推動 DVD 訂閱服務。只是到了那個時候，傷害早已造成。網飛已經是資金無虞的上市公司了，訂戶數高達二百萬人，品牌與服務都已站穩腳步。百視達不可能追得上網飛。即便是如此，百視達依舊斥資超過五千萬美元，試圖從零開始建立線上租片服務。他們可以直接模仿網飛的商業模式，但網飛過去這些年來耐著性子建立了科技人才庫，特

別是培養出一群「後端」軟體專家,因此可以追蹤 DVD 的動向並預測顧客偏好,這是百視達所沒有的。此外,百視達在防守上一再栽跟斗,包括提出「逾期不再收費」(No More Late Fees)宣傳活動,明著針對網飛,最終卻在四十州被控告廣告不實(雖然百視達確實沒有收取逾期費用,但如果顧客超過八天才歸還光碟,百視達會悄悄收取 DVD 全額費用)。

其實在這個戰場上,即便百視達不斷犯錯,依舊具備顯著優勢。哈斯汀曾坦言,如果當時雙方立足點一致,百視達的「全方位租片方案」(Total Access plan)有機會打敗網飛。全方位租片方案讓訂戶在店內無限租片,如果想要更多選擇,也可以同時享有郵寄租片服務。然而,立足點並不平等。百視達當時背負了十億美元的債務。哈斯汀二〇〇九年接受記者採訪時表示,「如果沒有背負那些債務,他們可能會把我們弄死。」但除了債務之外,百視達還沒能即時為自己的未來擘畫願景,使情況雪上加霜,這是領導層不可原諒的失誤。

二〇〇七年,安提奧科因薪酬問題與董事會起爭執,憤而離職。繼任者是剛卸下 7-Eleven 董事長兼執行長職務的吉姆‧凱耶斯(Jim Keyes)。凱耶斯在 7-Eleven 的五年間寫下輝煌戰果。雖然百視達內部人員普遍認為全方位租片方案的方向正確,但凱耶斯繼任後,仍決定砍掉重練。他轉而決定併購 MovieLink 這間影視串流新創公司。當時,蘋果公司剛推出 Apple TV,讓觀眾可以利用家用電視下載並觀看電影。沃爾瑪(Wal-Mart)也在找尋要併購的影視串流服務標的。串流就是

未來，而凱耶斯希望從一開始就參與其中。那時候的網飛仍致力於郵寄 DVD，網飛的競爭對手 Redbox 自助租片機也是以郵寄 DVD 為主業。凱耶斯說，「不管是 Redbox 還是網飛，在賽場上根本都還沒進到雷達螢幕中。重點是沃爾瑪和蘋果。」凱耶斯的想法無疑頗具前瞻性。然而，二〇〇八年金融市場崩盤後，百視達的鉅額債務使它無法繼續推動凱耶斯的計畫。

想生存下來，只擋掉任何一個敵手是不夠的。百視達到最後已經無法決定影片租借的時代落幕之後，自己要扮演什麼角色。百視達太晚才接受自己注定會慢慢邊緣化，以至於為了轉向而做的努力太過匆促，而且不是事先預防，僅是事後反應。因此，雖然百視達的消亡拖了好幾年，直到二〇一〇年才從紐約證交所（New York Stock Exchange）下市，卻是無可避免的結果。

網飛靠著郵寄 DVD 扳倒百視達之後，自己也面臨了創新者的兩難。凱耶斯的觀察沒有錯，線上影片因為可以讓顧客立即看到電影，會威脅到網飛的存亡。不過，DVD 和新一代的藍光光碟畫質比較好，也不受網路頻寬限制，既有影片庫又大，因此除了要多等一到兩天，還是較佳的選擇。因此，這項威脅很容易被忽視。但哈斯汀和藍道夫身為科技業老將，他們非常清楚那些拖累影視串流的因素多麼快就可以無聲無息地一步步達到品質標準，再「突然」顛覆網飛的商業模式。只是時間早晚而已。

二〇〇五年，也是 YouTube 成立的那一年，哈斯汀告訴

《公司》（*Inc.*）雜誌，「網路上的電影就要來了，它在某個時點必將成為一門大生意。」哈斯汀也說，「我們開始每一年投資百分之一到百分之二的營收在影視下載，而我認為這件事情極為振奮人心，因為它將來可以從根本降低我們的郵寄費用。隨選影視（video-on-demand）來臨的時候，我們希望自己已經準備好了。這就是為什麼我們的名字叫網飛，而不是郵寄 DVD。」

凱耶斯否定網飛，稱他們不算是數位威脅後沒多久，網飛就推出了串流服務。網飛成功地執行了少見的跳躍行動，直接跳過創新斷層，即便持續提供顧客原始的 DVD 訂閱服務，仍然可以在新的戰場上搶下主導的地位。網飛積極回應科技上的顛覆，證明了要克服創新者的兩難不是不可能，只是很困難而已。要做到這一點，領導人必須具有遠見，而且願意即早去承擔必須承擔的風險，在更靈巧的新創搶走你的機會之前就採取行動。

*　　　*　　　*

亨利・福特在上個世紀初狠甩競爭對手；露絲・韓德勒幾十年前用塑膠做出了標誌性的商品；哈斯汀與藍道夫在這個世紀初擊垮了藍黃色巨人，並且已經在打下一場戰爭。每一個案例中，戰役核心的顛覆性科技截然不同，但企業的成功策略卻驚人地相似。這幾位領導人都在混亂的戰場上，找到清晰的弱點：昂貴的汽車、脆弱的紙娃娃、有限電影選擇與逾期費

用。他們對於如何用更好的東西來擊潰那個弱點，都具備過人遠見。他們也都成功克服巨大的排斥聲浪。每當有新的想法出現，不管未來的前瞻性多麼清楚可見，只要威脅到現況，那樣的排拒力量似乎必然會出現。

踏入戰場的重點就是設立一個大膽的願景，並堅持下去。偉大的領導人比別人更勇敢做夢並堅持做夢，不管要他們放棄的聲音有多麼大，又有多常傳到他們的耳朵裡，他們依舊孜孜不倦地依據自己的意志形塑外在條件。這些領導人在地圖上搶下一塊方格後，仍不會滿足，只會加倍努力擴大領土。一如《孫子兵法》中提到的概念，「掌握機會之後，它就會不斷加乘[6]。」

當然，進入戰場只是開戰的第一步而已。用新的想法撼動既有的競爭關係，並不保證你會得勝。領導人如果想確保自己可以取得決定性的勝利，就必須守好新的領土，並在那之上持續擴張。在下一個章節中，我們將進入商戰的下一個階段：讓新公司長期運轉。對任何領導人而言，這都是最為艱難的轉變。很常見的情況是讓創業家成功的特質反而拖累了一家成功企業的執行長。一間已經站穩腳步的企業要面對股東和數百萬顧客，不能只憑個人直覺就突然轉向，採取行動前需要刻意規劃。領導人要建立共識、拉攏盟友，並讓眾人齊心協力朝著單一的總體目標前進。從第一個工作邁向第二個工作需要深度轉型，並非每個創業家都能成功做到。

---

[6] 譯注：本段原文引述為「Opportunities multiply as they are seized.」，《孫子兵法》中並沒有這段話，但在英文中卻廣為流傳，被視為孫子所說的至理名言。

第 **2** 章

戰爭開打

「故兵貴勝，不貴久。」

《孫子兵法・作戰篇》

　　商場上，緩慢而穩健地向前走沒辦法贏得比賽，想在市場中獲得回報，靠的是膽識與主動出擊。二十世紀稱霸市場的車商多是由最早一批研發汽車的人創建的，像是福特、蘭塞姆・奧茨和道奇兄弟。他們快速進軍市場，並死守領地。露絲・韓德勒在瑞士的商店櫥窗中看到莉莉人偶的時候，毫不猶豫地買下三個人偶放進行李箱裡。哈斯汀與藍道夫想到郵寄 DVD 的點子並完成測試後，幾個月內就成立了網飛。具備膽識的並不是企業，而是企業領袖。領導企業的人才是找尋商機、提出大膽策略，以及召集大家共同戰鬥的人。

　　「先行者優勢」（first-mover advantage）的概念很單純：一間企業如果能夠率先提出嶄新而有價值的構想，就可以取得他人難以超越的優勢。當你是先行者，你的品牌就會成為那個產品的同義詞，你甚至可以在其他替代產品出現的時候，設立重重轉換障礙，藉此鎖住顧客。只要先推出產品就能取得優勢，這樣的承諾確實很誘人，但伴隨著重大風險。許多公司為了一舉得勝而匆促推出新產品，最後卻在慘痛的經驗中理解到自己的產品還沒準備好。以書架無限公司（Book Stacks Unlimited）為例，你可能聽都沒聽過，但它其實是真正的網路書店始祖。書架無限公司成立於一九九二年，比貝佐斯成立亞馬遜早了三年，但書架無限公司創立得太早了，當時可以輕鬆上網的人還不夠多，潛在客戶數未達群聚效應（critical mass）所需的臨界值。貝佐斯創辦亞馬遜時，市場比較大了，同一套商業模式終於奏效。現在，世人總說亞馬遜是因為具備先行者

優勢才成為成功的網路零售業者，但真實的故事更為複雜。向來都是如此。

在本章節中，我們要來看看三大產品劃時代革新背後的故事：實心電吉他、交友軟體與商用電腦。第一個駕馭新科技的公司未必會成功，成功的是那間一秒不差地在**對的**時間點推出產品的企業。對的時間點來臨時，企業可以徹底利用時機。商戰的歷史告訴我們，**即早而出色地**落實想法才能旗開得勝。

速度不是一切。

CASE 4

回授迴圈：吉普森 vs. 芬德

萊斯．保羅不敢相信自己的眼睛或耳朵。他手中那把光滑的電吉他彈奏起來如夢似幻，看起來也恰似夢中物——時髦、曲線美麗。簡直好得不真實。

保羅在威斯康辛州（Wisconsin）的沃基肖（Waukesha）長大，孩提時就開始以彈吉他為業。這段時間裡，他多數時候都想著要怎麼把吉他的聲音放大。他可是拚了命地練習才練成了精湛的琴藝，他渴望其他人可聽見自己演奏的音樂！多年來，他測試了好幾種臨時湊合出的擴音方案。青少年時期，保羅用電線連起吉他上的留聲機唱針與無線音箱。他運氣很好，那個胡亂拼湊的裝置並沒有害他電到（他在**另一次**不幸的實驗中，就被電到了）。然而，那一次的串接實驗也沒能讓他的吉他發出美妙的聲響，會有回授（feedback）與失真（distortion）

的問題。即使到了一九五一年，幾大吉他廠牌依舊沒有辦法做出一把良好的電吉他。至少在泰德・麥卡蒂（Ted McCarty）某天傍晚現身保羅家門口前，保羅是這麼認定的。

時任吉普森吉他董事長的麥卡蒂帶來一把吉他原型（prototype），當保羅把玩那把吉他時，麥卡蒂在一旁看著。那個時候的保羅已經是知名的爵士、藍調、鄉村吉他手，橫掃音樂排行榜。麥卡蒂登門造訪的用意，是要給保羅看看吉普森的第一把實心電吉他。吉普森希望可以靠這把吉他來對戰時下熱銷的芬德吉他。

萊斯在想什麼呢？麥卡蒂看著萊斯・保羅撥弄吉他之際，在心中思忖著。保羅很善變，他多年來不斷推廣實心吉他，但這並不代表他會喜歡手中這把電吉他──保羅不只極度重視樂器的聲音，還非常在意外觀美感。**我們選對設計風格了嗎？**這次的試用結果事關重大。麥卡蒂再也忍不住了，他拋出當晚的關鍵問題：保羅願意為這個產品代言嗎？

保羅想了一下之後，表示同意。但是他補充了兩個條件。第一，吉普森必須認可**他**對於這把吉他的設計有所貢獻。畢竟，這把實心吉他的結構是依據他幾年前給公司看的設計成果所做出來的。此外，他如果可以打響演奏者兼樂器製作者的名號，就能成為更有分量的吉他手。

「完全沒問題，」麥卡蒂說。

「很好，」保羅回答。第二，這玩意兒有金色的嗎？

＊　　＊　　＊

　　自從有電力以來，音樂家就不斷嘗試要用電力來擴音。第一把商用電吉他在一九三〇年代問世，當時美國還只有七成家戶有電可用。需求催生創新，而電吉他的需求打從一開始就很高。當代知名樂團不斷擴編，音樂聲量愈來愈大，吉他手的聲音也愈來愈常被蓋掉。擴音的潛力大到不容樂器製作者忽視，不為此調整就準備等死。

　　然而，靠電力擴音始終有個問題：回授。當吉他內的聲音拾音後，進一步加大已經擴大了的聲音，就會形成一個回授迴圈，導致吉他發出刺耳的尖銳聲響。擴音程度愈大，回授問題只會愈強。

　　對創業家而言，只要發現一個正確的構想遇上錯誤的執行結果，就知道眼前有個絕佳的商機。當前人已經為你展示了未來的道路，讓你看到他們一路上如何跌跌撞撞，你就有大好機會跟隨他們的腳步（而且你可以比他們更謹慎地決定下一步要怎麼走）。基本的創新——電力擴音——已經建立起來了，市場潛力也已獲得證實。現在要做的就只有讓這件事情妥善運作。然而重點在於，第一個解決回授問題的公司並沒能抱走大獎。為了踏上戰場並守住掠得的領地，贏家必須製作出解決顧客痛點**而且**其他方面也無懈可擊的產品，讓專業音樂家可以帶上舞台，在大批的觀眾面前演奏。觀眾不只聽到吉他的聲音，**還會**看到吉他，因此外型與功能同等重要。這已經超脫了工程

領域，想贏得戰爭，不只要為樂器通電，還要為演奏者與觀眾建立連結。

這就是萊斯·保羅可以發揮功能的地方了。他是以處理回授問題遠近馳名的音樂家之一。保羅是一名吉他手，也是天才弦樂器工匠，他經常在自製吉他上測試各種不同的電子擴音方法。他希望觀眾可以聽到自己演奏的聲音，但不要參雜尖銳的聲響。保羅對聲學有一定程度的理解，因此他悟出吉他內部的震動就是造成回授的原因。加上電子拾音器之後，其實吉他就不需要響孔了，於是保羅開始試做一把沒有響孔的吉他。一九四〇年，他做出了「原木」（the Log）吉他，這個名字反映了外觀的樸質。基本上那就是一大塊木頭裝上吉他弦，「原木」可以發出響亮、清晰而沒有回授的聲音。

然而，當保羅帶著「原木」拜訪吉普森吉他，卻在高層的恥笑中離去。雖然這把吉他確實解決了回授的問題，但長相真的太**奇怪**了，怪到多數人無法接受。吉普森吉他三年前才開始販售電吉他，「原木」實心吉他純粹就是太過前衛。吉普森的高層無法想像顧客會去購買一把……嗯，長得根本不像吉他的吉他！其中一名高層形容「原木」就是一根掃把加上琴弦。

保羅設計的「原木」被視為世界上第一把實心電吉他，但其實在那之前早就有很多新的競爭者來來去去。舉例而言，一位離職的吉普森吉他設計者與他人共同創辦的 Vivo-Tone 在一九三四年就曾推出實心吉他，但沒有成功。那些早期的實心吉他款式遇到的障礙之一，就是外觀對受眾而言太陌生了。保

羅的「原木」像掃把，Vivo-Tone 的吉他就像合板船槳。但其實外觀未必總是阻力。「仿實物」（skeuomorph）是指保留較早期產品中已被淘汰的設計元素。仿實物隨處可見。像是電子螢幕上也有按下去會發出喀喀聲的「按鈕」；電動車明明不需要像燃油車一樣靠空氣流動為內燃機降溫，卻還是設計了「水箱罩」；縫線不夠耐的時候，牛仔褲用的鉚釘現在被拿來當成設計元素。這些顧客熟悉的仿製品，可以幫助他們適應陌生的新科技。如果 Vivo-Tone 可以做出長相和一般吉他相同的實心吉他，他們可能會拿下市場，光是在原本開了洞的地方畫上黑色圓圈，也可能有助於樂手接受改變。保羅帶著「原木」拜訪吉普森的時候，也遇到完全一樣的問題。最後，「原木」並沒有達到預期。

　　將新科技融入大眾商品中，需要時間和精力。反覆修改，從做出產品原型、進行測試到聽取用戶回饋，就是一一解決產品的各種小問題的關鍵。在電腦軟體的戰場上，要推出最簡可行產品（minimum viable product，MVP）相對容易，即使真的已經有客戶在用了，還是可以持續精進產品。但是製造業的世界裡，要修改產品就較耗時而昂貴了，你通常不會有第二次機會改變他人的第一印象，因此必須有策略地踏上戰場。率先登場的產品之所以會是第一個問世的，往往只是因為製作者太過心急而不再繼續修改。因此，他們取得的領地就會被有耐心好好關注細節的競爭者輕易奪走。同理，在顧客還沒有真正準備好接受你提供的產品時就跳進市場，也會讓你顯得脆弱。聰

明——或者說是幸運——的領導人會在產品和市場都準備好的時候，才帶著旗艦級新產品踏上戰場。

即便吉普森拒絕了「原木」，萊斯‧保羅仍持續修改產品。但二戰爆發後，吉普森和保羅的公司的產能都被迫拿來提供武裝部隊無線電服務（Armed Forces Radio Service）。創新得再等等。

戰爭結束後，保羅移居洛杉磯。隨著平民生活回歸正常，保羅作為音樂家與樂器創新者的光環持續增強。他把自家車庫改造成錄音室，每天晚上都在那裡舉辦爵士音樂即興演奏會。這在當時是個不凡的構想，成功吸引整座城鎮的音樂家慕名而來。正是在某一場這樣的演奏會上，保羅遇到了克萊倫斯‧「利奧」‧芬德（Clarence "Leo" Fender）。芬德經營一間錄音機維修店，他的店也兼差製作和修理電吉他。芬德第一次看到保羅的「原木」時就大開眼界，立即意識到實心設計的潛力。

芬德和保羅愈走愈近，花好幾個小時在錄音室裡高談闊論。其他早期的電吉他發明者也會加入討論，包括保羅‧比格斯比（Paul Bigsby）。當芬德發現比格斯比為樂手梅爾‧特拉維斯（Merle Travis）客製化了一把實心吉他之後，他就跑去看特拉維斯演奏。比格斯比設計的吉他完全沒有回授問題，音色和清晰度都令芬德驚艷。特拉維斯結束演奏後，芬德厚臉皮地向他借用了那把吉他，特拉維斯也人很好地同意了。芬德試著倒推出比格斯比的設計。

一九四九年，即便回授問題尚未解決，電吉他的銷量依然

刷新紀錄。吉他手真的很需要被人聽見。雖然誰也無法預想到搖滾樂即將崛起，但像芬德這樣精明的創業家已經看見未來的成長機會。芬德之所以做得到，很重要的原因是他是一名有經驗、活躍又花很多時間與音樂家互動的弦樂器工匠。之後我們會一再看到，**領域知識**（domain knowledge）是創業家最珍貴的資產。唯有徹底摸透自己所處的領域，才有辦法談創新。

這是吉他產業的轉捩點。新科技興起就是場大風吹的遊戲，空間就只夠那麼幾家企業存活，而芬德想要搶下一張屬於他的椅子。他開始著手設計。他不僅想複製比格斯比的設計，還要做出更簡單、便宜的電吉他，這款吉他要能量產。最後，芬德版電吉他——「君子」（the Esquire）——只是一塊上了釉、採用鎖接式琴頸（bolt-on neck）的木板，但是這把吉他發出來的音色清晰又具穿透性，媲美芬德的旗艦樂器——夏威夷鋼棒吉他。芬德感受到急迫性，因此研判手上這把實心吉他已經準備好與世人見面。

芬德在一場產業貿易展覽會上，帶「君子」這把量產型實心吉他首度亮相。即便距離萊斯·保羅帶著「原木」去見吉普森高層已經過了整整十年，「君子」推出時，圈內人大多還是沒有準備好接受實心吉他。但這場展覽會上，有一個人沒有被「君子」奇怪的長相嚇跑，那個人就是泰德·麥卡蒂，也是新上任的吉普森吉他董事長。相較於他的競爭者，麥卡蒂有一項優勢，就是他對吉他不怎麼熟悉。在加入吉普森之前，麥卡蒂任職於沃立舍（Wurlitzer）。沃立舍是做風琴和自動演奏鋼琴

的公司，因此麥卡蒂雖然貴為吉他大廠的老闆，對於電吉他應該長什麼樣子卻沒有強烈的主張。他在芬德的「君子」身上看到的是回授問題的可能解方。吉普森的顧客之前就曾經告訴麥卡蒂，回授是他們最大的痛點。雖然芬德的設計很怪，但只要推出更精緻的版本就可能全面吃下這塊市場。

當麥卡蒂要求吉普森的研發團隊開始設計自家實心電吉他，芬德忙著應對新產品用戶源源不絕的客訴。為了節省成本，芬德去除了「君子」中的強化桿，讓琴頸變得彎曲。這又是一個創業家趕著進入市場，結果搞砸了前途無量的構想的故事。芬德快速推出強化版本——「廣播」（Broadcaster），當他發現這個名字侵犯對手商標，就改名為「Telecaster」〔當時，「電視」（television）就是尖端的同義詞。〕

芬德的 Telecaster 一九五一年上市後，人氣逐漸攀升，但是上市過程的顛簸讓吉普森吉他找到切入的機會。而且吉普森運氣不錯，還有一項優勢就是當芬德希望老朋友萊斯・保羅可以與 Telecaster 聯名的時候，保羅拒絕了。當時，保羅已經是吉普森空心電吉他的代言人，在所有公開場合彈奏那些吉他，而他並不願意改用像 Telecaster 那麼樸實無華的商品。保羅和他的老婆瑪莉・福特（Mary Ford）是知名拍檔，在全國各地的爵士酒吧、演奏廳登台演出。Telecaster 的外觀就是沒辦法達到那類演奏場地的標準，保羅心目中的吉他要結合吉普森吉他的時尚外觀與 Telecaster 的實心設計。

泰德・麥卡蒂就是在那時候來拜訪了保羅，在保羅家拿

出那把吉普森高雅的實心吉他原型。麥卡蒂一答應將產品設計歸功於保羅並設計金色版本，吉普森萊斯保羅型吉他（Gibson Les Paul）就誕生了。隔年的貿易展上，這款耀眼的新樂器蓋過了芬德吉他的光芒。吉普森與芬德間的戰爭正式開打。

現在人回顧過往，總說吉普森有「先行者優勢」，率先推出那把傳奇性的吉普森萊斯保羅型吉他，但其實吉普森花了好幾年才完成產品，只是狠甩了許多比他們更早進入市場的人。是的，市場已經準備好了，但如果沒辦法同時在科技與設計上都展現出完美的執行力，產品十之八九會陷入苦戰。一把實心吉他要勝出，就必須擁有絕佳音色，被彈奏時還要美美的。

守住領土是過程而非終點。一九五七年，巴迪・霍利（Buddy Holly）在綜藝節目《蘇利文劇場》（*The Ed Sullivan Show*）上彈奏 Stratocaster 吉他後，芬德成功從吉普森手上搶回主導地位。Stratocaster 正是芬德回敬吉普森萊斯保羅的產品。當時搖滾樂正崛起，而霍利就站在浪頭上。Stratocaster 充滿未來感的外觀與大樂團時代格格不入，卻恰恰符合這種新的音樂型態。事實上，麥卡蒂當時做的市場調查還顯示，搖滾樂先驅查克・貝里（Chuck Berry）彈奏的明明是吉普森的吉他，有些 Stratocaster 的買家卻誤以為他彈奏的是 Stratocaster。Stratocaster 渾身散發出搖滾樂的氣息。

麥卡蒂注意到吉普森的領導地位開始下滑後，落入了過去芬德遇到的陷阱。因為害怕錯失機會，麥卡蒂匆促地在保羅沒有直接參與的情況下，重新設計並推出了新版的萊斯保羅吉

他。這個為了抓住時代浪潮而使出的殺手鐧徹底失敗，還導致保羅終止代言，並與吉普森吉他分道揚鑣。吉普森萊斯保羅吉他停產。

到了一九六〇年代，基斯・理查茲（Keith Richards）、艾瑞克・克萊普頓（Eric Clapton）和吉米・佩吉（Jimmy Page）等音樂家開始偏好經典款萊斯保羅勝過新潮芬德。背後原因是利奧・芬德自己創造了被攻擊的破口。芬德是一名內向的男人，擔任領導職總覺得不自在。他花太多時間獨自在店內鑽研吉他，而沒有好好經營已經達到一定規模的企業。因此，產品品質每況愈下。麥卡蒂一看到經典萊斯保羅系列吉他突然獲得消費者喜愛，市場爆炸性成長，立刻抓緊機會。吉普森再次獲得保羅批准，重啟吉普森萊斯保羅的產線。

最後，吉普森和芬德都成為搖滾崛起的時代中關鍵的角色。時至今日，吉他手依然會在這兩個指標性品牌中傾向某一方，耳朵敏銳的聽眾也各有所好。然而，不管在任何一個時間點主導的是哪一家廠商，吉普森與芬德長達數十年的戰爭都是先行者優勢的反證。想守住領地，領導人必須**同時**抓對時機並做對產品，而且不能只成功一次，必須一而再、再而三地去做。每一次出現領先者的時候，都是因為那名領先者在顧客有需要的時候，滿足了他們的需求。

顧客會獎勵幫他們解決問題的企業，就這麼簡單。他們不在意你怎麼做到的，或是類似的事情誰先做到。如果你比先行者更懂顧客，顧客就會改用你的產品。如果你總是比競爭對手

更有辦法解決顧客的問題，他們就會一直跟著你。當你的思路和顧客相一致、真正了解他們要的是什麼，就能拿下屬於你的那一塊市場。這件事情，問問那位共同創辦了一個成功的交友軟體之後，又創立另一個交友軟體、成為前公司勁敵的創業家就知道了。

CASE 5

向右滑：Bumble vs. Tinder

惠特妮・沃夫（Whitney Wolfe）不敢相信自己的耳朵。她這兩年來孜孜不倦地走遍全美，就是為了向二十來歲的大學生推銷 Tinder 這款轉變線上交友領域的手機應用程式。現在 Tinder 成為市面上最熱門的新創公司之一了，她的同事卻說她不能再自稱是共同創辦人。

分手這種事多半是一團亂，但在科技新創這種高壓又擁擠的環境裡，尤其嚴重。不得自稱共同創辦人的騷動背後還有一段故事，就是另一名共同創辦人——賈斯汀・馬汀（Justin Mateen）是沃夫的前男友。沃夫日後在訴訟案中指控馬汀對她說，由一名二十四歲的女性擔任共同創辦人會讓「公司看起來像個笑話」，並讓公司「貶值」。相反地，當年「高齡」二十八歲的馬汀擔任共同創辦人只會讓公司營運更具正統性。沃夫轉述馬汀給她的說法：臉書和 Snapchat 的創辦人沒有一個是女的，這只會讓 Tinder 感覺像是某種意外（沃夫爾後用最戲劇化的方式反證了這項假說）。

賈斯汀‧馬汀和惠特尼‧沃夫交往的時間很短暫,但是兩人分手後,馬汀試圖改寫 Tinder 歷史的行為變得更加針對個人。沃夫後來在法庭上指控馬汀用文字與言語不斷騷擾她,內容不是性別歧視、種族歧視就是各種辱罵。他甚至在其他員工面前,當眾以難聽的稱號辱罵沃夫。Tinder 執行長尚恩‧萊德(Sean Rad)也曾聽過。

沃夫說,當時萊德的反應是要她忘掉這件事,並說她「愛演」又「煩人」。在萊德看來,任何反擊馬汀的行為都只會影響公司商譽,嚇跑投資人。矽谷許多科技新創都存在「兄弟」文化,萊德的反應就是這種兄弟文化底下會出現的標準反應。

用盡正規手段之後,沃夫提出辭呈,但要求公司支付遣散費,並讓她手中的認股選擇權全數生效。結果萊德把她解雇了。萊德的決定等同於允許馬汀的加害行為並懲罰受害者,此舉最終將被證明是巨大的策略錯誤,不管是對個人或對公司而言都是如此。

幾個月後,沃夫待在新男友和家人位於奧斯汀的住家。她終於有時間把洛杉磯的私人與法律紛擾拋諸腦後,此刻她突然發現自己在公司內的經驗其實與 Tinder 女性用戶的經歷如出一轍。許多 Tinder 上的女性用戶必須面對男性噁心的行為,像是自顧自地傳送與性相關的訊息,甚至是對方根本不想看的裸照。〔皮尤研究中心(Pew Research Center)在二〇一七年所做的調查顯示,五三%的女性曾經在未同意的狀況下在線上收過與性相關的影像。〕沃夫發現了創業家真正的痛點,她說,

「這個普遍的黑暗文化⋯⋯將會摧毀來自世界各地女性的心理福祉與自尊。」

沃夫決定成立新公司來抓住這份商機。她要為女孩與女人打造社群媒體網絡，這個網絡純然為讚美與相互支持而設計，不像其他社群媒體平台那樣，在設計上似乎在鼓勵摧毀他人的行為。接著，一位潛在投資人建議在這件事情上做調整：何不做一個嶄新、正向、以女性優先的交友網站？如果說要建立一個新產品來解決交友軟體產業的厭女主義，沃夫盤據了最佳位置。新嘗試——Bumble——不僅會是 Tinder 的競爭者，還是它的解毒劑。

沃夫同意要試行一下這個構想。日後她堅決否認復仇是自己的主要動機，她說，「我們是試圖要解決一個真實世界中的問題。」然而不可否認的是，那確實是一個好機會，讓沃夫可以反駁那些說她明明沒做卻說自己有做的媒體。沃夫後來接受《Elle》雜誌採訪時表示，「我離開 Tinder 之後，媒體上出現很多文章說我什麼都不知道。要證明那些否定我的人說錯了，沒有比再做一次更好的方法了吧？」

*　　　*　　　*

雖然在 Tinder 和 Bumble 這些交友應用程式出現之前，就已經有數百萬人透過交友網站成功找到對象，但那些交友網站長期承受汙名。打從一開始，大部分使用交友網站的人就連向現實生活中的親友承認自己在用交友網站都不太願意，旁人看

來只有絕望或奇怪的人才會靠科技找對象。不過,當新世代用戶開始使用交友應用程式,使那些軟體爆炸性成長,過去的汙名完全消失了。現在「向右滑」(swipe right)找交往對象(或找個人玩玩)不只為社會所接受,更被視為一種需求。

靠電腦幫忙找對象的歷史幾乎和電腦一樣悠久。即使在電腦還跟冰箱一樣大的年代,也有工程師在寫軟體演算法幫單身的人預測合適的戀愛對象。舉例而言,一九五九年兩名史丹佛大學(Stanford University)的學生創立了快樂家庭計畫服務(Happy Families Planning Services),利用問卷的結果,依據偏好與興趣配對了四十九名男性與四十九名女性。這應該沒什麼好意外的:一群年輕工程師辛勤地操作著眼前形單影隻的電腦,你覺得要多久他們才會開始思考,這些機器有沒有可能解決麻煩的人際問題?如果電腦可以計算出登陸月球的軌跡,或許也可以藉著在極短時間內掃過大量選項計算出「理想」的配對結果。

讓電腦當媒人的潛力並不是只有那票孤單的史丹佛學生看見了,世界各地的工程師都在測試各種演算法,試圖找到最適合為人找到真愛、幸福與滿足的演算法。但是在全球資訊網(World Wide Web)問世之前,電腦交友只存在小眾市場。網路作為媒介,非常適合擷取與分享配對時的必要資料(包括很重要的照片傳輸功能),也可以在配對成功之後幫助兩人建立連結。

一九九四年,全球資訊網出現的一年後,第一個交友網站

Kiss.com 正式上線。隔年，連續創業家蓋瑞·克雷蒙（Gary Kremens）成立 Match.com，至今仍是交友界霸主。很快地交友網站就遍地開花，這些網站通常會踩住特定利基市場或使用群體，藉此和競爭者做區別。例如：一九九七年成立的 JDate 具有宗教色彩，二〇〇二年成立的 Ashley Madison 則是婚外情網站。

早年的電腦和冰箱一樣大，還要靠打孔卡（punch card）運作。時至今日，科技已經大幅進步（現在可以看到使用者的照片），但電腦交友的經驗基本上和一九六〇年代沒有什麼不同。填寫問卷之後，軟體就會拿你的答案與相同區域內其他人的答案做配對，各網站之間真正的差別就只有問卷題目不同，以及利用答案計算出配對對象的方式不同。

但數十年來，線上交友的運作模式一直存在一個單純的弱點。那就是即便靠著尖端科技找約會對象，我們依舊會仰賴最符合人性的習慣：第一印象。而 Tinder 利用了這項弱點。

＊　　　＊　　　＊

惠特尼·沃夫是典型的連續創業家。她在達拉斯（Dallas）南方衛理會大學（Southern Methodist University）就讀全球研究學系的時候，就開始她首次的創業。她和朋友一起販售竹編包包，為那些受到二〇一〇年墨西哥灣漏油事件影響的人募資。包包推出後沒多久，凱特·柏絲沃（Kate Bosworth）、瑞秋·佐伊（Rachel Zoe）、妮可·李奇（Nicole Richie）等

時尚名人都被拍到揹著那款「幫幫我們」（Help Us）包，讓這項計畫引起全國關注。第一次推行計畫就成功的沃夫再次出手，推出「柔軟的心」（Tender Heart）計畫，製作扎染衣以喚醒各界對人口販賣的重視。沃夫畢業後到東南亞的孤兒院當義工，之後才回到美國。

　　透過這些慈善活動，沃夫發現如果用商業來追求更高尚的目標，可以發揮極大的力量。她認為，科技產業最有可能發揮正面社會影響力，因此選擇在洛杉磯的科技育成中心 Hatch Labs 從事行銷工作。Hatch Labs 是 IAC 旗下的育成中心，而 IAC 同時也是 Match.com 的母公司。沃夫為一間名為 Cardify 的小公司建立顧客忠誠度計畫（customer loyalty program），她的工作就是要說服商家試用他們的新服務。那項計畫在二〇一二年宣告失敗，但在過程中沃夫展現了認識新人、建立人脈的長處，而那正是科技圈少見的特長。團隊領導人尚恩・萊德詢問沃夫願不願意協助推動另一項開發中的計畫，那項計畫的目標是要推出新的線上交友方式。

　　萊德和其他更早期的交友網站創辦人不同，他與同事屬於年輕世代，成長過程中的交友經驗，已經是在社群媒體的時代背景下進行。他們很清楚如何傳送調情訊息並擺出正確的自拍姿勢，他們具備領域知識。就像萊斯・保羅懂吉他那樣，萊德與其他努力設計新交友應用程式的人都是了解二十一世紀約會與約炮文化的千禧世代。因為具備這樣的知識，他們發現線上交友模式最大的弱點就是電腦本身。

　　如果一個人可以直接判斷自己有沒有興趣和另外一個人交往，為什麼還要寫電腦程式來猜測人類的偏好？真正需要的只有一張照片而已。大家想知道的是：誰很可愛而且給約？他們是不是也對我有興趣？這個新的應用程式從 Grindr 獲得啟發。Grindr 是較早出現的手機應用程式，最初完全只供男同志使用，使用者可以快速瀏覽周遭附近單身使用者的照片。現在，全球數百萬在找對象的人都已經很熟悉這個介面了：當螢幕上出現可能的配對對象，使用者有興趣就向右滑，沒興趣就往左滑。如果兩個人看到對方的照片之後都向右滑，就可以互傳訊息。使用者立刻就能獲得滿足，也完全不會因為單戀而感到丟臉。這又是一個靠著領域知識的力量而生、解決使用者痛點而獲得成功的產品實例。

　　據《彭博新聞》（Bloomberg News）報導，團隊最初的目標是要創造一個免費、年輕人友善的交友軟體，希望藉此「吸引千禧世代，讓他們長大以後付錢使用 IAC 賺錢的交友服務──Match.com」。沃夫在團隊草創初期做出的貢獻之一，就是提出 Tinder 這個名字。「我們試了很多不同的詞，Tinder 的意思是點燃火焰的小樹枝。」沃夫說。沃夫以這個名字為承諾：Tinder 將在人與人之間點起火苗。雖然沃夫並沒有正式的行銷經驗，但她曾經成功推出多項產品，在說服許多心不甘情不願的小商家採用 Cardify 時，也展現了她的毅力。萊德請沃夫負責擴大 Tinder 的用戶群。沃夫擔任 Tinder 的行銷副總，到各個大學推廣 Tinder，她靠著自己全國性的姐妹會人脈向年

輕女性推銷 Tinder。「我回到自己的母校，也到全國各地不同的姐妹會拜訪。我就直接跑進去，基本上強迫所有人都下載（Tinder）……然後就有點讓它成真的感覺吧！」沃夫說。就像在推銷 Cardify 的時候一樣，沃夫是積極推銷者，而且因為她**就是**市場，所以她了解市場。像 Tinder 這種以照片為基礎的應用程式，找到年輕貌美的人加入是關鍵。「沃夫會跳上兄弟會的桌子，當場宣布那款應用程式上有二百個超辣的姐妹會成員等著男性用戶註冊。然後再跑去姐妹會跟她們講相反的版本。」《紳士季刊》（*GQ*）一名記者描述。「他們離開前會留下許多貼紙，在最好的校園酒吧與各校學生專屬的私房夜店裡都看得到。」

Tinder 免費、好用，又能讓使用者立刻獲得滿足感，瞬間就紅了起來。「向右滑」成為文化俗諺。但是，一如過往每一次交友科技出現大躍進的時刻，總有部分使用者會濫用交友服務。幾乎是從創立之初，Tinder 就引起許多擔憂。《每日電訊報》（*Telegraph*）指出，「批評者認為，這款手機應用程式減損了追尋真愛的過程，變成只是膚淺的電玩遊戲。女性用戶在每一次登入時，遭受到的裸照攻擊愈來愈多，同時也經常收到激進、粗鄙的約炮訊息。」然而，即便遭到反撲，Tinder 依然大獲成功。

二〇一三年四月，Tinder 從 Hatch Labs 育成中心畢業，小團隊吸收並分配了股份。在那之後，沃夫與短暫交往的直屬上司賈斯汀・馬汀分得難看。依據沃夫的說法，分手後馬汀變得

控制慾強又對她情感虐待，甚至堅持沃夫分手後六個月內不能和其他男人約會。〔沃夫完全沒有要聽從馬汀指令的意思，分手後沒多久就遇到了現任老公、石油與天然氣公司二代麥可‧赫德（Michael Herd）。〕

二〇一四年七月，沃夫被萊德革職後，就對 Tinder 與其母公司提告性騷擾，指控馬汀和萊德迫使她接受「可怕的性別歧視、種族歧視與其他不恰當的評論、電子郵件及簡訊」。《華爾街日報》（Wall Street Journal）摘述訴訟內容如下：

> 賈斯汀‧馬汀多次稱（沃夫）是「婊子」，並表示他之所以移除沃夫「共同創辦人」的頭銜是因為她是一名「年輕女性」。訴狀內容進一步形容一種「兄弟會似的」氛圍，經常有男性高層使用種族歧視與性別歧視的字眼。訴狀也指控 Tinder 執行長尚恩‧萊德使用那一類語言，並忽視沃夫的申訴。

馬汀被 Tinder 母公司停職接受內部調查。內部調查報告提到，馬汀曾經「傳私人訊息給沃夫女士，內含不恰當的內容。」（後來馬汀辭職了，過沒多久萊德也被迫下台。）二〇一四年九月雙方達成庭外和解，據傳沃夫總計獲得超過一百萬美元現金加上公司股份。「這場訴訟無關金錢，我不是為了錢做這件事情，也不是為了自我滿足。而是我覺得自己在 Tinder 扮演了重要角色，他們卻試圖將我從公司的歷史上抹去。我要的是自己做過的事情能夠獲得認可。」沃夫接受《衛報》

（*Guardian*）採訪時表示。

　　Tinder 從新創到巨擘的過程，沃夫也推了一把。離開 Tinder 對她而言，十分難受。她告訴記者，「兩年間二十四小時不間斷，燃不盡的熱情、工作、壓力、一切，那種興奮，所有的一切⋯⋯然後人就是再也不在那裡了。（那）當然是很難受。」當時，就像其他曾出聲抗議性別歧視行為的卓越科技業女性一樣，沃夫受到批評者的檢視與批判，有些在媒體上表態，有些則私下耳語。她的人格與可信度受到攻擊，許多不了解情況的人淡化了她在 Tinder 的成就中扮演的角色。沃夫也經歷了網路上的騷擾，甚至收過死亡威脅。「根本不認識的人對我說了世上最惡毒的話語，那些人為了我的事情不斷爭辯。我並沒有要從政，也沒有要參加實境節目。我只是個離開了某個地方的女孩子。」沃夫說。

　　沃夫遇到安德烈・安德烈耶夫（Andrey Andreev）的時候，她正在籌辦新的正向社群網絡平台——Merci。安德烈耶夫是名創業家，住在倫敦（London）。沃夫還在 Tinder 工作的時候，經人介紹認識了安德烈耶夫。安德烈耶夫後來說，「我立刻愛上惠特妮的熱情與能量。」安德烈耶夫是以交友為重點的社群網絡 Badoo 的共同創辦人，Badoo 當時已經擁有全球二・五億用戶。第一次見面後，安德烈耶夫就持續關注沃夫的職涯動向，一看到沃夫回歸自由身，就想拉她來當 Badoo 的行銷長。但是沃夫拒絕了這個工作機會，反過來向安德烈耶夫推銷了 Merci 的想法。安德烈耶夫提出折衷方案：將 Merci 調整成

以女性為中心的交友應用程式。沃夫也覺得有道理，她知道很多 Tinder 的女性用戶對使用經驗不滿意，甚至覺得用起來非常不開心。何不打造一款以她們為優先的交友應用程式呢？

二〇一四年十二月，沃夫成立了 Bumble。安德烈耶夫投資一千萬美元換取七九％的股份。Bumble 可以運用 Badoo 的程式基礎建設與技術知識。身為創辦人、執行長兼共同持有者，沃夫現在可以隨心所欲地打造一間不一樣的公司，這間公司的文化會比 Tinder 更健康而正面，不管是在組織內部或在產品使用者之間都是如此。

主流科技公司的性別比通常嚴重不均，男女比七比三。依據自己在 Tinder 的經驗，沃夫知道這種不均衡的情況可能助長有害的職場文化，因此她很強調女職員招募，盡可能聘用更多女性。即便科技業者總是強調自己已經盡力對抗產業內性別不平等的情況，沃夫發現當她實際努力去找，還是可以找到很多女性科技人才。至於應用程式本身，沃夫則檢視了 Tinder 的缺陷。Tinder 之所以可以成為霸主，是因為它很早就成功落實重大的創新想法，但沃夫很清楚 Tinder 在留下既有用戶上，做的遠遠不夠。

沃夫說，「在像 Tinder 這樣的平台上，你可以成功和五十個人完成配對，卻什麼事情都沒有發生。那些配對就是個懸在旁邊的陰影，或者你可能會收到超多訊息，但有些你根本不想看、有些則是太傷人、令人受挫，有些訊息可能實在太過逼人、激進，或是令人無言。」沃夫在成立 Bumble 的時候，

試著從一開始就打造截然不同的氛圍。Tinder（以男性為主的）設計者在設計應用程式的時候所做的決定，造就了 Tinder 的使用經驗與用戶行為，如果沃夫想讓使用者的行為有所進步，她就得建立更好的規範。「我一直期待可以看到一個情境是男方沒有我的電話號碼，但我有他的。如果女生可以主動、發送第一則訊息呢？如果她們不願意，這次的配對就會在二十四小時後消失，就像灰姑娘的故事一樣，南瓜和馬車會消失。」沃夫對安德烈耶夫說（當然，這樣的限制只適用於異性戀交友）。像這樣對線上交友的概念做出調整，成功擊中許多女性用戶不喜歡 Tinder 的關鍵。

「我是一個強壯、獨立的女孩。但是交友是人生中唯一讓我覺得自己不能追求我要的東西的領域。」沃夫說。她發現這是一個機會，因為她自己正屬於目標客群，雖然她不是第一個提出向右滑這個概念的人，但她的領域知識幫助她創立一個對數百萬單身女性而言更好的服務。結果顯示對數百萬異性戀單身男性而言，沃夫的服務也更為理想。「當你改變規則，在配對之後加上一點障礙，或是創造時效即將到期那種稍縱即逝的感覺，那麼你與某個人的互動就會更良好。讓女性先開口減少了男生的壓力，他們求之不得。」沃夫說。要求女生必須當發球方也阻卻了男性用戶傳送對方不想看的性照片，那在 Tinder 與其他交友網站上，都是很常見的問題。

一名產業顧問戴夫‧伊凡斯（Dave Evans）指出，「女性準備好了。幾年前女性飽受驚嚇，這樣的情況已經很久了。」

與此同時，《君子》（*Esquire*）雜誌所做的一份調查顯示，只有百分之四的男性相信自己應該率先出擊。「男人熱愛 Bumble，因為這是他們第一次被追，而不是追人。女人也愛 Bumble，因為她們不用被訊息轟炸。」沃夫表示。

Bumble 聲勢一飛衝天，一大推力就是它把自己定位成女性版的 Tinder，與媒體上對沃夫受 Tinder 不當對待的描述相呼應。Bumble 上線才一個月，下載次數就突破了十萬，超越 Tinder 剛起步時的數字。營運將滿一週年的時候，Bumble 已經吸引了三百萬用戶註冊，並促成八千萬次配對。

Bumble 持續調整規則，為兩性創造更安全、友善的環境。舉例而言，Bumble 禁止用戶上傳裸露上身的自拍照。Tinder 的女性用戶成天在看這樣的照片，那也是整體而言最常被往左滑掉的照片。Bumble 還推出了照片驗證機制，避免假帳號釣魚，並要求所有照片都必須加上使用者名稱的浮水印，進一步降低用戶上傳不受歡迎的性裸露照片的意願。「其他交友產品就像是凌晨兩點的夜店，普遍的預期是男性在性這件事情上會特別積極。Bumble 的獵食性沒那麼強。」沃夫說。

二〇一六年，Bumble 推出付費服務，開始創造收入，像是提供女性多一點時間決定要不要傳訊息給配對成功的對象。二〇一七年，Bumble 已經累積了一億美元營收，沃夫想必對於拒絕 Match 集團以四·五億美元收購 Bumble 的決定倍感滿意。Match 集團是 IAC 旗下集團，成員包括 Tinder、Match.com、OkCupid 和多個其他交友網站。收購談判失敗後，IAC

對 Bumble 提告，指控 Bumble 竊取商業機密。Bumble 則反告 IAC。

對沃夫而言，種種爭論都無關私人恩怨。「我就是不會對任何東西、任何地方或任何人懷抱恨意。」沃夫接受《富比世》（*Forbes*）雜誌採訪時表示。「我太忙了。」她說。沃夫忙著追上 Tinder：Bumble 註冊人數二千二百萬人，Tinder 則有四千六百萬人；Bumble 用戶數年成長七〇％，Tinder 一〇％。沃夫顯然大有斬獲（沃夫倒沒有忙到沒空結婚。她在二〇一七年與男友麥可‧赫德步入禮堂）。

到了二〇一九年，Bumble 註冊人數已經達到七千五百萬人，分布在全球一百五十國。這一路上，Bumble 持續為純交友與專業人脈拓展新增特殊模式。同年十一月，Bumble 母公司 MagicLab 被一間私募股權公司收購。MagicLab 旗下還有 Badoo，公司出售後，安德烈耶夫出清手中所有持股，沃夫‧赫德被任命為 MagicLab 執行長，獲得公司一九％的股份。當時，公司總市值三十億美元。大約在那時候，她的兒子出生了。

沃夫‧赫德將自己的成就歸功於 Bumble 的正向文化。她說，「每週都有人叫我更嚴厲一點，再犀利一些。那不是我的作風。」沃夫‧赫德以創業家的身分獲得多項殊榮，她曾經同時獲選《富比世》「三十名三十歲以下創業家」（30 Under 30）與《時代》雜誌百大影響力人物（Time 100）。《富比世》最富有的白手起家女性排行榜上，她在八十人中排名第七十二。

　　Tinder 依舊是第一名的交友應用程式，證明先行者優勢還是存在，但 Tinder 每一年都在流失領地。在它身後穩定成長的交友應用程式是哪一款呢？正是 Bumble。

　　此外，Tinder 和 Bumble 雙雙領先前一代交友網站（例如 Match、OkCupid）。後者太晚才認知到以問卷為基礎設計的配對演算法已經過時了。等到它們接受自己不再重要，已經被迫在後頭追趕。接下來提到的商用電腦之戰將突顯出一個重點：為了拿下新領地，要知道什麼時候必須放棄固有領土。

CASE 6

電子腦：IBM vs. UNIVAC

　　「大家晚安，我是華特・克朗凱（Walter Cronkite）。現在我人在紐約市的 CBS 電視台選戰報導總部。」一九五二年十一月四日，傳奇新聞主播克朗凱坐在主播台上說到，主播台就在繁忙的新聞室正中央。那一年共和黨總統候選人是備受尊敬的戰爭英雄德懷特・艾森豪（Dwight Eisenhower），民主黨則派出伊利諾州（Illinois）州長阿德萊・史蒂文森（Adlai Stevenson）。民嘴與各家民調機構都推斷這是一場不相上下的激戰。

　　克朗凱向觀眾問好之後，介紹了多數觀眾未曾見過的一項科技奇蹟。其實準確來說，即使他介紹了以後，觀眾也還沒能見證。克朗凱將那台裝置稱為「當代的奇蹟、UNIVAC 的電子腦」。鏡頭之後轉向記者查爾斯・科林伍德（Charles

Collingwood），他坐在一個大面板前，面板上布滿閃爍的燈泡，最上方寫著「UNIVAC 電子電腦」（UNIVAC Electronic Computer）。事實上，真正的 UNIVAC 在數百英里之外、雷明頓蘭德公司（Remington Rand Company）位於費城（Philadelphia）的總部內。螢幕上顯示的面板是為了攝影棚特製的，上面放的是聖誕節燈飾，隨機閃爍。如果 UNIVAC 真的被帶到新聞台來，那其他東西都沒地方放了。沒錯，「那位美國最讓人信任的男人 [1]」正向美國群眾展示這麼一樣東西。

雖然面板是假的，爾後的展演再真實不過。「我們一開始收到開票結果，UNIVAC 就會試著為我們預測這場選戰的贏家。」科林伍德解釋。他要讓在家收看節目的觀眾清楚了解一件事情，「這不是在開玩笑或是某種詐術，而是一場實驗。我們認為實驗會成功，但我們也不確定。我們希望可以成功。」這其實只是做個樣子而已，至少科林伍德和節目製作人都覺得整件事情就是在胡說八道，但他們預期這台電腦可以為大選之夜特別報導增添色彩。

UNIVAC 接到了艱難的任務：依據早期投票（early voting）的結果預測總統大選結果 [2]。在費城，UNIVAC 主任工程師葛麗絲・霍普（Grace Hopper）正領導負責團隊將預測結果傳送到新聞台，再透過新聞台傳遞至全美。她的擔憂並非

---

[1] 譯注：克朗凱曾在民調中被票選為美國人最信任的男人。
[2] 譯注：美國許多州讓選舉當天無法出席的選民提早投票，像伊利諾州最早在大選日四十天前就可以預先投票。開票時，早期投票的結果通常會先開出，成為媒體預測最終結果的重要基礎。

空穴來風：CBS 節目開播前，選票還只開出了五％，UNIVAC 就做出預測，指出艾森豪會以四百三十八張選舉人票大勝史蒂文森的九十三票。霍普忙著要團隊重算數字，演算法一定有哪裡出錯了。

與此同時，科林伍德假裝透過麥克風詢問 UNIVAC 的預測結果，卻從幕後得知雷明頓蘭德公司不願意向數百萬觀眾分享第一份結果。科林伍德沉默許久以後說，「我不知道。我想 UNIVAC 八成是台誠實的機器，比許多正在工作的評論家誠實得多，它覺得自己手邊的資訊還不足以讓它為我們預測結果。我們稍晚再來向它請益。」

經過一番調整，UNIVAC 下修了艾森豪的勝選幅度，終於公布預測結果了。不過在午夜以前，事實就顯示艾森豪明顯朝著史上最大勝幅邁進，選舉人票接近四百四十二對八十九，只比 UNIVAC 最初預期的差一點點而已。UNIVAC 只以極小部分的選票就預測了結果。人腦不該質疑電子腦的。

午夜過後，雷明頓蘭德公司的代表上節目，並親自為壓下 UNIVAC 最初的預測結果致歉。「隨著愈來愈多票開出來，開始看到勝選機率，很顯然我們在一開始就該鼓起勇氣相信那台機器。」那名代表說。他簡直像是在對 UNIVAC 道歉，而不是觀眾。彷彿在說，「它是對的，我們錯了。明年我們會相信它。」

有些觀眾看了以後還是不太確定「電子腦」到底可以做什麼，除了預測選舉結果之外還有哪些功能，但有一個男人非

常清楚地知道那天晚上發生了什麼事，以及自家公司的競爭對手——雷明頓蘭德——這記拳頭下手有多重。老托馬斯・華森（Thomas Watson Sr.）時任 IBM 的董事長兼執行長，領導最大的機械打孔卡製表機製造商。多年來，老華森總是認為電子電腦與 IBM 的核心業務無關。IBM 的核心業務是利用紙做的「打孔卡」來以機械方式儲存並處理數據。一直到近期，老華森才終於被兒子小托馬斯・華森（Thomas Watson Jr.）給說服，接受電子電腦是必然的趨勢。現在，IBM 正努力研發回擊 UNIVAC 的產品—— IBM 701，但是那項產品的產線要等到下個月才會啟動。眼下 UNIVAC 已經使出一記超出色的公關絕招，透過電視直播只花了一個晚上就向幾乎全美國的人民展示了 UNIVAC 的驚人力量。隔天早上，「UNIVAC」在美國人的心中就會成為「電腦」的同義詞。

雷明頓蘭德率先採取行動，老華森不禁擔心 IBM 恐怕永遠追不上了。

*　　　*　　　*

七十多年前，電腦時代就從賓州大學（University of Pennsylvania）正式揭開序幕。校園內，兩名電機工程教授約翰・莫奇利（John Mauchly）和約翰・皮斯普・埃克特（J. Presper Eckert）發現真空管可以用來當電子開關。製表機當時是用機電式開關來處理數據，而真空管作為開關的時候，開關速度遠勝過機電式開關。這使得真空管計算速度達到機電式開

關的一千倍。兩名學者將他們做出來的電腦稱為「電子數值積分計算機」（Electronic Numerical Integrator and Computer，下稱ENIAC）。一九四五年，重達三十噸的電子電腦初登場。《時代》雜誌形容，ENIAC內「敏捷的電子」讓ENIAC可以執行非凡的計算壯舉，那是任何既有科技都做不到的事。

國際商業機器公司（International Business Machines Corporation）──也就是「IBM」──是當時運算領域的霸主。IBM各種厲害的機器產品在執行重要企業工作上比人類快得多，包括將資料表格化為紙製打孔卡上的表格來儲存。IBM的機器利用打孔卡快速處理並分類相對大量的資訊。與此同時，其他人做出了巨大的電子機械計算機。例如：哈佛的Mark I執行特定數學工作時就比人類快得多，但是這類機器的潛力受到移動元件（moving parts）的限制。一台由螺帽、齒輪、螺栓組成的機器，將一片片長方形紙板吸起再吐出，再快也有極限。ENIAC的真空管雖然需要一段時間熱機、容易當機又需要頻繁維護，但ENIAC可以做到在飛彈擊中目標物之前，計算出彈道軌跡。而ENIAC還只是第一代產品而已，等到各種問題逐一被擊破，ENIAC將具備無限潛力。

IBM內，小托馬斯・華森看出ENIAC有可能徹底顛覆IBM的事業。他在自傳中寫到，ENIAC「沒有任何移動元件，只有電子在真空管內以趨近光速的速度紛飛。」少了機械上的限制，這台電腦的潛力無可限量：

這些電路實際做的事情只是一加一，但只做這樣就夠了。科學與商業上最複雜的問題，往往都可以分解成幾個最單純的數學與邏輯步驟，像是加減、比較與列清單。但是要累積出任何結果，這些步驟都需要重複操作數百萬次，直到電腦問世以前，沒有任何一台機器速度夠快。我們的打孔卡機器中，最快的中繼機制每秒也只能完成四次加法。ENIAC 裡頭，就連最基本的電子電路也可以做到每秒五千次。

遺憾的是，華森保守的父親並不認同他的想法。老托馬斯・華森認為，自家公司的打孔卡機器和電子電腦根本分屬於不同的領域。ENIAC 和其他電子電腦或許會證明自己在科學上派得上用場，但一般的企業還是只會找 IBM 幫忙處理帳目或管理庫存。

老華森這是犯了許多領導人失足前典型的錯誤，他錯認讓 IBM 稱霸的那套方法也可以使 IBM 立於不敗之地。但是地勢不同，需要的戰術就不同。「IBM 所處的情況很典型，就是一間公司因為自己的成就而目光狹窄。在同個時期，電影產業差不多即將錯過電視浪潮，因為它自認屬於電影產業而非娛樂產業。鐵道產業即將錯過卡車運輸與航空運輸，因為它認為自己做的是火車的生意，而不是運輸。我們公司做的是數據處理，而不僅是打孔卡而已——只是 IBM 當中，還沒有人聰明到足以認清這件事。」小華森日後寫到。

老華森單純認為 IBM 的核心業務是會計和其他行政工作，

電子電腦完全不屬於這個領域。他的想法並不正確，但他也沒有全面否定電子電腦。一九四七年，老華森延攬了曾參與研製哈佛 Mark I 的工程師來打造一台科學用電腦——選擇順序電子計算機（Selective Sequence Electronic Calculator，下稱 SSEC）。由於 SSEC 是要用在科學界，因此就算真的想用上那些討人厭的真空管也沒關係。但是 SSEC 必須靠打孔卡來運作，畢竟它是 IBM 的機器。

這台機器造價百萬美元，全長約三十六公尺，是一台巨大、半實體電子電腦、半機械打孔卡機器。小華森形容它是一頭「科技恐龍」（technological dinosaur）。但看起來確實很有未來感，布滿操縱臺、控制板和閃爍的燈泡。老華森將它擺在 IBM 位於曼哈頓（Manhattan）的總部一樓。在五十七街的人行道上，就可以看見這部機器。接著，IBM 讓任何需要「純科學」應用的人可以免費借用這台機器。雖然 SSEC 在二戰期間，成功計算航海表，幫助美軍對抗德國的潛水艇，但它混合式的本質讓新一代年輕電子工程師認定製作 SSEC 的公司已經與世界脫節。IBM 很快就會被時代淘汰。

戰後，埃克特和莫奇利離開賓州大學，在費城一家店面創立了自己的電腦公司。老華森懷疑他們的實力，但當這兩位年輕工程師成功獲取 IBM 兩大客戶——美國普查局（Census Bureau）與保德信保險（Prudential Insurance）——支持，他大發雷霆。不僅因為這兩位年輕學者成功搶走 IBM 的客戶，還因為他們推出的產品——通用自動計算機（Universal

Automatic Computer，下稱 UNIVAC）——是用磁帶來儲存數據，而不是打孔卡。在老華森的眼中，打孔卡就是 IBM 的正字標記，磁帶可以取代打孔卡的想法令他害怕。話雖這麼說，但使用磁帶的理由非常充分：它儲存與讀取數據的速度都比打孔卡快得多，而且一捲磁帶可以存放的數據量相當於一萬張打孔卡。然而，對老華森而言，如果打孔卡過時了，IBM 也過時了。因此老華森更加不信任磁帶。小華森後來撰文時提到，他的父親認為打孔卡是「一份永垂不朽的資料」。「你可以看見它，並實際拿在手上。即使像保險公司存放了巨量文件，文書人員也可以快速抽樣並進行人工確認。但是如果用磁帶，你的數據就會以隱形方式存在一個媒介上，而那個媒介在設計之初就是要讓上面的數據能被消除、媒介本身可以重複使用。」老華森就是沒有辦法看透當前的態勢。他考慮要推出自家的電子產品，將埃克特和莫奇利逐出市場，但是一想到需要用磁帶做這件事情，他就完全無法接受。

在老華生躊躇不前的同時，小華森聽到即將到來的電子革命發出的隆隆聲響愈來愈大。一九四八年，他從朋友那裡聽說，全美至少有十九個重大的電子電腦計畫正在推行中，大部分的電子電腦都仰賴磁帶。與此同時，IBM 的客戶也開始發覺，大量又不斷擴增的打孔卡庫存在儲存與管理上愈來愈麻煩。即便磁帶有其缺點，但魅力已經大到無可擋。時代公司（Time Inc.）董事長來找小華森，拜託他改用磁帶。利用 IBM 的機器來管理《時代》雜誌與《生活》雜誌的郵寄名單時，每

一名訂戶的資料需要三張打孔卡來儲存，時代公司旗下雜誌總訂戶數百萬人，每個月還會不斷增加數千人，在這種情況下，那些機器與它們占用的空間都已經達到極限了。「我們有一整棟建築物都是放你們家的機器。我們已經被淹沒了，如果你們不能承諾未來會提供新產品，那我們就得開始另謀出路了。」他說。管理郵寄清單顯然不是老華森定義的、理當屬於電子電腦觸及範疇的科學用途。事實上，這項工作恰恰是位處 IBM 價值主張（value proposition）核心的業務。

小華森知道，只靠傳聞並不足以說服父親打孔卡已經過時，因此他在一九四九年創立了工作小組，專職研究磁帶議題。然而，結果卻令他懊惱不已。工作小組的結論是打孔卡不會被淘汰。IBM 的業務團隊也給了老華森一樣保守、討老總歡心的答案。「我開始了解到，當你需要採取行動的時候，主流人士——即使是主流中的佼佼者——也絕不是你該請教的對象。你必須自己去感受世界的脈動，再自行採取行動。這完全發自內在。當時我不夠相信自己而不敢堅持己見，但我的直覺告訴我，我們必須跨足電腦與磁帶領域。」小華森寫到。IBM 的工程文化是機械式的，由上到下連成一氣，從打卡鐘到打字機什麼都做，因此公司成員完全沒有意願要跳入嶄新的商業環境之中。「IBM 有太多既存的抗拒力量，導致它無法好好探索電子電腦，我們直接買下埃克特和莫奇利的公司可能比較容易。」小華森做出結論。

那時候，IBM 得到了這樣的機會。當 IBM 中的頂尖人才

請老華森放心，打孔卡是未來趨勢，UNIVAC 的創造者在一場空難中頓失金主，急需資金挹注。兩名絕望的男人找上了 IBM。遺憾的是，莫奇利不像他的夥伴那麼乾淨整齊、風格傳統，而是反骨人士。他穿著邋遢地抵達會談現場，兩隻腳直接抬上老華森的咖啡桌。這名工程師要從一開始就挑明自己不會只為了討好出名拘謹的商業大老就講究儀態，就算為了拯救公司也不會這麼做。老華森向來堅持業務員的衣著必須遵循嚴謹而一致的準則，連襪帶也不能隨便。他立刻就對這名年輕的發明家感到反感，雖然嘴上說是怕有反托拉斯的問題才拒絕這次的投資機會，但他的個人觀感絕對影響了他讓 UNIVAC 就這樣離開辦公室的決定。

幾個月後，埃克特和莫奇利被 IBM 的競爭對手雷明頓蘭德收購。雷明頓蘭德的執行長小詹姆士·蘭德（James Rand Jr.）決定賭一把，靠著投資 UNIVAC 抓住扳倒 IBM 的大好機會。IBM 當時已經長期在商用裝置市場中站穩龍頭地位。拜老華森的抗拒所賜，雷明頓蘭德在現代電腦時代中，取得了先機。不過，這次競爭可不只關乎事業。這場商戰就像許多其他商戰一樣，也蘊藏個人恩怨。詹姆士·蘭德曾經親身體驗過 IBM 的壟斷力量。幾年前，老華森利用 IBM 的市場力量與專利毀掉了蘭德的其中一間公司。因此，UNIVAC 不僅是對未來的重要投資，也是報復的機會。蘭德沒有要在機械製表的領域追上遙遙領先的 IBM，他要直接跳過 IBM。

但到了最後，小華森運氣很好，找到機會使力擋下災

難。IBM財務部門的研究顯示，公司與美國無線電公司（Radio Corporation of America，RCA）和奇異公司（General Electric，GE）等同等級的企業相比，研發投資顯著較少。這樣的結果踩到痛點：老華森的好勝心。他下令大幅擴編研發部門，這意味著IBM將較過去更深度投入電子領域。爾後的六年間，IBM的工程師從五百人大增到四千人。這個轉變的時機很巧妙——韓戰在一九五〇年六月爆發，美國政府要求IBM為國防用途開發一台一般用途的電子電腦。這台「國防計算機」（Defense Calculator）當時注定成為IBM史上最貴的計畫，成本比其他案子多出一個量級，但有助於IBM開始跨足運算領域。小華森彙整出販售電腦給全國各家國防實驗室的銷貨收入，指出收入足以抵銷研發成本之後，老華森遂核准了這項計畫。「國防計算機是他讓我以高階主管身分採取的第一個高風險行動。」小華森寫到。

接著，IBM又迎來第二次好運氣。這次可說是因禍得福。一九五二年一月二十一日，美國司法部（Justice Department）對IBM提起反托拉斯訴訟。從政府的角度來看，IBM在打孔機製表裝置市場的市占率高達九成，實質壟斷市場的情況已經造成妨礙競爭的結果。當時，穿著深藍色套裝與雕花皮鞋的IBM傳奇業務軍團隨處可見。全球各地的辦公室與政府機構內，都有他們的身影。對老華森而言，政府的行動是一大重擊，他從一九一五年被任命為總經理開始，努力了數十年拼命為IBM拿下霸主地位。想到IBM好不容易取得的地位要被奪

走，他就倍感痛苦。對老華森而言，IBM **就是**打孔卡事業。但是在小華森看來，這場反托拉斯訴訟讓他的父親再也別無選擇，必須加碼投資電子裝置。他們必須創新並在新的賽場上勝出，不然就只能當一家過時的製造商。雖然先行者優勢的力量可能被誇大了，但「不行者劣勢」（no-mover disadvantage）無庸置疑。

老華森雖然保守，但他不是沒長眼。轉向的時候到了。一九五二年四月，他公開宣布 IBM 已經研發出為商業用途設計的電子電腦，這一台電腦的速度是 SSEC 的二十五倍。國防計算機經過品牌重塑，成為 IBM 其中一款標準產品—— IBM 701。IBM 701 將和其他 IBM 裝置一樣，提供租賃與相關服務。

IBM 701 公開亮相是 IBM 的一大步，但那時候，從一八八〇年代起使用打孔卡技術的美國普查局已經買到 UNIVAC。IBM 內部人員逐漸意識到，IBM 來晚了，追趕的腳步也不夠快。當 IBM 發現最初依據生產成本所訂定的 IBM 701 價格太低了，未達應有價格的一半，他們很詫異地發現即使價格修正後翻倍，仍沒有任何客戶取消訂單。電子運算的需求一飛衝天，但 IBM 還沒有在市場上推出他們的產品。

UNIVAC 是第一台為一般行政業務設計的電腦。靠著將數據存放在磁帶而非打孔卡，UNIVAC 可以快速消化數據，並以電子方式做運算，再比任何 IBM 裝置更快給出答案，就連即將上市的 IBM 701 也比不上。IBM 701 依然繼續使用打孔卡讀取數據。但問題仍沒有改變：雷明頓蘭德要如何向 IBM 的主

要企業客戶推銷 UNIVAC？特別是在 IBM 701 即將問世的此刻？電子電腦的概念很抽象，他們要如何將電子電腦的潛在優點介紹給美國企業領袖？這就是為什麼雷明頓蘭德會想到要和 CBS 新聞台合作，參與一九五二年十一月的大選之夜報導。

那年夏天，雷明頓蘭德聯繫了 CBS 電視台主席西格・米克森（Sig Mickelson），討論如何讓 UNIVAC 現場預測選戰結果。米克森和新聞主播克朗凱都不相信那台機器可以做出什麼厲害的預測，更不用說要預測誰會是下一任美國總統，但是他們覺得節目效果很不錯。現在，雷明頓蘭德需要的就只剩下建立演算法，靠著結合開票初期的數據與過去幾場選戰的投票情形推測出贏家。然而，那時候莫奇利已經被列入親共黑名單，再也不能踏進雷明頓蘭德的辦公室。因此，雷明頓蘭德聘請賓州大學的統計學者馬克斯・伍德伯里（Max Woodbury），再偷偷將伍德伯里送到莫奇利家中，兩人一起建置預測選情要用的演算法。

套用莫奇利與伍德伯里設立的演算法之後，UNIVAC 就可以在直播新聞中即時預測大選贏家。這樣的操作非常高明，但風險也極高。一次跳躍成功與否，要落地才見分曉，蘭德將一切都賭在一九五二年的大選之夜。預測錯誤並不會改變電子運算革命將至的結果，但在 UNIVAC 想擴獲的商業社群中，它的名聲就再也無法挽回。不過在大選之夜結束之前，UNIVAC 做的第一份預測就獲得認證，只和實際結果相差數個百分點。科林伍德向觀眾坦言，他們刻意壓下最原始的正確預測。在雷

明頓蘭德的代表在節目上向電腦道歉的時刻，一場史詩級的公關操作就正式成功了。一夕之間，UNIVAC 成了「電腦」的同義詞。

　　冒險在全國觀眾面前現場展示，創造了無與倫比的公關效果。雷明頓蘭德這一擊，把大家不熟悉的新科技呈現出來，讓至少一部分的非凡潛力變得容易理解。如果先行者優勢是真的，現在每一台筆電與智慧型手機上都應該印著 UNIVAC 的商標。然而，這一波大浪一口氣抬起所有船隻。拜雷明頓蘭德的展演所賜，**所有**製造商都可以輕鬆點出電子電腦有何能耐。當 IBM 701 終於在同年十二月開始生產，媒體很快就為它冠上「IBM 的 UNIVAC」的稱號。雖然對 IBM 而言很丟臉，但這種說法意味著顧客立刻就能了解 701 的潛力。

　　IBM 701 的運算速度比 UNIVAC 快，但因為老華森堅持要用打孔卡而拒用磁帶，導致電腦讀取與儲存資料所需的時間把運算省下的時間全吃光了，甚至還反噬。但即使起步晚又受過時的打孔卡技術拖累，701 還是頗具競爭力。IBM 比誰都了解它的客戶。雖然電子運算是一大躍進，但客戶與他們的需求並沒有改變。如同 Tinder 與 Bumble 因為具備領域知識而取得優勢，IBM 也擁有關鍵的領域知識。它利用這份優勢配合市場需求做出調整，而那塊市場 IBM 再熟悉不過。

　　UNIVAC 雖然在科技上做得很精密，但因為設計團隊的成員都是對當代職場一竅不通的學者，成品對企業而言極為不切實際。UNIVAC 送到的時候分成好幾個部分，之後得在客

戶的辦公室裡花一個禮拜、甚至更長的時間仔細組裝完成。相反地，701 在設計時就已經考量到辦公室的實際情況。701 分成數個各自獨立、冰箱大小的模組，每一塊都可以放進貨梯。IBM 的工程師會將那些模組從紙箱中取出、連接，幾天內就能供顧客使用。

一九五三年七月，IBM 推出更輕巧的 650 版，讓企業更容易將電子電腦融入既有營運。小華森寫到，IBM 650「改變了 IBM 的形象，從『IBM 版 UNIVAC』的生產者變成產業領先者。」九月，IBM 又推出 IBM 702，那是一台比 701 更符合商業用途的電腦。702 上市才八個月，IBM 就接獲了高達五十張訂單。雖然磁帶依舊讓 UNIVAC 在科技上勝過 IBM，但它依據使用目的客製化、每次只生產一台的生產方式已經過時。這種製造電腦的方式就是不可能規模化。IBM 因為領域知識更雄厚，懂得採取對消費者友善的做法，並且具備較對手優秀許多的業務團隊，成功克服雷明頓蘭德的先行者優勢，並快速站上領導地位。

IBM 不是第一個下水的，入水時也沒能激起最大的水花。但它清楚自己所在的領域，並專注於滿足客戶需求，最後因此獲勝。雷明頓蘭德出擊失利後，在一九五五年被另一家公司收購。IBM 則自一九五六年起，改由小華森領軍，爾後在商用、政府用、科學用電子運算領域都成為霸主，制霸程度甚至超越當年在打孔卡裝置領域的成就。《財星》雜誌日後將有先見之明的小華森譽為「史上最偉大的資本家」。

*　　　*　　　*

新科技問世的過程存在特定規律。起初只是業餘人士試著用新構想解決既存問題，接著創業家發現這項構想的潛能，急忙擴大規模為大眾市場提供產品。有些人試著在還沒有任何競爭者的時候就搶下領地，希望能取得先行者優勢。如果失敗了（通常會失敗），就會進入軍備競賽。通常會由最了解顧客的企業勝出，然後等到更新的科技問世，這個循環又重新開始。

孫子一次又一次地提醒我們行動要快。「其用戰也貴勝，久則鈍兵挫銳。」《孫子兵法・作戰篇》中寫到。看到機會就要積極掌握，但要等到你真的準備好抓住它才出手。如果還沒準備好就出擊，你將丟失機會。

在下一個章節中，我們要來介紹幾個掌握領導地位後，又以正確策略保住領先優勢的企業。

第 **3** 章

勝者策略

「百戰百勝，非善之善也；不戰而屈人之
兵，善之善者也。

《孫子兵法・謀攻篇》

一支軍隊能否打勝仗，端看它遵循的策略，而非任何單一戰術。單一戰術再絕妙也沒有意義。有時候，一個絕佳的構想——像是音色優美的電吉他或是令人上癮的新款交友軟體——可以創造出缺口，讓一間企業得以席捲戰場，但要守住領地，甚至靠著領先優勢持續擴張領土，就需要一貫的長期策略。

孫子將樸實無華的物流視為最重要的因子。他相信要打造一支強勁的軍隊，補給線比刀、箭技術更重要。一場振奮軍心的演講或是厲害的攻城武器或許會帶來一時的優勢，但要長期維持軍力就需要糧食、水、藥物，以及最重要的——扎實規畫。領導人必須有遠見才能領導眾人，企業不可能盲目地誤打誤撞就勝出。

CASE 7

網路大戰（上篇）：製作 Mosaic 瀏覽器

一九九四年某個星期天早上七點鐘，二十二歲的電腦工程師馬克・安德里森（Marc Andreessen）已經起床了，算是醒了吧！對安德里森而言，這個時間醒著不是什麼新鮮事，他常常通宵寫程式。但今天他的第一個行程其實是要到位於帕羅奧圖市（Palo Alto）的 Il Fornaio 餐廳和人吃早餐，那是一家位於矽谷中心地帶的熱門餐廳。安德里森為了這場重要的會談暨工作面試一步一步地做足準備。前幾天晚上他漸漸把睡覺時間往前推。

坐在新科大學畢業生安德里森對面的是四十九歲的吉

姆・克拉克（Jim Clark）。克拉克是科技圈的傳奇人物，當時他才剛離開自己一手創立的公司——視算科技（Silicon Graphics），那是一間已經取得非凡成就的公司。現在，克拉克想要打造一間比它更大的新公司。這也是他在這裡和安德里森見面的原因。

安德里森獲得他人強力推薦。他在大學時期就和朋友一起打造了革命性的「瀏覽器」（browser），那款名為「Mosaic」的新型軟體可以用來連上快速成長的「全球資訊網」。然而，安德里森所屬的國家超級電腦應用中心（National Center for Supercomputing Applications，下稱 NCSA）並沒有給予他該有的認可，因此他選擇離職。兩個男人都處在重新再出發的階段，在這場尷尬的首度會談中相互對坐。克拉克單刀直入，他想知道：網頁瀏覽器是否具有商業潛力？安德里森認為沒有。他仍對於失去掌控作品的權利耿耿於懷，因此宣稱自己再也不想碰任何跟全球資訊網有關的事了。如果克拉克想創業，那應該要做電玩，大家都愛打電動。

但是克拉克認為，NCSA 是學術單位，完全不懂大眾市場。他們掌握了最好的瀏覽器，但即將放掉這個機會。或許吧！安德里森承認。但他沒有興趣抓住那個機會。

克拉克喜歡這個直白又聰明的年輕人。他們決定要一起做點什麼，但是那天離開餐廳前，都沒有決定確切要做什麼事。不過，克拉克種下的構想種子留在安德里森的腦中。他已經策略性地重新思考過全球資訊網應該長成什麼樣子，以及給人什

麼感覺,甚至賦予了這個振奮人心但還未成氣候的媒介一股生氣,做了這麼多之後,他真的要放棄這次機會、不試著用自己製作的產品實現願景嗎?NCSA 官僚氣很重,他們不了解自己掌握了什麼。如果安德里森可以和吉姆‧克拉克這樣的人合作,他們或許會成為將全球資訊網帶給普羅大眾的人。

＊　　　＊　　　＊

在這個為科技深深著迷的經濟體中,我們總是對年輕發明家抱持美好幻想,想像他們在車庫中孜孜不倦地做「下一件大事」(Next Big Thing),但實際上,隻身研發的發明家往往會被滿手現金又無所顧忌的大公司給擊潰。安德里森試圖將網頁瀏覽器帶到市場上,無疑是「大衛對上歌利亞」的商場故事。安德里森必須對抗幾個最有權力又無情的科技人。有些領袖並不把法律規範視為道德戒律,而是賽場上為求勝利就可以扳歪、甚至破壞的規則,這些人往往會贏得商戰。沒錯,他們或許會被主管機關開罰,但從中獲得的利益多半值得他們接受政府意思一下的懲罰。美國政府很不喜歡破壞當地企業成功的故事。

安德里森一九七一年在愛荷華州(Iowa)出生,在威斯康辛州長大。他十歲時,利用圖書館借來的書自學程式,再用學校電腦寫了一個計算機程式來幫他寫數學作業。某天,一位管理員無預警關閉系統電源,導致安德里森失去了他的程式。有鑑於這次損失慘重,他的父母同意讓他買一台康茂達 64

（Commodore 64）型電腦。安德里森之後到伊利諾大學香檳分校（University of Illinois Urbana-Champaign）修讀電腦科學學位，並在那裡找到一份兼職工作。他在學校的電腦研究中心 NCSA 設計電腦圖形。

　　那個時間點在 NCSA 工作很是時候。運算領域即將跨入新紀元，網際網路快速演進，從一九六〇年代的電腦網絡 ARPANET[1] 以來，已經有了長足的進展。ARPANET 設立之初，部分目的是為了在遭受核武攻擊後維持軍事聯繫。隨著時間過去，這個網絡逐漸擴大，脫離軍事用途並進入學界，再從學術圈慢慢延伸到小部分民眾，主要是學者與科學家用來分享檔案並以電子郵件溝通。到了一九八〇年代晚期，最開始使用網路的那群人已經會用電腦數據機撥接，直接連結到封閉、專屬但好用的線上服務，例如 Prodigy 和 CompuServe。這些「資訊入口網頁」（information portals）提供基本資料，像是天氣預報、股價，使用者也可以在論壇上與思想相近的人互傳電子郵件或是聊天。具備科技知識而懂得使用開放網路的人，為開放網路感到雀躍不已。然而，對於一般人而言，網路還是太難用又講求技術了。

　　一九九〇年，歐洲核子研究組織（European Organization for Nuclear Research，CERN）的研究人員提姆・柏內茲－李（Tim Berners-Lee）創造出一款軟體，以及一組他稱為「全球

---

[1] 編按：Advanced Research Projects Agency Network，高等研究計劃署網路，通稱阿帕網，世界上第一個運營的封包交換網路。

資訊網」的標準。只要運用柏內茲－李所設計的超文本標記語言（Hypertext Markup Language，下稱 HTML）就可以在網路上透過「超連結」（hyperlinks）發布文件。那些超連結可以連到你的文件或位於網路上其他地方的文件。這種操縱方式就算不是電腦專家也會用，可以藉此取得網路上的資源。全球資訊網設計之初，就以對所有可聯網的人免費開放為目標，幾乎任何數位資訊都可以透過網路分享，不需要繳費亦無需認證，更沒有中間人擋在你與網路之間。雖然當時沒有幾個人預想到，但網路的可能性無窮盡。

安德里森是其中一位看見那份可能性的人。柏內茲－李釋出基本工具與全球資訊網協定時，二十一歲的安德里森就發覺了網路的巨大潛力。柏內茲－李設計的瀏覽器和其他一些設計者拼湊出的瀏覽器都非常基本，只要有人可以做出使用者更容易上手的工具，就可以釋放出網路的潛能。安德里森懷疑，網路甚至有可能取代美國線上（America Online ，下稱 AOL）和 Prodigy 等付費、會員專屬的入口網頁。HTML 是一套簡單的網頁設計共同規則，每個人都可以學習並使用。一個世紀以前，度量衡標準化在工業起飛之際扮演重要角色，安德里森認為，不受任何單一公司控制的標準化「**資訊協定**」（information protocol）可望讓網路跨過轉捩點，甚至開創資訊時代（Information Age）。

安德里森去找他的朋友埃里克・比納（Eric Bina）。比納是 NCSA 的全職工程師，安德里森向他說明自己想開發全球

資訊網瀏覽器的想法。比納很感興趣並答應要和安德里森合作。安德里森負責設計使用者介面，比納則負責介面背後的功能。時任參議員的艾爾·高爾（Al Gore）領銜推動的國會法案為這項計畫提供了資金（這就是為什麼高爾的名言之一，就是說自己「帶頭創建了網路」），校方遂批准了這項計畫。

安德里森和比納進行這項瀏覽器計畫的時候，最終目標只有一個，就是要讓使用者與創造者都能輕鬆使用全球資訊網（當然，在由使用者創造的全球資訊網上，使用者與創造者的界線確實很模糊）。他們做的瀏覽器用滑鼠和鍵盤都可以操作，使用者可以在文字旁邊搭配圖片，就像雜誌內容一樣，如此一來看的人就不需要一一選取並點開圖片。最重要也經常被忽略的一點是，即便網頁有錯誤，安德里森和比納設計的瀏覽器還是會載入網頁。傳統上，電腦只要遇到錯誤就會停止跑程式，但兩位設計者知道以 HTML 語法所寫的網頁雖然在你寫的時候看起來有點像程式碼，實際上卻不是真正的程式。這類網頁其實就只是一個供人閱讀的文件，為了結構和排版在文字周遭加上幾個「標籤」（tag）而已。就像你看書的時候，即使裡面有錯字也不影響閱讀，安德里森和比納希望即便網頁的創作者在建構網頁的時候出錯了，網頁還是可以跑得出來。這項策略上的決定成功移除了使用者在採用這種新型態出版方式時遇到的關鍵瓶頸。整體而言，兩人的策略就是要讓全球資訊網成為外觀誘人、可點擊的圖文與圖標拼湊體。雖然名字的由來眾說紛紜，但大概就是因為上述原因使他們將瀏覽器稱為

「Mosaic[2]」。

連續好幾個禮拜，安德里森和比納在大學的石油化學大樓地下室裡狂寫程式，與世隔絕。安德里森只吃琣伯莉農場（Peperdige Farm）餅乾和牛奶過活，比納則是靠激浪汽水（Mountain Dew）與彩虹糖（Skittles）維生。一九九三年一月，他們完成了供 UNIX 電腦使用的第一版 Mosaic 瀏覽器，開放免費下載，並在幾個線上公布欄宣告此事。許多人開始下載軟體並仔細檢查。

Mosaic 的魅力一開始就清晰可見。上線的那一年，約翰・馬可夫（John Markoff）在《紐約時報》（*New York Times*）上發表文章，內文提到「在 Mosaic 問世之前，如果想從分散在世界各地的電腦資料庫搜尋資料，需要知道——並正確輸入——晦澀的位址與指令，例如：Telnet 192.100.81.100。現在網路上數百個資料庫中，許多針對 Mosaic 做配置的資料庫可以和 Mosaic 相容，Mosaic 的使用者只要用滑鼠點一下電腦螢幕上的文字或圖片，就可以從這些資料庫叫出文字、聲音與圖像。」當然，根本沒有任何東西是「針對 Mosaic 做配置的」，Mosaic 其實是利用了柏內茲－李創造的免費、開放生態系統，但是這樣的概念剛出來的時候，很多人都難以理解，就連科技記者也不例外。

Mosaic 的下載量像滾雪球一樣快速增加。隨著用戶回饋

---

[2] 譯注：Mosaic 直譯為中文是馬賽克的意思。

持續湧入，安德里森與比納飛快地修正程式錯誤並擴增功能。快速回應用戶需求讓他們贏得使用者的忠誠度，也有愈來愈多人因此開始使用他們的軟體。Mosaic 的下載量快速達到每個月數千人次。安德里森與比納在 NCSA 的支持下成立了自己的團隊，很快就推出可供 Windows 與 Macs 兩個作業系統使用的版本。多數人家裡的電腦都可以跑得動 Mosaic 之後，Mosaic 的下載量大爆發。

這時候，「網絡效應」（network effects）帶來的正向回饋循環就開始了，在初萌芽的全球資訊網上啟動。隨著加入網絡的人日益增加，每個人從這個網絡中獲得的價值愈來愈高。就像愈來愈多人擁有電話之後，電話提供的價值指數性暴漲一樣，有人打電話，電話才有價值。現在，愈來愈多人可以用 Mosaic 架設網站，代表 Mosaic 的用戶可以看到的網頁與日俱增。全球資訊網在 Mosaic 的驅動下日益茁壯，Gopher 等其他更早供人在網路上分享資訊的協定體系逐漸式微。柏內茲－李的標準即將成為「**標準**」。

雖然安德里森還沒畢業，但他做出的瀏覽器依據《紐約時報》的報導，在當時已經「造成網路上的數據塞車」。現在回頭看那則一九九三年十二月產業版頭條的報導，會發現內容絕妙地描述了那款幾個月內就成為「通往資訊時代的藏寶圖」的工具：

點擊滑鼠：你會看見美國太空總署（下稱 NASA）的衛

星在太平洋上空拍攝的氣象影片。再多點幾次，就可以閱讀柯林頓總統的演講內容，那份文件以數位方式存在密蘇里大學（University of Missouri）中。點兩下：你可以聆聽音樂電視網（MTV）彙整的數位音樂剪輯。再按一次，來了！一小張數位快照，讓你看到英國劍橋大學（Cambridge University）某電腦科學實驗室裡的咖啡壺是空是滿。

其他可以透過 Mosaic 搜尋到的資料庫包括：國會圖書館（Library of Congress）與上百家美國國內外大學圖書館的目錄卡片、聯邦政府檔案庫、數台 NASA 電腦、加州大學柏克萊分校（University of California at Berkeley）的古生物博物館。

這篇亮眼的報導只有一個問題：內文只引述了 NCSA 主任拉雷·斯馬爾（Larry Smarr）的話，整篇文章隻字未提安德里森與比納。

當安德里森氣憤地去質問斯馬爾為什麼自己被排除在報導之外時，他才得知 NCSA 打算靠軟體授權獲利，但不會給兩位創作者權利金。斯馬爾給了安德里森一個安慰獎，邀請他在畢業後到 NCSA 擔任管理職，但很怪的是那個職位與 Mosaic 毫無關係。安德里森這位年輕工程師當場憤而離職，連畢業證書都沒拿就離開伊利諾大學去了加州灣區（Bay Area）。

不久後，安德里森就和吉姆·克拉克搭上線，在矽谷的義大利餐廳進行了週日早餐會。安德里森還沒有從 NCSA 的挫折中走出來，因此告訴克拉克他再也不想碰全球資訊網了。但

幾個月後，一九九四年三月，安德里森已經改變心意。他告訴克拉克，他們應該要從 NCSA 獵走 Mosaic 的創始成員，一起來打造他們自己的瀏覽器。那些創始成員的不滿情緒在當時愈來愈高漲。

　　克拉克立刻答應，在加州山景城（Mountain View）成立了馬賽克通訊（Mosaic Communications），並挹資三百萬美元。那年暑假，微軟（Microsoft）、Mac 與 UNIX 三個團隊快馬加鞭地打造他們的「Mosaic 殺手」（Mosaic killer）。秋天以前，團隊就做出成果：新的瀏覽器在製作網頁上更穩定、好用，最重要的是測試結果比 Mosaic 快十倍。這款新的瀏覽器甚至還可以在用戶網購的時候，加密信用卡資訊。誰知道會不會哪天有人想在網路上賣東西？

　　談到賣東西，他們還得決定軟體售價。柏內茲－李在學界，所以可以免費提供 HTML 給全世界的人使用，但是馬賽克通訊是以營利為目的的企業。行銷長提議把價格訂在九十九美元，但是一旦設定價格就與安德里森鼓勵群眾廣泛採用的策略背道而馳。然而，企業總是需要一個商業模式，安德里森已經不在學界了。最後，安德里森提出折衷方案。他建議讓這款軟體「既免費又要錢」（free but not free）：學生和教育人士可以免費使用，其他人則要花三十九美元購買，但是有九十天試用期，而這個試用期實際上永遠不會結束。這樣的結果就是需要為軟體付錢的其實只有企業，這樣的收入夠嗎？

　　一九九四年十月十三日，瀏覽器試用版正式上線。新的瀏

覽器各方面都比 Mosaic 來得強，幾個小時內就突破一萬次下載並就此起飛。不久後，NCSA 就控告安德里森竊取他們的智慧財產，並要求每一次下載都要給 NCSA 五十美分的權利金。然而，多數人都是免費使用馬賽克通訊的軟體，這樣的協議完全不可行。因此，克拉克找了一位軟體鑑識專家來確認這兩款軟體只是功能相似，新軟體的程式完全是另外寫的。得知結果後，克拉克就有勇氣去找 NCSA 談判。他提議更改公司名稱並支付三百萬現金，或是授予 NCSA 五萬股新公司的股份。NCSA 選擇拿現金，回頭看這項決定還真可惜。克拉克與安德里森的公司改名為網景通訊公司（Netscape Communications Corporation），瀏覽器則更名為「網景領航員」（Netscape Navigator）。一九九五年三月前，網景領航員的用戶數就突破六百萬人，公司營收達七百萬美元。公司完全沒有打廣告或做行銷，大部分的用戶甚至還是用免費的。

　　向北約一千三百公里，另一為野心勃勃的科技夢想家正在華盛頓州（Washington）西雅圖市（Seattle）緊盯網景領航員的崛起，內心愈來愈焦躁不安。微軟共同創辦人暨執行長比爾‧蓋茲（Bill Gates）當時已經是億萬富翁，隔年他就會成為全球首富。他也看見了網路的潛力——傷害微軟的潛力。網景領航員的數百萬用戶只占微軟客群的一小部分，但是隨著瀏覽器的功能與力量持續增長，蓋茲認為它有可能透過某種方式取代桌上型電腦的軟體，例如 Microsoft Word。事實上，不只是 Word，網路有朝一日可能會徹底消除使用傳統文件的需求。

蓋茲在一份名為「網路浪潮」（The Internet Tidal Wave）的內部備忘錄中寫到，雖然微軟成功在前二十年打造出可以乘著「電腦力量大躍進」而起的軟體，但現在局勢已經改變了。「未來二十年，電腦力量的進展會被通訊網路的爆炸性進展給超越。」蓋茲寫到。這意味著微軟的策略必須調整。他進一步提到，「網路上幾乎看不到採用微軟格式的文件。我瀏覽了十個小時之後，一個都找不到。」這就是蓋茲眼中的問題核心。

網路會對微軟造成威脅，但也是機會。安德里森的團隊在山景城拼命研發網景領航員，NCSA 則和網路公司 Spyglass 簽約，請對方協助將 Mosaic 的程式碼做商業授權，要靠 Mosaic 生財。為此，Spyglass 重寫了一份程式，自建另一個版本的 Mosaic，再將這一款 Mosaic 授權給微軟。微軟用這份程式碼快速做出了自己的瀏覽器：Internet Explorer。

CASE 8

網路大戰（下篇）：網景 vs. 微軟

新戰場有新的交戰規則。蓋茲在那份「網路浪潮」備忘錄中表示，最令他擔心的是來自一個特定瀏覽器的競爭，那款瀏覽器「生於網路」：

（網景領航員）占據主導地位，用量占比七〇％，讓他們可以決定哪一些網路擴充功能會流行……現在網路愛用者正在討論一個嚇人的可能性，就是他們是否該集結起來，創造一個

遠比個人電腦便宜但威力足以上網的東西。

　　蓋茲不只擔心錯過網路發展，他還預見了這個初生的新科技有可能在某一天取代所有微軟的旗艦商品，包括微軟的作業系統。

　　Internet Explorer 如果想戰勝網景，就必須成為民眾關注度最高的瀏覽器。「我們必須拿出與他們的方案並駕齊驅且更勝一籌的產品。」蓋茲寫到。這件事情並不容易。一九九五年夏天，網景早已成為網路瀏覽器的同義詞，坐擁千萬用戶的網景，網羅了當時全球超過五分之一的網民。此時，還只有不到一半的美國人聽過全球資訊網。蓋茲已經可以想像網路普及之後，網景會拿出什麼樣的數據。

　　蓋茲最開始的計畫是要直接併吞網景。六月二十一日，在網景總部進行的四小時會談中，微軟提議投資網景，並將領航員設定為微軟過去所有版本的內建瀏覽器。相應地，網景必須放棄開發適用於 Windows 95 的瀏覽器，並接受未來所有 Windows 作業系統都使用 Internet Explorer。確實，**那個時間點**在運作的電腦中，使用舊版微軟系統的電腦多得多，但任何人都可以預想到 Windows 95 才是微軟的未來。網景一旦同意這樣的條件，等同於放棄自己的未來。

　　當網景拒絕這項提案，會議情勢出現驚人轉變。安德里森後來作為證據提供給法院的會議筆記中寫著：

如果網景想要的話，我們可以建立特殊關係。**威脅我們微軟會霸住 WIN95 客戶市場，而且網景必須閃一邊去。**

後來安德里森將微軟代表團的行為比喻成是電影《教父》（*The Godfather*）中「維托·柯里昂[3]（Don Corleone）的拜訪」。當然，那時候安德里森年僅二十三歲，但即使是在場其他更有經驗的老手也一樣被那明目張膽的恐嚇給震懾了。網景新任執行長吉姆·巴克斯代爾（Jim Barksdale）說，「在我三十五年的職涯中，從來沒有參與過一場會談是競爭者如此公然地暗示我們要不停止競爭，要不就被它所殺。我在業界的這些年來，從來沒有聽過、也沒有經歷過其他人這麼直白地做出要切分市場的提案。」

微軟要求網景投降不然就要毀掉它的這份誓言，之後會在法庭上糾纏蓋茲，但那並無助於解決網景短期的資金問題。網景如果拒絕和微軟結盟，就意味著他們要有充沛彈藥對決雷德蒙德市（Redmond）的歌利亞巨人[4]。巴克斯代爾在緊急董事會上提議接受創投資金，但安德里森想要上市。上市對於一間才十五個月大又還沒獲利的新創而言是極不尋常的做法。投資人約翰·杜爾（John Doerr）看好上市的做法：「衝一發吧！」最後董事會陷入僵局，由吉姆·克拉克投下關鍵一票。克拉克在創辦視算科技的時候，曾經和創投打過交道，如果可以的

---

[3] 譯注：維托·柯里昂是電影《教父》中紐約黑手黨的第一代領導人。

[4] 譯注：微軟總部位於華盛頓州的雷德蒙德市。

話，他完全不想再走一次這條路。於是，網景做出了空前的行動——上市。

網景即將首次公開發行（IPO）的消息傳到華爾街後，投資人的興趣高漲到嘉信理財集團（Charles Schwab）和摩根士丹利（Morgan Stanley）等銀行必須加開電話線路才能處理大量湧入的電話。一九九五年八月九日，網景正式上市，比Google、eBay 和亞馬遜都來得早。後來《財星》雜誌將網景上市案稱為「點燃網路盛世的火花」，真的是如此。網景上市第一天，股價就從二十八美元漲到七十五美元，再以五十八美元作收。數十名網景員工都成了帳面上的百萬富翁，光是安德里森持有的股份市值就高達五千九百萬美元。

現在，網景有了足夠的銀彈反擊微軟。「瀏覽器之戰」正式開打。

*　　　*　　　*

綜觀歷史，在戰場上比威廉・亨利・蓋茲三世 5（William Henry Gates III）更激進的人不多。他的父親威廉・亨利・蓋茲二世（William H. Gates II）是一名律師，母親瑪莉・安・蓋茲（Mary Ann Gates）則是著名的企業領袖。在西雅圖長大的蓋茲和與他同世代的科技人有一項顯著差異，就是他出身名門。他在商場上百無禁忌的手法在早期個人電腦產業中，一路

5 譯注：威廉・亨利・蓋茲三世是比爾・蓋茲的全名。

造成嚴重破壞，使蓋茲大量樹敵，但也讓他成了全球首富。

電腦產業具有強烈的學術性與一九六〇年代反文化風格，大部分一九七〇、八〇年代發跡的狂熱電腦發明家對於科技都抱持著烏托邦式、共享共好的態度，蘋果公司共同創辦人史蒂夫·沃茲尼克（Steve Wozniak）就是一例。但是，當他們的興趣轉化為成功的營利事業之後，這樣的態度就必須做出調整。但蓋茲不一樣。他從一開始就很清楚個人電腦產業和其他產業無異，必然依循相互廝殺的規則運作。剛起步，蓋茲就志在必得，展現出對他人的無情漠視，連對自己的商業夥伴和上游廠商都一樣不念情分。與他共同創辦微軟的保羅·艾倫（Paul Allen）確診癌症之後，就被擠出公司了（某一次，蓋茲以自己負擔的工作量變大為由，要求艾倫轉讓部分股份作為補償）。

但是，蓋茲確實需要這樣的攻擊性才能在這塊新的戰場中勝出。由於安德里森採行的策略是讓領航員瀏覽器被廣泛採用，因此他們大幅領先。大部分的網路用戶都已經選定領航員，「領航員」這個詞本身都已經快成為「網頁瀏覽器」的統稱了。一九九六年，網景營收突破三·四六億美元，安德里森登上《時代》雜誌封面，照片中的他坐在王位上。

但即便如此，蓋茲仍掌握一項關鍵優勢：微軟的 Windows 作業系統稱霸業界，除了蘋果公司的電腦以外，所有個人電腦基本上都預灌了 Windows 作業系統。沒錯，網景領航員用戶數高達數百萬人，但與網路潛在客群的大小相比，只是超級小

的一部分。網路瀏覽的**未來**仍未定案。如果蓋茲可以確保每一台新的個人電腦都預先安裝好 Internet Explorer，使用者就完全不需要網景領航員了。

蓋茲曾經對內嘲諷網景「免費但要錢」的策略，笑那群人是「共產人士」。但現在，一心想毀掉領航員的蓋茲向所有預灌微軟 Windows 作業系統的電腦廠下了最後通牒：廠商如果不在每一個新系統中把 Internet Explorer 設定成預設瀏覽器，就會失去 Windows 系統的授權。

接下來，蓋茲轉移目標，把驚人的市場力量用來逼迫主要網路服務提供商。網路服務提供商通常會提供軟體幫助用戶連上網路並瀏覽基本資料。蓋茲曾經直接詢問一名 AOL 高層，「我要付你多少錢，你才願意搞死網景？」不管 AOL 的答案是什麼，他們最後將 Internet Explorer 設為預設瀏覽器。其他人也陸續跟進。

起初，微軟的瀏覽器在各方面都不如領航員：慢、程式錯誤多、跑網頁的能力差。但是，微軟有無限的資源可以拿來改善瀏覽器。微軟和網景不同，它已經可以靠著旗艦商用產品獲得大量又穩定的獲利。微軟完全不需要靠 Internet Explorer 賺進一毛錢，也可以持續精進產品直到 Internet Explorer 的品質追上領航員。或者，至少做到品質落差程度不大，讓多數消費者不會在意到更改預設瀏覽器。隨著戰局延燒，愈來愈多人購入人生第一台個人電腦。這些人主要就是受到畫面豐富、令人身歷其境、以超文字（hypertext）驅動的全球資訊網所吸引。

每一位新用戶都必然會點擊亮藍色的 Internet Explorer 標誌，首度連上網路，然後網景就這樣再度失去一個潛在客戶。安德里森、克拉克與巴克斯代爾在打一場注定會輸的戰爭，面對微軟的規模與蓋茲的無情，他們毫無抵禦能力。

是的，蓋茲百分之百違反了反托拉斯的法令，但他過去操作這件事情總是非常成功。依據往例，政府監理單位在牽制成功企業家的時候，手腳總是很慢，美國政府尤其是如此。一直到三年後，一九九八年五月，檢察總長珍妮特・雷諾（Janet Reno）才因為媒體的關注而宣告對微軟提起反托拉斯訴訟。

審理時，蓋茲把法庭視為其中一塊戰場。法庭上的蓋茲被形容是「迴避問題又不予回應」。他指稱 Internet Explorer 與 Windows 結合度太高了，因此從系統中移除 Internet Explorer 就是不可行。這套說詞連庭內沒有科技知識背景的人都可以輕鬆破除。如同在庭上示範的，你可以輕易刪除 Internet Explorer，電腦照樣運轉無礙。一九九九年年尾，法院判定微軟違法，認為微軟在個人電腦市場上的霸主地位確屬壟斷，而微軟也的確利用了壟斷的力量以不公平的方式輾壓對手，最近一次紀錄就是對網景出手。二〇〇〇年六月，法官下令拆解微軟，但微軟上訴成功。上訴成功的重要原因是負責的法官在案件審理期間與記者討論時，不當地將微軟的領導層比喻為「毒梟」與「黑幫殺手」。最後，微軟在不需要大幅調整商業行為的情況下就了結了這樁案子。

到頭來蓋茲使出激進戰術的唯一苦果就只有名譽受損。當

然也少不了訴訟費，但那對微軟的獲利幾乎毫無影響。而微軟獲得的回報則是在對抗影響存亡的威脅時，打了一場勝仗。歌利亞徹底擊潰大衛，網景搖搖欲墜，Internet Explorer 則成了世界上最熱門的瀏覽器。

雖然馬克・安德里森早期設計、改變局勢的瀏覽器—— Mosaic 和網景領航員——已經不存在了，但他對於網路的願景最終獲得實現。現在人瀏覽網頁的經驗基本上就和他最初設想的一模一樣，用戶可以直覺地在網路上瀏覽文字、影像與其他媒體拼湊出的馬賽克。一九九八年，AOL 以四十二億美元買下網景，希望可以避免自己失去線上中介者的身分。安德里森獲得了近一億美元。他用這筆錢與合作夥伴共同成立安德里森・霍羅維茲（Andreessen Horowitz）公司，那間公司現在已經是名聞遐邇的創投了，曾經為多家新創提供早期資金，包括 Skype、臉書和 Airbnb。安德里森持續追逐自己對網路的願景。他在二十多年前協助掀起一波浪潮，現在他靠著乘浪而起、積極又有理想的創業家獲利。

CASE 9

祕方：雷・克洛克 vs. 麥當勞

雷・克洛克（Ray Kroc）正在和一名潛在客戶通電話，但這一次他不必推銷。這次又是**潛在客戶**主動打給**他**。很怪。克洛克通常是致電的那一方：打去得來速餐廳、藥妝店裡的汽水小賣部、連鎖速食店冰雪皇后（Dairy Queen）。過去這些年，

克洛克一直擔任「多功能攪拌機」（Multimixer）的銷售專員。多功能攪拌機是一台閃閃發亮、不鏽鋼製的裝置，可以一次做五杯奶昔。克洛克第一眼看到多功能攪拌機就愛上這個產品了，多功能攪拌機動作快、效率高，改變了許多繁忙的餐廳廚房，堪稱運作中的現代便利奇蹟。多功能攪拌機的賣點不言自明，但前提是要讓顧客看到它運作的樣子，因此克洛克會用後車廂載著展示機到全國各地推銷。

但現在那些客戶居然主動致電。更有甚者，他們所有人都提到同一件事：他們想要一台和聖貝納迪諾市（San Bernardino）那台攪拌機一模一樣的攪拌機。克洛克再度收到像這種不請自來的訂單時，掛上電話的他好奇心高漲。他翻開那座冷清的加州城市的銷售紀錄，結果發現聖貝納迪諾市只有一位客戶，細看那間公司的訂購紀錄，克洛克瞪大了雙眼。

他心想，這一定是哪裡錯了。他再檢查一次分類帳，**八台多功能攪拌機**？這機器一台可是要價一百五十美元啊！這世界上誰會需要一口氣做四十杯奶昔啊？克拉克又確認了一次那間平價餐廳的名字後，打電話請他的旅行社專員幫他訂隔天去加州的機票。他不知道麥當勞（McDonald）兄弟是瘋了還是純粹太愚蠢，但他必須親自去看看他們的漢堡店。

* * *

加盟的概念起源為何始終眾說紛紜。在十八、十九世紀，英國與德國的酒吧會向特定釀酒商收購所有啤酒換取回扣。美

國的可口可樂也用了類似概念來解決一道兩難的問題。可口可樂的發明者約翰·史蒂斯·彭伯頓（John S. Pemberton）研發出一種嗎啡的替代品，並將它變成熱門飲料：糖、糖蜜、香料、可樂果、古柯鹼。〔彭伯頓原本是美利堅邦聯[6]（Confederate）上校，在南北戰爭中受傷後對嗎啡上癮，最後開發出這份食譜來幫自己戒掉嗎啡。〕然而，裝滿飲料的玻璃瓶要靠鐵道長途運輸太過昂貴又困難，而彭伯頓又沒有足夠的資源在全美都設工廠，因此他選擇將濃縮後的糖漿運送到其他公司，讓那些公司為他把糖漿製作成瓶裝可樂，製作過程必須徹底遵循彭伯頓的指示。這套系統讓彭伯頓得以將業務拓展到全國，同時又給予加盟方一個簡單、可靠的獲利方式，不需要創新也不必冒險。可口可樂的廣告無所不在，當地負責製作瓶裝可樂的公司只要做出足量的產品滿足日益成長的需求即可。

　　當代加盟制度就這樣一點一點地在二十世紀前葉成型。現在，授權方會賦予每個加盟主全面複製商業模式的權利，從品牌、商標到製作方法與食譜都可以套用，相對地，加盟方需要支付固定費用，並同意遵循授權方的策略，不能自己即興演出。授權方靠著一致性與無盡的成長性得利。

　　當一間企業的方程式真的**可行**，加盟模式可說是足以為企業帶來最大報酬的策略之一。在美國，每七間企業就有一間屬於加盟企業。新的產品或服務上市後，即便真的成功了又振奮

6 譯注：美利堅邦聯是在一八六一到一八六五年間，十一個南方蓄奴州共同組成的邦聯。

人心，資金與地理距離仍會限制成長腳步，而加盟模式破除了這些限制。母公司只要做出最低限度的現場投資就可以靠著加盟長成巨獸，再利用規模優勢輾壓對手。這一點問雷‧克洛克就知道。

*　　　*　　　*

麥當勞這間全球速食帝國的品牌一致性高得驚人。不管你是在美國市郊的核心地帶、挪威郵輪上或哈薩克，麥當勞提供的食物都是用完全一樣的方式準備與提供（哈薩克是原蘇聯共和國之一，二〇一六年才開設了第一家麥當勞加盟店，也是中亞第一家麥當勞）。當然，為了配合各地的口味，加盟店可以做微調。一九九四年的電影《黑色追緝令》（*Pulp Fiction*）捧紅了其中一項調整：在荷蘭吃麥當勞薯條，旁邊放的是美乃滋。但考量到麥當勞的規模與範疇，它整體的一致性仍是世界標竿，即使麥當勞這些年來持續改善作業方法並嘗試新食譜，這件事情依舊沒有改變。

麥當勞最基本的一道菜色自然非漢堡莫屬。漢堡本身就是一個經典案例，彰顯成功的「戰術」如何在成功之後順利擴散。其實漢堡正是起源於哈薩克一帶。成吉思汗所帶領的欽察汗國騎兵率先將片狀馬肉塞到馬鞍下面，靠著熱度與摩擦來壓爛並稍微烹調一下食物。成吉思汗一路打到莫斯科時，這種風格的絞肉餅跟著傳入了，俄羅斯人在肉旁邊加上酸豆與洋蔥，就成了韃靼牛肉（韃靼人當時是蒙古人的盟友）。到了十七世紀，

韃靼牛肉又跟著俄羅斯船隻來到德國漢堡的港口，絞肉在這裡流行了起來，並成為當地名產。兩個世紀後，德國政局陷入動盪，大量移民從漢堡移居到紐約市，不久後，紐約市的餐廳就開始販售絞肉餐點，像是**漢堡風美國無骨肉片**，藉此吸引新客群。在絞肉機發明的推波助瀾下，牛絞肉餅——或稱「漢堡牛排」（Hamburger steak）——在全美各地流行了起來。至於是誰想到要把漢堡牛排放在麵包上，讓它容易攜帶，我們就只能感謝那位無名貢獻者了。

　　漢堡進軍美國的時間點非常完美。當時因為道路建設進步、汽車價格下滑，開車的人愈來愈多，開長途的時候，駕駛總希望可以在路邊買到出餐快、價位低、有飽足感的食物。一九三七年，派翠克・麥當勞（Patrick McDonald）和他的兩個兒子莫里斯（Maurice）與理查德（Richard）開了一家名為「Airdrome」的小吃攤，地點選在加州蒙羅維亞[7]（Monrovia）的機場附近，販售熱狗給往返機場的旅客（漢堡是後來才加到菜單上的）。一九四〇年，理查德與莫里斯——小名「迪可」（Dick）與「麥可」（Mac）——將店面沿著六十六號公路向東遷到聖貝納迪諾，並改名為「麥當勞燒烤」（McDonald's Bar-B-Que）。像這樣的得來速餐廳在一九三〇年代的南加州很熱門，餐點通常是燒烤牛肉、豬肉和雞肉。餐廳會有專門將餐點送上車的服務生，讓顧客在車上吃。那些服務生通常是心

---

[7] 譯注：蒙羅維亞和聖貝納迪諾都是六十六號公路沿線城市。六十六號公路被稱為「母親之路」，一路從芝加哥延伸到洛杉磯，是美國東西向最重要的交通幹道之一。

懷抱負的演員，在等待試鏡的時候打工賺生活費。

一九四八年以前，麥當勞兄弟就發現漢堡才是他們的主要營收來源，不是燒烤。迪可和麥可決定暫時休業，以盡可能提高製作與販售漢堡的效率為目標簡化作業流程。首先，他們不再提供送餐到車的服務，顧客必須進到餐廳裡領取餐點。第二，他們刪減菜單內容，只留下必要餐點：漢堡、洋芋片、咖啡和蘋果派（隔年加入薯條與可口可樂）。餐廳廚房成了一條工廠生產線，只是不產汽車或烤麵包機，而是變出一個又一個完全一樣的麥當勞漢堡。

現在這家餐廳的名字更簡單，就是「麥當勞」。麥當勞業績蒸蒸日上，但是兩兄弟還不滿足，既然已經看出效率與獲利之間的關聯性，為什麼要就此收手？一九五二年，他們雇用了一名建築師來依據使用目的設計新餐廳。他們在網球場上以粉筆畫出一大片廚房藍圖，要確保新廚房的設計可以讓效率達到最大值（某一次，兩兄弟花了一整天在網球場上假裝做漢堡，結果一場突如其來的大雨將他們的草圖給洗掉了。但他們沒有放棄，隔天又從頭來過）。終極漢堡工廠落成後，兩兄弟啪地打開了新餐廳正前方、高約八公尺的黃色「Ｍ」型霓虹燈。開車經過的人絕對不會錯過那座金色雙拼拱形。

漢堡、乾淨又有效率的廚房、擦得發亮的不鏽鋼、紅白相間的陶瓷磁磚、雙拼金色拱形，種種因素疊加在一起，就是迪可與麥可在戰後初期創造的總體黃金策略。人們熱愛麥當勞的食物、一致性與速度。麥當勞的漢堡絕對值得你下車領取。消

息快速散播了出去。

其他漢堡餐廳像是漢堡王（Burger King）與白色城堡（White Castle）向這個「速食」模型取經，盡可能吸收相關戰術，但沒有誰成功完整複製麥當勞兄弟的成功方程式。一來，他們不能合法開設麥當勞餐廳，另一方面很多食材與做事方法只有麥當勞兄弟自己知道。即使是心意最堅決的抄襲者也要好幾年才有辦法成功仿效麥當勞。兩兄弟開創了一個既有價值又獨一無二的商業模式，如果他們動作快就可以在還保有先行者優勢的時候，好好利用自己的成就。

隔年，他們開始授權其他人加盟。尼爾・福克斯（Neil Fox）這位富有的石油公司高階經理人率先取得麥當勞兄弟的指導，複製他們一手創立的餐廳。只要支付一千美元的固定費用，福克斯就可以在亞利桑那州（Arizona）的鳳凰城（Phoenix）開一間餐廳，把食譜、設計、生產線食品生產模式這些最初讓麥當勞成功的因子全套移植過來。福斯的店家開張時，麥當勞兄弟很驚訝地發現他連名字都沒改，不像另一家在北好萊塢（North Hollywood）的加盟商是以「Peak's」為名，不過使用相同名稱的做法很快就成了常態。隨著民眾車愈開愈遠，關於麥當勞的傳聞也傳出了聖貝納迪諾。以麥當勞為名而非福克斯（Fox's）有他的好處，在正向循環中，隨著成功的加盟店一一開張，麥當勞的品牌價值也會跟著水漲船高，進一步提高加盟店的價值。

有個男人後來耳聞了有關麥當勞的消息，並掌握到這件事

情真正的重要性。他就是雷蒙德‧克洛克（Raymond Kroc）。
克洛克一九〇二年出生在芝加哥（Chicago）近郊，他小時候
的綽號是「丹尼夢想家」[8]（Danny Dreamer）。克洛克從學校
回家時，常常會因為一些新的創業計畫而滿腔熱血：賣檸檬蘇
打水的攤販、音樂小店。他喜歡創新也熱愛工作。他曾這麼寫
到，「有句俗諺是『**只工作不玩耍，聰明孩子也變傻**』（All
work and no play makes Jack a dull boy.）。我向來不信那句話，
因為對我而言，工作就是玩樂。」有一個重點是克洛克的長處
並不是發想新點子，而是落實創新構想。他懂得執行事情的方
法。克洛克需要的是一套他可以百分百支持的必勝策略、一紙
必定成功的祕方。

克洛克高中輟學，找到一份為莉莉圖利普公司（Lily Tulip
Cup Company）賣紙杯的工作。那時候，紙杯還是一個振奮人
心的嶄新發明，相較於玻璃杯，既衛生又方便，也可以省下整
天在洗杯子的大量時間與精力。克洛克熱愛站在時代尖端的感
覺。「我一開始就察覺紙杯會是美國未來的趨勢之一。」克洛
克表示。但是即便在順著業務員職涯一路往上爬的過程中，
「丹尼夢想家」也不斷在搜尋新機會，試圖找到贏家方程式。

要賣紙杯給老字號餐廳很不容易，但是新興餐飲業者就看
見了紙杯的潛力。藥店的汽水小賣部特別喜歡紙杯，因為清洗

---

8 譯注：丹尼是《芝加哥論壇報》（*Chicago Tribune*）一九〇七到一九〇九年間的連
載漫畫《丹尼的夢想》（*Danny Dreamer*）的主角。丹尼是個想像力豐富的小男孩，
他懷抱著夢想、希望自己可以受人尊敬，現實卻並非如此。他在追逐夢想的過程中
遇到許多困難，但依舊樂觀。

玻璃杯時得用熱水，但熱水會使冰淇淋融化[9]。因此，兜售紙杯讓克洛克可以站在餐飲潮流的尖端。克洛克的客戶之一——普林斯城堡（Prince Castle）冰淇淋連鎖店共同創辦人厄爾‧普林斯（Earl Prince）發明出一次製作多杯奶昔的機器，克洛克立刻看出值得掌握的新商機。他辭掉莉莉圖利普公司的業務工作，成為專門兜售多功能攪拌機的業務員。

克洛克隻身打天下，他到全國各地的藥店小賣部與餐廳兜售攪拌機。二戰後，冰雪皇后等霜淇淋專賣店如雨後春筍般設立，讓克洛克的生意量再創高峰。他的多功能攪拌機銷售量很快就達到了一年數千台，就像賣紙杯一樣，攪拌機的生意讓克洛克獲得珍貴的機會，從圈內人的角度窺看餐廳產業。「我認為自己是廚房的鑑賞家。為了賣多功能攪拌機，我拜訪了數千家廚房。」克洛克寫到。

進入一九五〇年代後，克洛克從他所占據的制高點清楚看出藥店裡的汽水小賣部差不多走到盡頭了。戰後的美國已經準備好迎接新事物，不管那項新事物是什麼，克洛克都希望可以成為銷售者。就是在那時候，克洛克開始接到全國各地的洽詢電話，每個人都講出相同的台詞：我想要一台你們家的、和麥當勞兄弟在加州聖貝納迪諾市放的那台一模一樣的攪拌機。克洛克感到困惑，美國各地都有多功能攪拌機，為什麼所有顧客都是拿那家位在加州某個小城市的單一餐廳當例子？克洛克發

---

[9] 譯注：美國藥店從十九世紀中後期開始引進蘇打水，結果大受歡迎，各藥店不斷開發新產品。一八七五年，冰淇淋蘇打問世後，藥店汽水小賣部熱潮達到顛峰。

現麥當勞兄弟向他購買了八台多功能攪拌機之後，決定要深入調查。

「腦海中那八台攪拌機同時做出四十杯奶昔的畫面太令人難以置信了。」克洛克寫到。一九五四年，克洛克五十二歲，他飛到洛杉磯再開車到約九十七公里外的聖貝納迪諾市。

一開始，克洛克不覺得眼前的場景有特別令人印象深刻的地方。早上十點，他把車停在餐廳外頭，人就坐在車子裡。麥當勞看起來就是那個年代標準的得來速餐廳，頂多是停車場出奇的乾淨而已。接著，員工陸續抵達，但他們穿的不是常見的工作服和滿是油漬的圍裙，而是一身整齊乾淨的白色制服搭配白色紙帽。克洛克燃起了興趣。上工後的男人勤奮地將馬鈴薯、肉、牛奶與其他用品從隔壁倉庫拿出來、裝上推車，再推進餐廳。沒多久停車場就滿了，滿滿都是人。顧客並不是留在車子裡等服務生送餐過來，而是走下車形成長長的人龍，魚貫進入餐廳，每一位顧客出來時都拿著一整袋的漢堡回到車上。看到如此穩定的生意隊伍，克洛克寫到，「八台多功能攪拌機同時攪動的畫面，感覺沒有那麼不切實際了。」克洛克下車後，詢問一位從他身邊經過的顧客為什麼要在這裡吃，那名男子回答他，「只要花十五美分，你就可以吃到此生最美味的漢堡，而且你不需要等待，也不必慌忙地給服務生小費。」

克洛克進到餐廳以後，對餐廳營運的好印象有增無減。他立刻注意到這樣的大熱天裡，餐廳裡居然完全沒有蒼蠅，這讓克洛克感到驚訝。在這個已經被麥當勞改頭換面過的世界裡，

一不小心就會忘記一九五〇年代的餐飲業多半不乾淨，更不用說要提供品質穩定、價格低廉的食物。顧客湧進麥當勞不只是因為他們喜歡方便又只要十五美分的漢堡，還因為麥當勞提供令人欣喜又可靠的體驗。麥當勞對客服的重視不只催生了現代速食產業，也提高了整體餐飲業、乃至於所有其他以服務為主的零售業者的標準。託麥當勞的福，我們才學會提高標準。

後來克洛克已經不記得自己那一天到底有沒有吃漢堡了。興奮不已的他焦躁地等待午餐尖峰期過去，再去向麥當勞兄弟自我介紹。他們稱呼克洛克為「多功能攪拌機先生」，雙方一起吃晚飯的時候，麥可跟迪可向他描述了這套他們拿來製作並提供餐點的系統，既單純又有效率。「菜單上少少幾樣餐點的製作過程被分解成最基本的步驟，只要最低限度的力量就可以完成。」克洛克回憶。那天晚上，克洛克躺在汽車旅館的床上，想到數羊的替代活動。「我的腦海中浮現了一個畫面，全國各地的交叉路口一一出現代表麥當勞的圓點。」克洛克寫到。克洛克並沒有想著要擁有這些店家，只是試想每一家店都會有「八台多功能攪拌機在運轉，並創造滾滾現金流」流向自己。

隔天，克洛克回到麥當勞，在知悉麥當勞兄弟提過的營運系統後，進一步觀察實況。嚴格來說，他在那裡的原因只是要思考如何賣出更多的多功能攪拌機，但「丹尼夢想家」不由自主地做起了更遠大的夢。他試著記住廚師如何做出那些酥脆可口的薯條。「我相信自己已經清楚記住了，而且任何人只要徹底遵循各個步驟，就能夠做到一樣的事情。那只是我在與麥當

勞兄弟交涉的過程中，犯的多項錯誤之一。」克洛克寫到。

薯條就是絕佳實例。理論上，任何一個競爭者都可以在未獲授權的情況下就習得製作薯條的創新戰術，一定也有很多其他連鎖業者已經試過了。但是，要成功複製出麥當勞的薯條卻被證明是無法克服的挑戰。那只是麥當勞兄弟辛苦打造的體系的一環。如果沒有完整採用整套策略，包括管理架構、公司文化、訂購與儲存食物的物流體系、最佳化的廚房設計、對細節嚴謹的重視程度，就無法穩定產出品質優良的薯條。如果連一批都做不出來，自然就不可能長時間在多家餐廳做出麥當勞那樣的薯條。

克洛克靠著渾然天成的推銷手腕，成功說服麥當勞兄弟讓他在既有的十家加盟店之外，進一步拓展。那十家店還是會續存，但接下來就交給克洛克。交涉時，兩兄弟堅持一致性：每一家分店都必須使用相同的建築設計、告示、菜單，當然，還有食譜。克洛克完全同意，他已經看出整體貫徹（holistic whole）的價值。但他後來後悔同意其中一項要求，就是如果要對配方做任何修改都必須以紙本方式提出，並獲得兩個兄弟的簽名。這項條件後來讓克洛克很頭大。不過在洽談的時候，麥當勞兄弟其實已經在與加盟商互動時經歷過許多令他們感到失望的事情，因此他們希望保有掌控權。克洛克同意交出掌控權之後，雙方就簽署了合約。依據合約內容，克洛克每開一家新的加盟店時，可以獲得九百五十美元資金來支付所有支出並保留一‧九％的銷售毛額，剩餘的部分麥當勞兄弟可以拿到四

分之一。

　　麥當勞長成巨獸之後，經常有人問克洛克既然已經從內部學到麥當勞的營運模式，為什麼不直接抄襲就好了？但是，克洛克光是想複製薯條就意識到了，想要抄襲成功的營運模式極為困難，即使獲得授權方的支持也一樣。獲得麥當勞兄弟百分百的支持後，克洛克試圖複製他們的策略，過程中他不斷發現這套成功方程式的新面向，從特製的鋁製煎鍋到極為精準、節省流程的廚具擺放規則。如果沒有麥當勞兄弟的建議與經驗，幾乎不可能將每一個環節都做對，更何況開新餐廳本來就已經得面臨很多挑戰了。名字也是原因之一。「我有一種很強烈的直覺是麥當勞這個名字就是最恰當的，我沒有辦法拿掉那個名字。」克洛克寫到。

　　克洛克的直覺判斷是以當時的時空背景而言，麥當勞的整套系統再理想不過，如果試圖逆推重建，成敗很難說。相對地，雖然加盟的做法一開始問題很多，但克洛克可以專心做「丹尼夢想家」最擅長的事：做大夢。他第一步先在伊利諾州的德斯普蘭斯市（Des Plaines）開了一間示範店，要在尋覓加盟主之前，先把各種問題一一擊破。

　　雖然克洛克與麥當勞兄弟的第一次會談很順利，但雙方關係很快就惡化了。克洛克想要在示範店裡加上地下室。聖貝納迪諾氣候乾燥，在戶外棚舍曬馬鈴薯沒問題，但是在伊利諾州溼熱的夏天就行不通了。兩兄弟口頭同意變更設計，卻堅決不肯提供紙本同意書。由於紙本同意是契約上明訂的必要步驟，

此舉讓克洛克處於劣勢。在克洛克看來，兩兄弟似乎想保留未來對他採取法律行動的空間。不過，克洛克還是決定賭一把，在一九五五年四月十五日開始經營他的第一家麥當勞餐廳。

克洛克花了一年精進德斯普蘭斯的示範店。為了讓這間來自加州的餐廳可以適應中西部的氣候，克洛克得做出許多修正。舉例而言，克洛克好不容易重現了兩兄弟製作薯條的方式，卻發現薯條吃起來和其他餐廳的一樣沒什麼味道又黏糊糊的。兩兄弟也一頭霧水。克洛克花了好幾個月調查才發現，他們之前把馬鈴薯存放在戶外棚舍的鐵線籃裡，其實有風乾的效果，因此只要在存放馬鈴薯的地下室空間加裝電動風扇，使空氣持續流通就解決問題了。顧客很快就察覺到不同之處。一位供應商日後對他說，「你們根本不是做漢堡的。（你們）是賣薯條的⋯⋯（你們）有這座鎮上最好吃的薯條，那才是你們的賣點。」那只是眾多調整中的一項而已。克洛克做了許多改變，試圖要創造出一套樣板讓全美各地的加盟主都可以採用。

但克洛克又遇到了意料之外的新難題，使他與麥當勞兄弟的關係進一步惡化。克洛克發現，麥當勞兄弟除了在加州與亞利桑那州已經設立加盟店之外，還莫名其妙地授權給一位伊利諾州庫克郡（Cook County）加盟主，讓他在那裡開麥當勞。這件事情讓克洛克十分懊惱，因為那正是克洛克的示範店所在的郡。克洛克被迫支付二萬五千美元的高額費用向另一位創業家買回加盟權。這次的混亂不管是不是兩兄弟故意造成的，都徹底洗盡了克洛克對迪可與麥可僅存的一點善意。

　　將示範店的小問題各個擊破之後，克洛克準備好找加盟主了。之前在加州，現在到伊利諾州，推銷起來比過去容易許多。現在，克洛克只要讓有興趣加盟的對象看一眼生意興旺的餐廳，對方就會上鉤。在其他地方，克洛克則是拿出一系列藍圖搭配微笑，向對方提案。克洛克就這樣在一九五六年以前，開了八間新店。一九五七年，又開了二十五家。動能推起來之後，良性循環就開始了。麥當勞的品牌開始創造「一樁又一樁的生意。那些生意不再是來自單一店家或經營者的品質，而是整個體系的聲譽。」克洛克如此描述。

　　此時，克洛克聘請哈里‧索恩伯恩（Harry Sonneborn）來處理公司財務。索恩伯恩原本是冰淇淋連鎖店太妃冰淇淋（Tastee-Freez）的財務副總。索恩伯恩的建議成為麥當勞大獲成功的關鍵：買下土地。麥當勞採用了「索恩伯恩模型」（Sonneborn model），創設獨立法人——加盟不動產公司（Franchise Realty Corporation）——掌管麥當勞的不動產。接著，他們在全國各地承租空地並在上面蓋麥當勞餐廳，再以土地和建築物去貸款。所有費用都轉嫁到加盟主身上，還加計利潤。在這套系統下，餐廳經營者來加盟麥當勞的誘因更高了，每一間餐廳都可以立刻啟用。克洛克的公司會找好地點、蓋好餐廳之後，才交給店主來經營。加盟主則是每個月要付錢給公司，可能是最低定額或是一定比例的銷售額。麥當勞拿這些錢來支付貸款與其他費用後，仍有獲利。

　　克洛克打造的這套商業模式幾乎可以無限放大規模，而且

規模愈大，體系愈強。隨著連鎖體系不斷擴張，麥當勞與供應商的議價能力也變得更強了。各家分店保證可以買到最便宜的食材，成本低廉使麥當勞的加盟主比其他店家的加盟主賺進更多利潤。

克洛克從未停止精進商業模式，從各個方面盡可能提高效率、壓低成本。他對麥當勞設下的遠大願景很快地落實，這也要感謝新的州際公路體系。克洛克在一九六〇年代初期開了第二百家店。然而，即使人在聖貝納迪諾的兄弟檔領到源源不絕的錢，而且還愈領愈多，雙方關係仍每況愈下。克洛克一度派遣員工到加州查看在他的視線範疇外、麥當勞兄弟加盟店的經營狀況。雖然都在同個品牌旗下，其他加盟業主卻不願意配合克洛克店家的廣告或採購策略，克洛克的員工發現那些餐廳隨心所欲地稀釋麥當勞的成功配方，店內販售披薩和安吉拉捲等商品，經營的品質也遠低於克洛克及麥當勞兄弟更早以前設定的標準。麥當勞兄弟一開始雖然堅持要握有百分百的掌控權，才能確保整個集團的一致性，但顯然他們並沒有貫徹這樣的掌控權。

加州的情況讓克洛克極為不滿。如果麥當勞兄弟沒有要信守承諾的意思，那他就要全權掌控所有同名餐廳，那個名號可是他辛辛苦苦打出來的。但他們願意賣嗎？克洛克知道近年麥可的健康狀況愈來愈差，兩兄弟想退休了。克洛克打電話過去，單刀直入地要麥當勞兄弟開個價。一天後，他們提出了天價：二百七十萬美元（這個數額有多大？克洛克剛以公司兩成

以上的股份換得一筆關鍵貸款，貸款價值一百五十萬美元）。麥當勞兄弟認為，這個金額剛好而已。「我們已經做了超過三十多年，每週七天從不間斷。」但克洛克要到哪裡生出這麼多錢呢？最後，他設計出一套極為複雜的財務計畫，成功買下股份。以當時的公司規模，一九九一年左右就可以清償貸款。

克洛克買斷了麥當勞兄弟的控制權，買下品牌與經營方式。現在，他終於可以自由地按照自己的意思來經營麥當勞。但眼前還有一個障礙，似乎只要跟麥當勞兄弟做生意就會遇到這個問題：他們握手同意交出創始店之後卻背信了。不管兩人是出於不捨或是純粹想惡搞，克洛克都積極反擊。他在對街再開了一家麥當勞，直接把創始店逐出市場。

暢銷作家暨未來學學家約翰·奈思比（John Naisbitt）曾說，「加盟是史上最成功的行銷觀念。」而麥當勞是最徹底地實證了這項說法的企業之一。在克洛克的帶領下，麥當勞不斷茁壯。一九六三年，全美麥當勞在黃色招牌上方的計分板上秀出廣告：麥當勞賣出了超過十億個漢堡。一九六五年，克洛克選擇讓公司上市，距離他開第一家加盟店才十年而已。隔年，麥當勞開了第一家設有內用座位區的店，這項特色很快成為標準。顧客再也不想在車子裡用餐了。一九七二年，克洛克還清了當年為買斷麥當勞兄弟股份而取得的貸款，比預期時間早了二十年。四年後，麥當勞的營收突破十億美元。「丹尼夢想家」將他的夢想化為現實。

　　如果想坐穩第一名的寶座，即使是大企業也必須要有一套勝者策略。他們必須不顧情面地貫徹那套策略。戰術不斷變化，但好的策略必須定調每日營運。

　　哈佛商學院教授暨作家大衛·梅斯特（David Maister）曾說，「策略意味著說『不』。」好的策略會將所有可行的、四處紛飛的方案簡化到少數幾個可控的選項，藉此幫助領導人做決策。領導人在思索新的戰術時，第一個要考量的就是「這是否合乎我們的策略？」如果某個做法不合既定標準，也無法保證可以一貫施行，就應該要拒絕。微軟對網景、麥當勞對抄襲者採取的行動清楚顯示，專注可以讓已成氣候的競爭者取得優勢，對抗彈性大、動力足的後起之秀。

　　設定策略時，必須做出許多艱難的抉擇，而做那些決定正是領導人的工作。然而，不是每一位領導人都具備那樣的勇氣。下一個章節中我們就會看到，有時候你必須犧牲部分業務才能成就另一項業務。這樣的決定並不容易，但成長總得付出代價。

第 **4** 章

找到定位

「故善戰者，立于不敗之地。」

《孫子兵法・形篇》

艾爾‧賴茲（Al Ries）與傑克‧屈特（Jack Trout）在經典商學書籍《定位》（*Positioning*）中寫到，「當你試著什麼都做，最後就會落得什麼都不是。」要找到企業的定位，就得先了解市場。競爭者的價值主張有什麼模糊之處？現有客戶有哪些不滿意的地方？還有什麼沒被滿足的需求？賴茲與屈特主張，不應該直接在競爭者的主戰場挑戰對方，最後只能當老二，而是要找到對手的弱點或根本還沒涉足的領域，在那一個點上做出差異，劃出自己的陣地。找到一個對自己有利的定位，並主張那是屬於你的位置。

一次踩上兩個定位，等於完全沒有定位，你一次只能選定一個位置。要確實拿下一個定位，往往意味著必須放棄另一個。因此，要做出聰明的選擇。在這一個章節中我們會發現，企業能成功找到定位，都是因為領導人願意做犧牲，放棄一塊珍貴的領地以穩穩踩住最重要的位置。

CASE 10

口袋定位：iPhone vs. 黑莓機

二〇〇七年一月九日，麥金塔世界博覽會（Macworld Expo）這場年度盛會在舊金山舉行。蘋果公司執行長史蒂夫‧賈伯斯（Steve Jobs）就站在後台。那一年，距離賈伯斯回歸自己共同創辦的公司已經十年了，他的知名度達到前所未有的高峰，不只因為他揭露新產品時總是很有戲，也因為他揭露的產品總是能取得驚人的成就。iMac、iPod、MacBook Pro 都是

旗艦商品。十年來，賈伯斯帶領蘋果谷底翻身，成為全球最火紅──也最會賺錢──的公司之一。

但是，今年的博覽會對賈伯斯而言，感覺還是不太一樣。今年更加特別。他在側台等候的時候，強烈感受到口袋裡擺放著的那台小小的黑色長方形裝置。

賈伯斯上台後，對台下滿心期待的人群說，「每隔一段時間就會有革命性的產品問世，徹底改變一切。」接著，他拿出了口袋裡的裝置：世上第一台 iPhone。賈伯斯說對了，iPhone真的改變了世界。iPhone是蘋果新發明的產品，而蘋果靠著iPhone重塑一整個領域。iPhone代表個人運算與行動通訊的新典範，爾後顯著改變了人類與科技的關係。iPhone也引爆了一場戰爭。

*　　　*　　　*

雖然 iPhone 仰賴的創新科技橫跨了整個二十世紀，不過iPhone的故事最早是從一九九二年開始的。那一段時間，賈伯斯已經被逐出自己共同創辦的公司、在外飄泊。一九九二年，蘋果推出了牛頓掌上型電腦（Newton MessagePad），成為世界上第一個個人數位助理裝置。牛頓的使用者身邊沒有桌上型電腦時，就會揮舞塑膠筆來管理行事曆、通訊錄和其他個人資料。雖然這項商品因為手寫辨識功能太過嚴苛，起步時跌跌撞撞的，但每一代都較過去更進步。雖然牛頓掌上型電腦並沒有普及，但攏絡了一票死忠粉絲。一九九七年，賈伯斯回鍋擔任

蘋果執行長時，不顧內外部粉絲的悲憤，終結了這個前景看好的產品。這項決定在當時必然椎心，但賈伯斯深知蘋果必須犧牲掉牛頓。牛頓代表一個相對小眾的定位，而蘋果必須割捨才能重新掌握公司的關鍵地位，重返個人電腦的龍頭位置。

打從創立之初，蘋果就成功找到定位，與當時主要的電腦公司 IBM 做出明顯區隔。蘋果強調自己做的是**個人**電腦，而非商用機器。蘋果電腦以平價好用出名。然而，賈伯斯離開的這段期間，蘋果丟失了這項獨特的定位，新的領導層什麼都做，不斷推出新產品，到最後已經看不出蘋果的定位了。結果就是蘋果的市場逐漸被創新、飢渴又專注的電腦製造商給侵蝕，例如 Gateway 與戴爾（Dell）。

重新掌權後，賈伯斯判定是時候該重新佈陣了。蘋果產品中，不管再有潛力，只要不是個人電腦就必須割捨，包括牛頓。賈伯斯大砍公司產品線，最終只剩下四樣產品：兩款桌上型電腦與兩款筆電。就連世界上第一台消費者數位相機與全球前幾個問世的雷射印表機之一也都中箭落馬，但賈伯斯的犧牲讓他順利達到目的。賈伯斯回鍋後的第十年年尾，蘋果已經開始推出各種創新的個人電腦。而個人電腦正是最初讓蘋果成為強者的關鍵。

這樣的犧牲就是找到定位的重點：你必須先以一件事情名聞遐邇，才能嘗試第二件事。賈伯斯如此絕情地快刀斬亂麻，讓他成為史上少數願意冒這種風險的執行長。拜他的行動所賜，蘋果重新站穩了產品強國的地位，繼續引領風潮，讓同業

苦苦追趕。

　　到了二〇〇一年，賈伯斯看準公司的處境好轉，足以再次承擔新的風險。這時候，蘋果推出了 iPod。iPod 並不是世界上第一台數位音樂播放器，但是因為容量大、設計典雅、介面好用而成為家喻戶曉的產品。

　　幾年後，iPod 已經坐擁數億全球用戶。賈伯斯做足準備，要領導他的設計師、程式設計師、工程師軍團進攻下一塊關鍵領地。二〇〇七年，賈伯斯在麥金塔世界博覽會的演說後來成了傳奇。他在台上說，自己今天要介紹的新產品不只一個，而是三個，每一個的革新性都媲美第一台麥金塔電腦（Macintosh computer）。那三項產品就是「一台 iPod、一支手機和一部網路通訊器，」賈伯斯說。接著，他又說了一次「一台 iPod、一支手機……你們有聽懂嗎？那不是三種不同的裝置，而是一個裝置。我們把它稱為 iPhone。」賈伯斯的演講引來雷鳴似的迴響。《紐約時報》指出，這款手機「太過美麗高雅，設計必定出於神之手。」雖然 iPhone 並不完美，卻能做到過去所有手機都不曾做過的事，包括提供使用者與使用桌機時完全相同的上網體驗，不再像其他既有智慧型手機一樣，只能提供簡化過的版本。iPhone 上市時，消費者排好幾天的隊只為了買到一支 iPhone，堪稱一種文化現象，至今仍未消退。

　　現在，我們理所當然地認為「手機」可以讓我們做到所有過去必須仰賴電腦才能做到的事，像是流暢地瀏覽網頁與編輯高畫質影片。然而，在二〇〇七年的時候，就連所謂的智慧型

手機在使用上都仍限制重重。在他的演講中,賈伯斯優雅地闡述了 iPhone 在市場上的定位。「大家都說最先進的手機就叫作智慧型手機,而智慧型手機通常都結合了手機、一些電子郵件處理功能和他們所謂的網路,在單一裝置中提供某種弱小的網路服務,然後這些手機全部都搭配塑膠小鍵盤。問題是,它們不怎麼聰明,而且還不怎麼好用。」相反地,iPhone 提供「多點觸控」(multitouch)介面,讓使用者可以憑直覺就輕鬆用手指操控堅實的玻璃螢幕。在手機大小的裝置上瀏覽網頁,終於不再是夢。

賈伯斯在演講中還點名了幾個市場上既有的智慧型手機,那些手機提供電子郵件處理功能與有限的上網功能,還搭載「塑膠小鍵盤」。賈伯斯隨意地提起黑莓機(BlackBerry),稱它是其中一個提到智慧型手機時必然會講到的「理所當然的角色」。

iPhone 問世之前,行動研究(Research In Motion,下稱 RIM)黑莓機是最主要的智慧型手機,深獲企業用戶喜愛,並逐漸擄獲一般消費者的心。黑莓機搭載完整的鍵盤,處理電子郵件的功能非常強,黑莓通訊軟體(BlackBerry Messenger,BBM)還可以讓使用者進行群組對話,這一點和當時的簡訊功能不同。

第一代 iPhone 沒有鍵盤在當時引發爭議。但是賈伯斯反駁批評者,直接對黑莓機與其他類似裝置開嗆。「它們都有搭配鍵盤,不管你不需要,鍵盤就在那裡。」他說。賈伯斯的說

法是，iPhone 沒有鍵盤是它的優勢。「如果六個月後，你想到一個非常好的構想，但是你沒有辦法四處奔忙、為這些產品加上一個按鈕。貨已經送出去了。」賈伯斯解釋。iPhone 搭載玻璃觸控螢幕意味著這項裝置可以針對每一種應用程式提供客製化的介面。

RIM 創辦人暨共同執行長邁克・拉札里迪斯（Mike Lazaridis）在家裡觀看賈伯斯的演說。起初他不怎麼擔心，黑莓機的老用戶大多是商務人士，對於 RIM 的產品忠誠度很高。他們可以在黑莓機的迷你鍵盤上以驚人的速度精準輸入內容。蘋果極度在意一般消費者，但 RIM 不一樣，他們把未來賭在商用市場上。黑莓機的定位就是唯一一台安全性與可靠度可以達到企業與政府標準的智慧型手機。這項精巧的定位，讓黑莓機在滿是脆弱貝殼機的市場上鶴立雞群，也使黑莓機幾乎壟斷了大型組織的市場。既然已經鎖住企業市場，RIM 就不認為自己需要太過在意多變的消費者喜好。一般人也會想買黑莓機，因為黑莓機已經成為地位的象徵。黑莓機是時下最潮的呼叫器，品牌的未來安全無虞。

接下來，美國 AT&T 旗下的電信公司 Cingular 執行長走上舞台，宣布將與蘋果獨家合作。拉札里迪斯鄙視地想著，絕對不可能，不可能有任何一家行動通訊商提供的行動數據方案數據量夠大或網速夠快，足以讓使用者在手機上全面上網！

找尋定位是一件直截了當的事情，沒有半真半假與推託抵賴的空間。RIM 不願意承認 iPhone 已經造成威脅，正是它面

臨的最大威脅。

＊　　　＊　　　＊

　　蘋果與加拿大競爭者 RIM 的角力非常極端，如此兩極化的程度在商戰中很少見。RIM 於一九八四年成立於加拿大滑鐵盧（Waterloo），創辦人是拉札里迪斯和一起學工程的好友道格拉斯・弗萊根（Douglas Fregin）。RIM 一開始就開發出一系列的產品：除了手機、呼叫器等通訊裝置之外，還有 LED 照明系統、電腦網路裝置，甚至還有編輯影片的系統。草創初期，RIM 還在找尋自己的定位。

　　一九九二年，六歲的 RIM 已經有十四名員工並亟需現金。正是在那時候，拉札里迪斯遇到了詹姆士・巴爾西利（James Balsillie）。巴爾西利是一名鍥而不捨的創業家，也是天生的業務員。他在安大略省（Ontario）長大，多倫多大學（University of Toronto）畢業後到哈佛大學（Harvard University）念工商管理碩士（MBA）。巴爾西利發掘了 RIM 的潛力，並表示有意買下公司。不過最後結果變成巴爾西利接受拉札里迪斯的邀請出任共同執行長，負責公司的經營面（巴爾西利也挹注了十二萬五千美元資金到 RIM，甚至為此拿自己的房子去貸款）。雖然巴爾西利很激進，甚至有些蠻橫無理，但事後回頭看，在 RIM 與全球電信商結盟的過程中，巴爾西利是不可或缺的一員。

　　拉札里迪斯從小就是《星際爭霸戰》（*Star Trek*）的粉絲，

劇中角色都有一支可以放進口袋裡的通訊裝置，觸動了拉札里迪斯的想像力。大學時，他的工程教授已經預想到未來景況，提到無線簡訊收發或許會成為下一個通訊科技上的突破。當一間手機公司和 RIM 簽約，請 RIM 為他們建立呼叫網路，拉札里迪斯抓住機會研究呼叫器科技，並自己動手研發教授口中的那項突破。

一九四九年就出現了第一紙呼叫器專利，但是一開始只能單方通訊。最早的呼叫器之一 Telanswerphone，可以用無線方式通知醫師他們收到新訊息，前提是那些醫生方圓約四十公里內必須有電塔。好些年過去，發射器的出現讓呼叫器變得更小而精密。最後，呼叫器已經可以顯示來電號碼了。幾乎每一位醫生、執行長與其他高階專業人士的皮帶上都戴上了那樣的小黑盒子，讓呼叫器成了身分地位的表徵。配戴呼叫器就代表你的重要程度高到需要隨時待命。

一九九六年九月十八日，RIM 推出了革命性的呼叫器 Inter@ctive Pager，那是第一款可以雙向傳訊的呼叫器。使用者只要透過手上的拇指型鍵盤（thumb keyboard）就可以收發簡訊。一年內，裝置使用人數就達到數萬人。RIM 在之後幾代新機上，陸續擴充功能。二〇〇〇年，RIM 957 問世了，使用者可以上網收發電子郵件。這是有史以來第一次忙碌的專業人士能確定自己在桌機收到電子郵件的當下，立刻看到那封信，甚至可以邊走路邊回覆。RIM 957 沒辦法處理附加檔案也不能用來上網，但是對企業和政府用戶而言，RIM 957 大幅改

變了情勢。

然後到了二〇〇二年，差不多也就是蘋果推出 iPod、從另一個角度切入口袋電子產品市場的時候，RIM 推出了第一支黑莓機。BlackBerry 5810 是雙向傳訊工具、電子郵件處理裝置**兼**手機。那是 RIM 初探手機市場。雖然 BlackBerry 5810 沒有內建麥克風，使用者必須自備耳機，但至少再也不需要攜帶兩種裝置。隔年，RIM 就正式推出第一款貨真價實的智慧型手機。新機搭配全彩螢幕、內建麥克風、喇叭，甚至還有網頁瀏覽器。這項產品現在真的具備了所有手機與雙向訊息裝置的功能。

在科技領域，任何新產品或服務通常都是以消費者或企業區分定位。黑莓機一開始就和呼叫器一樣鎖定了企業市場。在企業對企業（B2B）的銷售模式下，公司直接鎖定企業和政府等組織，拿下一紙合約就可以一夕擁有大量使用者。如果成功和一間大企業簽約，新客戶十之八九會以你的產品為核心建置系統和作業流程。重新訓練與其他轉換成本可能極為高昂，因此只要你持續滿足組織的基本需求，即使操作上對使用者而言不如其他消費者導向的品牌來得好用，依然不會遇到問題。因此，企業導向的公司通常會花比較多精力在商品推銷而非改良他們在銷售的產品或服務。巴爾西利就是推銷好手。

RIM 並非單單搶下了企業市場智慧型手機的霸主地位，而是自己一手開創了這樣的領地。巴爾西利直接與金融業及政府內部的關鍵人員合作，也與英特爾等上游零件商斡旋，滿足

企業客戶的特定需求。隨著大型組織陸續提供大量手機給員工使用，裝置背後的動能就增強了。在二〇〇五年以前，黑莓機已經成為「智慧型手機」的同義詞，在市場上沒有任何實質威脅。二〇〇七年，RIM 營收已經突破三十億美元。使用者也被黑莓機收服，使用時總是能立刻感到滿足，太引人入勝以至於他們給了黑莓機「快克黑莓[1]」（CrackBerry）的封號。

*　　　*　　　*

iPhone 一開始的評價好壞參半。軟體跑很慢、問題很多，雖然這是第一代產品的典型特徵，但仍引起了批評者的怒火。不過蘋果內部倒是信心十足。其實蘋果與 RIM 的領導人都惡名昭彰地高傲，兩間企業都習慣當第一。當時，賈伯斯已經是成功擊敗 IBM、微軟、Adobe 等多個競爭對手的沙場老將了。身為領導者，賈伯斯還比 RIM 多了一項關鍵優勢：RIM 有兩個執行長——拉札里迪斯和巴爾西利。承平時期，雙領導人的模式讓 RIM 成功運作，但在對抗蘋果時，雙頭馬車必然會造成的缺點一一浮現。

羅馬共和國由兩位領事共享權力並協同行動，但是當危機爆發時，元老院就會指派單一一位指揮官全權掌權，以快速並果斷地對抗威脅。但是 RIM 的企業規章並沒有預留這樣的調整空間，隨著 iPhone 愈來愈熱門，拉札里迪斯和巴爾西利的

---

[1] 譯注：快克（Crack）是成癮性極強的一種古柯鹼，屬於一級毒品。

關係逐漸變得劍拔弩張。兩人原本共用一個辦公室,後來幾乎不和對方說話了。一位熟悉 RIM 董事會的人士近距離觀察兩人間的緊張關係:

其中一個挑戰是 RIM 開始變得傲慢,那樣的傲慢來自於過去的成功——而我得說,吉姆[2]受到的影響遠勝邁克。……很快地,吉姆就聽不進其他人的話了。因為你是億萬富豪,你比其他人都懂,因此你喜歡聽自己說話,卻不願意聽其他人說話,也不肯接受建言。然後面對任何競爭壓力或建議的時候,解決方式就只有說,「你是在講什麼鬼話。我們可是黑莓,我們是 RIM。你難道不知道我們是誰嗎?」……那樣的傲慢,我認為真的、真的是傷害了公司。

更慘的是,RIM 的董事會根本無力在必要時對抗任何一位執行長。賈伯斯雖然是出了名得專橫跋扈,但大家也知道他願意聽董事會成員的話,經常接受他們的建言。

在 RIM 忙著內鬥的時候,蘋果持續改良 iPhone。第一代 iPhone 缺乏跑第三方軟體的能力,成為初登場時顯著的缺陷。當賈伯斯宣布,蘋果將推出一套工具讓軟體開發者可以為 iPhone 打造原生手機應用程式,水閘門就此開啟。許多軟體開發人員急著想利用 iPhone 獨特的功能,並透過 iPhone 接觸廣

---

2 譯注:巴爾西利本名詹姆士・巴爾西利,小名「吉姆」。

大客群,這群人創作了大量有創意又實用的應用程式。

二〇〇八年七月,蘋果直搗黑莓機在企業市場的地位,開始支援電子郵件服務——Microsoft Exchange。有了 Microsoft Exchange 之後,手機就可以「推播」電子郵件。當使用者收到新訊息,手機會立刻跳出通知,不必再像以前一樣點開電子郵件應用程式手動收信了。Exchange 是企業電子郵件伺服器的標準配備,讓企業與員工手機之間可以安全地收發電子郵件。現在 iPhone 也可以支援 Exchange,等式瞬間轉變。再也沒有任何實質阻礙會降低企業領導人全面跳槽 iPhone 的意願,研究甚至發現 RIM 在穩定度與安全性上也沒有贏過 iPhone 了,而那些特質曾經是 RIM 在企業市場上主打的賣點。

到了二〇〇八年十一月,RIM 心不甘情不願地接受了自己逐漸丟失既有地位的事實。公司不顧內部反對的聲浪,勉強推出與 iPhone 相競爭的「暴風機」(BlackBerry Storm),那是 RIM 的第一個觸控螢幕裝置。到那個時候,黑莓機的鍵盤已經是它的最後一道防線,留住數百萬認為鍵盤不可或缺又受不了手機沒有實體按鍵的使用者。暴風機去除了鍵盤,等於是跑去蘋果的主戰場宣戰,RIM 根本毫無勝算。科技評論家大衛・伯格(David Pogue)在《紐約時報》撰文,指稱暴風機是個常故障又難用的裝置,令人「煩到崩潰」。暴風機對 RIM 而言是個災難。「這東西到底怎麼一路搞到上市的?參與其中的人難道全部都太過害怕而不敢拉起這台火車上的緊急剎車嗎?」伯格問。這個反詰問句的答案是肯定的。雖然巴爾

西利的激進有其價值，像是在和行動網路業者、大企業敲定利潤豐厚的契約時就會派上用場，但 RIM 的員工都在慘痛的教訓中學到，在內部挑戰他的論點要冒很大的風險。巴爾西利和拉札里迪斯持續公開藐視競爭對手的產品時，內部員工都因為過度害怕而不敢對毫無察覺實情的長官說實話。

等到 RIM 董事會終於採取行動，找來外部顧問建議公司如何對抗蘋果，巴爾西利在顧問與董事會成員面前大動肝火。他後來回憶，「我的回應很有攻擊性嗎？是的。但是你知道嗎？總比投降好。」董事會在 RIM 巔峰時期，始終容忍著巴爾西利的行為，但這一次董事們決定是時候該採取行動了。「我失去了董事會的支持，我知道。」巴爾西利說。比爾・蓋茲很早就承認網景會造成威脅，並開始籌劃如何反擊，因此成功阻擋了網景。RIM 不願意承認蘋果已經掌握了關鍵領地，最終落得被淘汰的下場。

即使一間公司連戰連勝，戰況仍需要一段時間才會轉向。第一支 iPhone 上市的兩年後，BlackBerry Curve 黑莓機**依舊**是全美最暢銷的手機，輕鬆贏過新版 iPhone 3GS。暢銷榜前十名中，還有另外三款黑莓機。RIM 仍以五五％的市占率稱霸美國智慧型手機市場。RIM 第一季銷貨收入大幅成長五三％，總共配送出七百八十萬台裝置，坐擁全球二千八百五十萬活躍用戶，公司調整後每股盈餘較華爾街預測值高出四美分。從這些數字不難看出為什麼拉札里迪斯和巴爾西利會容許自己繼續相信蘋果不會危及 RIM 的存亡。然而，蘋果只靠一種裝置就

快速追上 RIM。那年秋天，財報顯示蘋果賣出了七百四十萬支 iPhone，寫下公司史上最亮眼的季績效。

世界快速變遷，產業內外部人士都愈來愈清楚地認知到，工作用手機與個人用手機的界線逐漸消失。民眾很快就會只攜帶單一裝置來處理所有事情。RIM 陷在舊的商業模式中，試圖一口氣霸住多個陣地，分散了氣力。

雖然 iPhone 最終可以勝過黑莓機的可能因素有好幾個，但最主要的應該是 RIM 沒能依據愈來愈快的行動數據服務做出調整。黑莓機在郵件處理這方面依舊輕鬆稱王，很多使用者覺得黑莓機的鍵盤和軟體比較適合用來閱讀與傳送訊息。問題是當行動網路的網速愈來愈快，用手機來上網就沒有那麼痛苦了，這時候 iPhone 的觸控螢幕與多款應用程式就使 iPhone 成為上網的絕佳裝置，不管是要上傳新的大頭貼到臉書、搜尋維基百科的條目、在 Google 地圖上找某間旅館，iPhone 都好用得多。二〇〇八年三月對智慧型手機持有者所做的調查顯示，黑莓機使用者可以說是只對電子郵件與訊息功能感到滿意，幾乎所有人都抱怨上網的速度與品質太差。iPhone 使用者則相反，他們最滿意的一點是 iPhone 無縫結合了所有的功能，包括：音樂、電子郵件、地圖、天氣、訊息、電話。iPhone 一機在手，就能一手掌握所有功能。

到了二〇一〇年，RIM 已經岌岌可危了。它沒能擴大消費者市場，而此時蘋果已經開始入侵 RIM 的領地，將 iPhone 以及新推出的平板裝置——iPad——推向企業市場。

在某場十月份舉行的電話會議上，蘋果公布了當季財報。分析師得知蘋果賣出了一千四百一十萬支 iPhone，超過 RIM 售出的黑莓機數量——一千二百一十萬支。而且 RIM 的數據和蘋果不同，顯示的是配送到通路的裝置數量，未必全部都能順利賣給消費者。換言之，兩者實際銷售落差其實更大。賈伯斯講得很白，「我看不出他們在可預見的未來有追上我們的可能性。」在賈伯斯看來，RIM 眼前最大的障礙就是 iPhone 已開枝散葉的巨大軟體生態系。他說，「蘋果的應用程式商店裡有三十萬個手機應用程式，RIM 眼前有座高山等著他們攀爬。」那一年剩餘的季度裡，蘋果的財務數據愈來愈亮眼，最後蘋果賣出的手機總數比 RIM 配送出去的多了五百萬支。

與 RIM 的戰爭逐漸進入終局，但賈伯斯很清楚蘋果得面對新的對手。二〇〇八年，第一支採用 Google 嶄新的安卓（Android）作業系統的商用裝置問世了。安卓和蘋果手機的作業系統不同，安卓免費而且屬於開放原始碼作業系統。也就是說任何手機製造商都可以免費使用、甚至修改安卓作業系統。等到所有小問題都修正好了，安卓就會開始挑戰蘋果在智慧型手機市場的霸主地位，對中低階手機市場衝擊將尤其嚴重，而中低階手機又會是未來全球手機市場成長的主動力。遺憾的是，史蒂芬·保羅·賈伯斯沒能成為領導這場戰爭走到最後的人。一年後，癌症結束了賈伯斯短暫的生命，讓世界少了一位非凡的創新者暨領導人。

二〇一二年，RIM（當時已改名為黑莓公司）硬體部門主

管托斯騰‧海因斯（Thorsten Heins）奉命出任執行長，同時取代拉札里迪斯與巴爾西利。那一年，黑莓公司銷貨收入較前一季大減二一％，跌幅驚人。公司淨損一‧二五億美元。五年前，當賈伯斯走上麥金塔世界博覽會的舞台並向大家介紹第一支 iPhone 時，RIM 掌控了全球過半的智慧型手機市場，獲利高達十九億美元。現在，公司卻揹負著五十八億美元的赤字。黑莓公司宣布之後將重拾過去的策略，一心一意地耕耘企業市場，不再嘗試爭搶消費者市場。雖然公司之後收回了那項說法，表示會將作業系統授權給其他手機廠商，但結果已經板上釘釘了。從賈伯斯將蘋果的產品組合砍到剩下四種產品後，去蕪存菁——犧牲——就成了賈伯斯定位策略的核心。蘋果靠著犧牲割捨站穩了為所有人提供最佳手機的市場定位。

CASE 11

致勝酒款：百康

　　一九七八年印度邦加羅爾市（Bangalore）內，二十五歲的基蘭‧瑪茲穆德（Kiran Mazumdar）覺得熱到不行。她站在一間破舊、約八十四坪大的倉庫裡。這座小屋是瑪茲穆德靠商業貸款租來的，她這一整天都在屋子裡為新成立的公司面試新人。雖然結果不讓人意外，但她還是十分懊惱。一整天下來她只得到一個答案：我不會為女人工作。

　　和瑪茲穆德預想的一樣。畢竟當年她會離開印度到澳洲念研究所，正是因為祖國對職場女性並不友善。然而，當她以創

業家的身分回到家鄉，她原本期待自己只要能提供好的工作機會就可以克服種種偏見。但今天，就連來面試的印度女性都給了一模一樣的答案，讓她的意志愈來愈消沉。

不過就算失望，瑪茲穆德還是一股腦地繼續面試下去。她從來不是個輕言放棄的人，而且在成立百康（Biocon）這間新公司的過程中，招募員工僅僅是多重障礙的第一個而已。她還需要可靠的電力來源、潔淨水源、最先進的設備等等。

等到終於有一位應徵者表示有興趣來上班，瑪茲穆德努力忍住，不讓自己露出驚嚇的表情。沒錯，這個男人沒有任何化學背景。事實上，他是一名技工，而且是退休技工。但他一定幫得上忙，更重要的是他願意為她工作。她會利用現有資源把事情做成。

*　　　*　　　*

對身在印度的女性而言，任何在家庭以外的地位都是拼命爭取來的。雖然近年逐漸有了進步，但在這個全球人口第二多的國家中，性別分工依舊僵化。都到二○一六年了，消費品集團寶僑（Procter & Gamble）的廣告還因為認可愈來愈多印度女性踏入專業性職場的事實而挑起敏感神經。寶僑集團在為碧浪（Ariel）洗衣精所做的行銷活動「＃分擔工作」（＃ ShareTheLoad）中，推出了一支廣告，內容描述一位年長的祖父看著長大成人的女兒一邊在電話上談公事，一邊打掃家裡並照顧孩子，女婿則在旁邊看電視。旁白說明，這名祖父

十分後悔自己過去沒有教導女兒，丈夫也應該分擔家務。最
後，祖父決定回家幫自己的老婆洗衣服。最後廣告標語下的是：
為什麼洗衣服是媽媽一個人的工作？

只是提出男女性應該平攤家務就讓現代的印度人感到吃
驚，你可以想像四十年前瑪茲穆德創業的時候，印度的氛圍如
何。瑪茲穆德必須懷著超凡的勇氣，才能為她的公司與她自己
踩穩定位，進而突破籠罩整個印度上方的玻璃天花板。

瑪茲穆德於一九五三年出生在馬哈拉施特拉邦
（Maharashtra）的浦那市（Pune）。她的父母是來自孟加拉
的移民。考量到她的成長背景，瑪茲穆德會覺得任何事情都
不無可能並不奇怪，她的父母從小就灌輸她這樣的觀念。她
的父親拉森德拉（Rasendra）是印度聯合釀造集團（United
Breweries）的首席釀酒師。聯合釀造集團這個大企業集團旗
下，包含翠鳥啤酒（Kingfisher）和倫敦皮爾森啤酒（London
Pilsner）等品牌。拉森德拉相信女兒前途一片光明。瑪茲穆德
日後曾說，「（他）讓我相信，身為一個女人，我也可以達成
與男人相同、甚至比他們更高的成就。」即便手頭並不寬裕，
瑪茲穆德的父母仍堅持提供她最好的教育，送她去念邦加羅爾
的私立女子學校。在那間學校裡，瑪茲穆德獲得了進一步的鼓
舞。「我的老師們……教會我如何為自己盤算，並且把手邊的
事情全部做到最好。」瑪茲穆德說。大學教育也讓瑪茲穆德更
有能力面對未來的戰鬥。她表示，「有幾位教授……教我專注
於利用不同的、有創意的方式來做事情。」瑪茲穆德本來想念

藥學，但因為沒有拿到獎學金，她的父親就建議她追隨自己的腳步成為釀酒師。那是個極具野心的想法。當時不只是印度的釀酒業，全球釀酒業都由男性主導。但是瑪茲穆德依然決定要踏入這個領域。「（我的父親）敦促我遇到困難的時候要堅持不懈且永不放棄，而是要從失敗中學習，找出做事情的新方法。某種層面上來說，差異化這一課我是向我父親學來的。差異化最後成了我的事業標誌。」瑪茲穆德說。

採取與他人截然不同的做事方法日後成了瑪茲穆德最大的長處。從某個角度來看，以女性的身分成為釀酒師的想法就是一種找到自身定位、利用市場空缺的形式。

一九七五年，瑪茲穆德前往澳洲墨爾本大學（Melbourne University）攻讀釀酒碩士學位。瑪茲穆德最後以第一名的成績畢業。即使是在相對進步的墨爾本，瑪茲穆德依然是學程中唯一的女性，畢業後的幾年間，她到各家酒廠擔任釀酒學徒與麥芽工人。然而，當瑪茲穆德試圖把自己的技術帶回家鄉，卻被狠狠地打醒了。即使她擁有第一等的學歷，父親更在頂尖酒廠擔任高層，她眼前的門仍因為她的性別而全數關上。「這是男人的工作。」一名雇主對她說。「我並沒有準備好面對那些來自印度釀酒業的敵意與性別偏見。」她回憶。

在自己的故鄉完全找不到機會的瑪茲穆德，找到了一份蘇格蘭釀酒廠的工作。但是她在離開前接到了生化公司百康創辦人萊斯禮・奧欽克勞斯（Leslie Auchincloss）的電話。百康的總部位在愛爾蘭科克市（Cork），專門生產酵素，也就是催化

化學反應的蛋白質。酵素的工業應用不勝枚舉，也是釀酒時的慣用品。不過奧欽克勞斯並不是要聘用瑪茲穆德，而是請她來當合夥人。奧欽克勞斯看到印度巨大的、未被開發的潛力：超大市場加上低廉勞力。奧欽克勞斯過去長期從印度購買原料，現在他想要在當地插旗。由於印度法令限制企業外資不得超過三成，奧欽克勞斯需要一位印度合夥人。這位合夥人必須非常了解發酵過程並且願意冒險才能勝任。

「我告訴他，我是他最不應該問的人，因為我既沒有商業經驗，也沒有錢可以投資。」瑪茲穆德回憶。她甚至把奧欽克勞斯介紹給一位印度麥芽產業的領袖，希望藉此轉移奧欽克勞斯的注意力。但是奧欽克勞斯很堅持。「我不太想跟他當商業夥伴。我想要一個創業家，而且我希望妳就是那名創業家。」他對瑪茲穆德說。這輩子總聽人說自己可以克服任何挑戰的瑪茲穆德最後終於同意了。瑪茲穆德去了一趟科克，徹底了解百康的業務之後，她就回到邦加羅爾執行單純的任務：打造一間生技公司。

一九七八年，二十五歲的基蘭・瑪茲穆德成立了印度百康公司。她從種子基金中拿出一萬盧比（相當於現在的三千美元），租了一間房子並在車庫裡成立店家。瑪茲穆德擁抱了這份挑戰，她說，「我一心只想著要讓這次的冒險大獲成功。我從來不是一個輕言放棄的人，所以即便一開始遇到許多小阻礙，我也只是更加堅決地要做成這件事。在自由化之前的印度（一九九一年施行進步的經濟改革之前），那些阻礙是所有新

創都會遇到的問題。」

在海外的那些年，瑪茲穆德已經習慣已開發國家的創業者視為理所當然的事情，包括：不間斷的電力、乾淨水源、尖端設備與訓練良好的勞動力。但這一切在印度都很欠缺。相反地，印度的勞工成本與其他成本低很多，給予公司獨特的競爭優勢，但前提是它得要能開始生產。然而，沒有工廠就很難開工。由於沒有創投資金這個選項，瑪茲穆德只能向銀行貸款，但沒有任何一間印度銀行會借錢給女人。不過瑪茲穆德很幸運地在某個社交活動上堵到一位銀行員，並成功當面說服他。獲得起始資金後，瑪茲穆德就可以在約八十四坪大的大倉庫裡打造最基本的工廠了。

招募員工則是另一個印度特有的挑戰。具備該有的釀造經驗的男人拒絕為女人工作，更何況瑪茲穆德的商業模式還未經檢驗。百康製造的這種酵素之前在印度還沒出現過。但瑪茲穆德堅持下去，最後成功組織了一支小型生產團隊。

印度百康先從製作釀酒用的明膠與軟化肉品用的木瓜蛋白酶開始。明膠的原料是某種海水魚，木瓜蛋白酶則是木瓜，兩者在印度的供給都很充足。一年內，印度百康就開始將這些貨品出口到歐美，瑪茲穆德也拿下約八公頃大的土地來擴廠。到了這個階段，她大可以輕鬆加碼投入酵素生產，但瑪茲穆德自問：長期而言，我們守得住現在這個市場定位嗎？雖然生產酵素很好賺，但公司才花一年就用一小筆的商業貸款從無到有，這意味著其他製造商如果想模仿她的商業模式並搶食市場非常

容易。

　　瑪茲穆德在學校學到要「在好奇心的驅使下學習科學知識」。她意識到自己如果不從一開始就在公司文化中融入對科學的好奇心，公司將無法創新，進而陷入停滯，最終遭人顛覆。如果百康不採取行動，其他印度公司必然會用更便宜的價格提供相同酵素，削價搶走她的生意。由於印度智慧財產權法規仍十分鬆散，也沒有認真執法，瑪茲穆德每一次成功落實某個構想之後，利用那個構想的時間非常有限。

　　瑪茲穆德無畏的精神幫助她攻下獨特且有價值的市場定位：一名印度女性在自己的家鄉創立的生技製造公司。但這個定位她可以守住多久？領導人必須很清楚公司的獨特長處，並徹底發揮那樣的特長，所有與特長不合的事物都必須割捨，即使是成功的產品也不例外。瑪茲穆德深知自己必須持續創新，否則就會失去領地。

　　一九八四年，印度百康才六歲，瑪茲穆德就成立了專職的研發團隊，要求團隊持續尋找新的酵素，並開發新發酵技術。「如果我們善用先行者優勢，藉此依循差異化的策略行事，就可以讓百康獲得成功。我們不受自己沒有的東西阻礙，而是試著利用我們既有的優勢，並透過內生的創新來達到最佳成果。」瑪茲穆德說。

　　沒多久，瑪茲穆德就把印度百康從酵素製造商轉化為成熟的生物製藥公司。靠著穩定投資研發計畫，百康開發出一系列有效的藥物，可以治療癌症、糖尿病與自體免疫疾病，例如乾

癬、類風濕性關節炎。百康不可能和西方國家的大藥廠直接競爭，因此瑪茲穆德決定聚焦「生物製劑」（biologics），站穩這個防守度極高的陣地。生物製劑指的是以活體細胞和蛋白質製作的藥物。雖然生物製劑有很高的潛力可以治療多種疾病，但研發成本很高，風險也很大。這時候瑪茲穆德的所在地就提供了關鍵優勢。「平價創新」（affordable innovation）成了她的箴言。印度公司的成本相對低廉，因此可以承擔的風險遠大過西方競爭者。

「（創新）並不是要承擔可能使公司倒閉的超狂風險，而是要管理風險，並降低冒險的成本。印度可以承擔更大的風險，單純是因為我們的成本基礎比西方來得低。在西方世界，一間公司失敗的成本是我們的十倍，一旦失敗就會嚴重衝擊獲利，讓公司難以重新振作。」瑪茲穆德說。

生物製藥可以透過發酵製作，因此研發生物製藥善用了百康的強項與瑪茲穆德本身的領域知識。有些成功的生物製藥可以發揮與傳統藥物完全相同的功能，而且生產成本低得多。舉例而言，印度曾經得仰賴昂貴的進口胰島素，後來百康研發出一套新的胰島素製程，成功以一般人可負擔的價格滿足印度國內需求，**並且**把剩餘的胰島素出口到國際市場。瑪茲穆德深知，藥物再完美，病患買不起就沒有用，而如果開發中國家的數十億人突然買得起這樣的藥物，那就成了一椿利潤極為豐厚的生意。「世界上，很大一部分的人口沒有辦法取得必要藥物，在缺乏健康照護體系的地方，那樣的藥物人們根本負擔不

起。」她說。現在，全球最便宜的胰島素就是百康生產的。二
〇一九年，他們進一步降價，在中低收入國家，胰島素每一天
的價格只要十美分。

在《藍海策略》（*Blue Ocean Strategy*）一書中，作者金
偉燦（W. Chan Kim）和勒妮・莫伯尼（Renée Mauborgne）主
張，你不需要自貶到競爭激烈的領域才能成功。他們將「滿是
鯊魚的紅海……（或者說）競爭激烈到腥風血雨的市場」與「寬
闊開放的藍海，或者說是沒有競爭的新市場」做對比。想蓬勃
發展，金偉燦與莫伯尼提出一個簡單的原則：「要創造，不要
競爭。」瑪茲穆德終其一生都在尋找「藍海」，尋覓那些她可
以靠著與眾不同的想法取得新地位的領域。她在經營印度百康
的時候，自知不可能在對方的領地上戰勝輝瑞（Pfizer）或默
克（Merck）這種資金充沛的西方大藥廠。因此，為開發中國
家生產平價的生物製劑成了她的「藍海」。

百康是印度最早出現的科技新創之一。一名傳記寫手形
容，隨著時間過去，瑪茲穆德逐漸成為「品牌大使，不只代表
（印度）一個蓬勃發展的產業，更代表著由創新驅動的產業。」
瑪茲穆德對投資研發的重視與持續不懈讓國內科學與工程領域
人才趨之若鶩，與草創期截然不同。「那個時期懂生技的人全
部都被我吸引。」她說。百康第一次大幅擴張是在一九八七年，
當時瑪茲穆德取得了二十五萬美元的創投資金。她用這筆錢來
進一步投資研發，打造了一座嶄新、最先進的發酵廠。兩年後，
英荷跨國集團聯合利華（Unilever）從萊斯禮・奧欽克勞斯手

上買下百康母公司。爾後十年，印度百康由聯合利華其中一個部門共同持有。

一九九〇年代初期，瑪茲穆德在派對上結識了一名蘇格蘭商人，名叫強恩・肖（John Shaw），兩人最後訂婚了。他們訂婚後不久，聯合利華將負責百康的部門賣給另一間公司，兩人看到機會，想藉此完全掌控瑪茲穆德一手創立的公司。眼前只有一個問題：「我沒有錢……沒辦法買回那些股份，」瑪茲穆德回憶。「但是強恩在英國有些房產。」瑪茲穆德說。他們以二百萬美元的價格買下百康其餘股份，不久後瑪茲穆德就正式成為基蘭・瑪茲穆德－肖（Kiran Mazumdar-Shaw）。接著，肖辭掉原本的工作，轉任百康副董事長。「他總說那是真愛，而他覺得那是他做過最好的投資。」瑪茲穆德－肖說。

二〇〇四年，瑪茲穆德－肖帶領百康上市，尋求進一步擴展研發計畫的資金。情況與一九七八年投資人興趣缺缺的情勢大相逕庭，百康首次公開發行後，獲得三十三倍的超額認購，當天收盤時，市值高達十一・一億美元，在那之前，印度只有一家上市首日市值就突破十億美元的企業。

瑪茲穆德－肖的身價達到三十億美元，讓她成為印度唯一的女性億萬富豪，也是參與蓋茲基金會（Gates Foundation）發起的「捐贈承諾[3]」（The Giving Pledge）的第一位女性暨第二位印度人。瑪茲穆德將依據這項承諾捐出大部分的財富，

---

[3] 譯注：二〇一〇年，股神華倫・巴菲特（Warren Buffet）與比爾・蓋茲夫婦發起「捐贈承諾」，邀請全球富豪共同宣示將大部分的財富拿來做慈善。

投入公益。「我特別擔心的事情是，在貧窮的國家，像癌症這種使人衰弱的疾病會對病患造成難以承受的財務負擔。我也注意到全球有三分之二的人口幾乎或完全無法取得品質可接受的健康照護，而當他們能夠取得良好照護的時候，財務挑戰又會使他們陷入貧困。」瑪茲穆德－肖解釋。她已經捐款給許多印度的健康照護診所投資遠距醫療，讓它們將最先進的照護服務帶給絕對不可能靠自己負擔這類醫療服務的人。她也將資金投入癌症研究與照護，包括成立了一間設有一千四百張病床的癌症中心。

歸根究柢，瑪茲穆德－肖認為自己最大的貢獻是讓百康為數十億人製作平價的重要藥物。「我希望別人想起我的時候，他們記憶中的我是利用平價創新為全球健康照護體系帶來改變的人。」她說。二〇一〇年，《時代》雜誌將瑪茲穆德－肖評選為全球百大最有影響力的人物。隔年，《金融時報》（*Financial Times*）說她是產業界頂尖女性之一。瑪茲穆德－肖當年棄守釀酒師的地位，在一九七八年成立百康，到現在她堅持把多賺的每一分錢都投入研發，為平價創新承擔必要風險。如果瑪茲穆德－肖當時不願意做出這些必要的犧牲，以搶下並守住致勝的定位，她就無法取得現在的成就。

基蘭·瑪茲穆德－肖持續利用公司的關鍵強項──對科學的好奇心，經常性調整百康的市場定位，靠著積極研發、企業併購與結盟獲得成功。百康現在握有近千個專利，並將一〇％的營收投入研發，遠高於任何其他印度藥廠。最佳定位永遠是

別人前面的那一步。

攻占天空：比奇飛機逆風高飛

一九四〇年六月，戰火橫掃歐洲，但美國仍未參戰。美國內部意見分歧，孤立主義者希望遠離衝突，像羅斯福總統（President Franklin Delano Roosevelt）這樣的人則認為美國有義務協助盟友對抗軸心國的威脅。美國已經採取了一些行動，像是退出與日本的貿易條約與提供同盟國武器，但是美國輿論普遍認為這些還不是終極手段。參戰似乎無可避免，除非奇蹟發生，不然美國終究會參與二十世紀第二起全球衝突。

那年夏天，局勢愈演愈烈，每一位美國企業主都忙著準備應對戰爭可能帶來的劇烈衝擊，只有一位例外。美國最創新的飛機製造商——比奇飛機（Beech Aircraft）——董事長暨執行長華特·赫歇爾·比奇（Walter Herschel Beech）因感染腦炎而住院治療。事實上，他正陷入昏迷。

所有人都知道這場戰爭中，空戰的重要性將達到前所未見的程度。美國在世界各地的盟友紛紛向比奇飛機下單，訂單已經多到公司快追不上需求量了。像中國就是用改造過的比奇飛機來當轟炸機與空中救護機，抵禦日本的入侵。為了準備好應對即將到來的衝突，比奇飛機必須採取重大行動。

當華特·比奇在病床上為自己的生命奮鬥，他的老婆奧莉夫·安·梅勒·比奇（Olive Ann Mellor Beech）在醫院的另一

頭，就這麼湊巧地準備生下他們的第二個孩子。當世界快速衝進戰事之中，奧莉夫・安正計算著宮縮的次數，她同時也在算錢。身為公司財務長，她拼了命在為比奇飛機備戰。

最主要的工作是得確保資金無虞。比奇飛機必須快速更換機械設備，才能配合大規模軍事生產。公司得擴廠、增員、購買新設備。為了撥打必要電話，奧莉夫・安在床邊設了一支可以直撥公司廠房的專線。現在，比奇高層全部奉了她的命令來到醫院病房內，討論公司之後該採取哪些行動。奧莉夫・安躺在醫院病床上，周圍環繞著穿西裝、打領帶的男性高層，她絲毫不畏懼。那些男人對於自己的處境很不滿意，老婆生孩子，這種時候在等候室裡坐著的應該是父親。他們對於由誰做決策也不甚滿意。奧莉夫・安不只是個女的，她甚至還不會開飛機，和在場所有男性都不同。但對奧莉夫・安而言，這一切都不重要。重要的只有錢。主管們大發牢騷，提出一個又一個的障礙，奧莉夫・安壓過他們的氣勢。「我希望身邊的人懂得找做事的方法，而不是告訴我為什麼那些事情做不成。」她說。

寶寶一出生，奧莉夫・安就搭上前往華盛頓特區（Washington, D.C.）的飛機，並在那裡取得復興金融公司[4]（Reconstruction Finance Corporation）一千三百萬美元的週轉信貸。華特・比奇還在醫院中等待康復的期間，奧莉夫・安又取得了七千萬美元的貸款。比奇飛機需要錙銖必較才能克服前

---

[4] 譯注：復興金融公司是美國政府一九三二年到一九五七年間設立的國營企業，向地方政府、銀行、民間企業提供貸款。

方的挑戰。

華特‧比奇成功挺過個人的苦難並回到公司。要再過十年，奧莉夫‧安才會正式成為比奇飛機的掌舵手。但是，她在公司內的地位無庸置疑，從公司在經濟大蕭條尖峰時期成立到最後在她的領導下跨入航太時代，奧莉夫‧安都扮演了關鍵角色。比奇公司之所以能夠一次又一次地在戰爭期與和平期的生產做轉換，關鍵是奧莉夫‧安高超的定位技巧，透過站對位子確保公司在政府官員與產業要角的腦中占據主要地位。那些人的想法左右著比奇飛機的命運。

雖然奧莉夫‧安從來沒有學過怎麼開飛機，但她完全掌握了自己的定位。

*　　　*　　　*

奧莉夫‧安‧梅勒一九〇三年出生在堪薩斯州（Kansas）韋弗利市（Waverly）一處偏鄉農家中，在四個女孩中排行老么。她的父親是約聘工，母親則負責養豬、鵝、雞和牛，靠著賣雞蛋與豬隻獲取額外收入。她的母親也負責持家，所有資產都在她的名下，家裡的事情由她全權決定。從小奧莉夫‧安就展現了數字方面的天賦與熱情，雙親都很鼓勵她往這條路走。七歲時，奧莉夫‧安開了第一個銀行帳戶。十一歲的奧莉夫‧安已經在幫忙家裡管帳、寫支票、監控支出。十四歲時，梅勒家族搬到威奇托市（Wichita）。奧莉夫‧安沒有念高中，而是到美國祕書與商業學院（American Secretarial and Business

College）就讀。

二十一歲的奧莉夫・安在威奇托的一間小型航空公司獲得一份祕書兼記帳員的職位。那家公司的名字是旅行飛行製造公司（Travel Air Manufacturing），創辦人是華特・比奇與他的夥伴克萊德・塞斯納（Clyde Cessna）與洛伊德・史迪雅文（Lloyd Stearman），三位都是技巧高超的飛行員暨航太工程師。在這個十二人的公司中，奧莉夫・安是唯一的女性，她因為商業上的技巧而備受矚目。華特很快就命她負責管理持續擴張的公司。身為唯一一位沒有機師執照的員工，奧莉夫・安厭倦了因為缺乏對飛機的知識而屢遭人虧，她於是拜託公司的主任工程師給她一張標記所有零件的示意圖。奧莉夫・安把整張圖背下來，並且從那時起要求每一位新進員工不分職位都必須照做。在奧莉夫・安看來，不是飛行員不能作為無法完全了解公司產品的藉口。

幾年後，當奧莉夫・安被問到為什麼即便擔任主要飛機製造商的負責人也沒有去學開飛機，她指著那些試圖指導她的男人說，「他們腦中想的指導就是要帶我飛上天空耍特技。在那個年代，不能顛倒著飛行的飛機被認為是毫無價值的。」

華特・比奇從一開始就是團隊內負責拓展業務的人，他是天生的社交好手也是技藝精湛的飛行員。那時候，賣飛機最好的方法就是用那台飛機贏得比賽。一九二七年，Travel Air 5000 在致命的多爾空中競賽（Dole Derby）中勝出，讓旅行飛行製造公司打出名號。多爾空中競賽總計造成十人死亡，六

架飛機失蹤或墜毀。「神祕飛船」（Mystery Ship）參加了第一屆湯普森獎盃飛行賽（Thompson Trophy Race），打敗當時速度最快的軍事戰鬥機之後，旅行飛行製造公司的飛機在速度與堅固程度上更獲肯定。公司雖然成功了，但比奇飛機的合夥人們決定分道揚鑣。史迪雅文轉而為加州電影產業打造飛機，塞斯納則另外創立飛機製造公司，也就是塞斯納飛機公司（Cessna Aircraft）的前身。

美國剛陷入經濟大蕭條的時候，奧莉夫‧安說服華特把旅行飛行製造公司賣給上游製造引擎的寇帝斯－萊特公司（Curtiss-Wright），比較安全。寇帝斯－萊特的前身是萊特兄弟成立的公司。華特同意了，公司合併後，華特取得價值一百萬美元的寇帝斯－萊特公司股份。華特獲任為寇帝斯－萊特公司的部門主管兼業務副總。不久後，華特和奧莉夫‧安結婚並搬到紐約市，即寇帝斯－萊特公司的總部所在地。

商業上兩個人一飛衝天，婚姻卻經常遇上亂流。某次大吵一架後，奧莉夫‧安氣到直接前往紐約中央車站，搭上返回威奇托市的火車。旅途中，火車突然意外停駛，乘客被告知「有個白癡把飛機停在軌道上」。華特踏上火車後，拼命道歉，然後把奧莉夫‧安哄離她的座位，一起回到紐約。

華特‧比奇是飛行員也是發明家，如果不能同時做兩件事情，就開心不起來。在寇帝斯－萊特的這段日子裡，華特和日常飛機製造的距離十分遙遠，很快地他就感到厭煩了。一九三二年，華特不顧大環境景氣不佳，辭掉了如日中天的工

作（華特・比奇也是個賭徒）。華特與奧莉夫・安拿出了大部分的積蓄，並靠著幾位旅行飛行製造公司的原始投資人提供資金，共同創立了比奇飛機公司。他們找來好幾位旅行飛行製造公司的前員工，並選在威奇托旅行飛行製造公司的工廠原址開工。華特擔任執行長，奧莉夫・安則是財務長。國家航空名人堂（National Aviation Hall of Fame）的介紹形容，奧莉夫・安「與公司財務面的連結格外緊密，並且在公司重大決策上扮演關鍵角色。」但即便是如此，華特早年在提創業故事的時候，絕口未提奧莉夫・安的名字與貢獻。就連面對自己的丈夫，奧莉夫・安都得爭取認可。結果證明奧莉夫・安拼命打了漂亮的一仗。「我逼迫他付我薪水，不然我就不工作。我不願意在付出畢生心血後，努力卻沒有獲得合理的評價。」奧莉夫・安說。她知道認證等同於權力，如果她想把事情做好，就需要站穩強而有力的位置。

到了比奇之後，華特再度如魚得水。他經常出現在廠房內，身穿藍色西裝、不顧自己放的「禁菸」告示牌，大抽煙斗的華特在廠內顯得突兀。他很常自己跳下去幫技師做事，弄得西裝上面滿是機油。華特完全不顧奧莉夫・安的反對，持續與公司技士和工程師搏感情，在製造飛機以外的時間，他們會一起喝酒，偶爾也小賭一把。華特的姪子羅伯特・普萊斯（Robert Price）回憶，「他是個海明威式的角色，很典型。」

華特最初的目標是要打造世界上最優秀的飛機。在他的定義中，這樣的飛機最高時速要達到每小時約三百二十二公里，

並且能夠持續飛行約一千六百公里，內裝要豪華且配有五個座位。比奇飛機的工程師覺得這樣的願景應該不可能達成，但拜奧莉夫・安對公司經營面的細心照護所賜，華特得以用驚人速度創新。那年十一月以前，第一台「比奇機」（Beechcraft）就達到華特所列出的標準了。那台名為 Model 17 Staggerwing 的飛機不久就贏得德士古盃航空賽（Texaco Trophy Race）的冠軍。

建立之初，比奇飛機就將自己定位成打造高舒適度、高性能飛機的領先製造商。他們要做天空中的豪華禮車。但是，奧莉夫・安總覺得比奇機還有一項重要特質並沒有獲得應有的關注。沒錯，比奇機快又舒服，但更重要的是它很容易操縱。華特在第一次世界大戰（Great War）中擔任美軍的飛行教官，因為有這樣的經驗，他非常強調要做出真正符合機師需求的飛機。他知道某些元素至關重要，像是機艙能見度。那些元素是商用機不可或缺的一環，更不用說在空戰中了。比奇機在各方面的設計都考量到要讓飛行員在任何情況下都能輕鬆駕馭。

奧莉夫・安為了強調這一點，提議來一場公關大秀：在一九三六年橫貫大陸的本迪克斯盃航空賽（Bendix Trophy Race）中，派女飛行員參戰。她認為這樣的操作可以突顯飛機卓越的易飛性，至少在男性飛機買主的眼中是如此。華特同意了。那年九月，路易斯・塔登（Louise Thaden）乘著 Staggerwing 橫越美國，飛出新紀錄，抵達洛杉磯的時間比第二名早了三十幾分鐘以上〔塔登那時候已經很有名了，她在

一九二九年拿下首屆女性多爾空中競賽（Women's Air Derby）
冠軍，當時飛的是旅行飛行製造公司的飛機。女性多爾空中競
賽被暱稱為「粉撲大賽」（Powder Puff Derby）。這一次，塔
登沒有像之前一樣被迫使用「適合女性」、速度較慢的引擎。〕
那天擔任領航員的是布蘭奇・諾伊斯 [5]（Blanche Noyes）。

隔年，比奇飛機推出了傳奇的「雙比奇機」（Twin
Beech），一推出就享譽國際，持續生產長達三十二年，寫下
最長紀錄。最後，比奇公司總計生產了超過九千台的雙比奇
機，使它成為世界上最熱門的輕型機種。

然而，到了一九三八年，比奇飛機即使產品做得很成功，
依然陷入了困境。經濟大蕭條無情重創美國經濟，企業無一倖
免。好險奧莉夫・安審慎掌控財務，才讓比奇飛機那一年得以
損益兩平。但進入一九三九年，比奇飛機不得不裁員。一九四
○年的美國再度進入備戰狀態，情況出現轉變。華特・比奇就
是在那時候陷入昏迷，讓懷孕末期、三十六歲的老婆負責掌管
七百五十人的公司。

獨自掌舵的奧莉夫・安要煩惱的遠不只是公司契約與子宮
收縮。華特前途未明的情況下，比奇飛機的部分高層策劃著奪
取公司日常經營權。奧莉夫・安在醫院病床上每天工作十二個
小時，確保自己能持續掌控比奇飛機，還要同時讓公司為戰爭
做好準備。最後，奧莉夫・安被迫解雇十四名員工才終結內部

---

[5] 譯注：：布蘭奇・諾伊斯是美國知名女飛行員。

政變，與此同時，她還獨自照顧兩個女兒，其中一位是新生兒。

華特終於調養好的時候，距離他生病已經過了一年。他發現奧莉夫・安不太願意放下決策權。雖然他過去曾經忽略太太的貢獻，甚至連名字都不提，但現在的他非常樂意放手讓太座主導大局。華特雖然已經完全康復，卻開始頻繁地離開辦公室，理由是要打獵、釣魚，甚至只是要去剪頭髮，有時候他還會在高層會議進行時直接離席。「安妮可以處理。」他說完就漫步離開。

等到美國正式參戰，比奇飛機員工數瞬間暴增。一九四一年只有四千名員工，最後達到一萬七千二百人的高峰。美國陸軍航空兵團（The U.S. Army Air Corps）——也就是美國空軍的前身——用雙比奇機來當運輸機。比奇飛機還設計了一款膠合板訓練機 AT—10，幾乎所有美國領航員和轟炸機投彈員都是用比奇機做訓練，讓比奇站穩「真・飛行員用」飛機的定位。一直到戰後很長一段時間，比奇飛機都穩坐這個位置。戰爭進入尾聲時，比奇飛機已經生產了超過七千四百台軍用飛機，並五度獲得美國海軍「E」傑出獎（Army-Navy "E" awards）的殊榮，這個獎項頒給提供戰爭物資而有重要貢獻的企業，全美超過八萬五千家參與生產戰爭物資的企業中，只有百分之五獲得這份榮譽。

為了戰爭擴大比奇飛機的公司規模在物流上堪稱壯舉，但是在戰爭結束之前，奧莉夫・安就已經預想到更艱難的一步：轉型回歸承平時期。一九三九年，比奇飛機的營收僅一百三十

萬美元,到了二戰最後一年,已經高達一・二三億美元。現在
比奇飛機有數千名員工,但等到軍用需求驟降的時候,比奇飛
機要如何適應新局勢?公司顯然必須重新定位,重回商用市
場,但問題是它有沒有辦法在不墜毀的情況下順利降落?

　　奧莉夫・安奉行一句座右銘,成為爾後數十年她領導風
格的指標。那句座右銘就是「讓我們慢慢走」(Slowly We
Go)。這和華特膽大妄為的手法天差地遠,但有利於公司發
展。戰爭還沒結束,比奇飛機就已經忙著針對戰後的市場開發
新機型:四人座、單引擎、全金屬製的「富豪機」(Bonanza)。
富豪機的特色就是機尾呈 V 字型。一九四六年,富豪機正式
上市。三年後,空軍上校威廉・保羅・奧登(William Paul
Odom)在宣傳活動中,駕駛富豪機一路從夏威夷(Hawaii)
飛到紐澤西(New Jersey),讓富豪機登上新聞頭條。那一次
飛行花了三十六個小時,刷新最長飛行距離的紀錄。奧登降落
在泰特伯勒機場(Teterboro Airport)時,油箱裡只剩下十二
加侖的油了。時至今日,比奇富豪機依然是史上最長期間連續
生產的一款飛機,上市至今已經生產了超過一萬七千台。

　　一九五〇年,華特心臟病發過世後,奧莉夫・安克服傷痛,
接掌公司成為執行長,成了歷史上第一位領導主要飛機製造商
的女性。華特的親兄弟試圖趕她走,但就像她之前遇到內部逼
宮時一樣,奧莉夫・安堅定地擊退了對手,最後反過來逼那個
人辭職。

　　奧莉夫・安簽名時,習慣寫「O. A. Beech」以在正式信件

中隱藏自己的性別。她也發展出了一套獨特的領導風格,以應對性別歧視的文化。性別歧視在航太產業尤其嚴重。為了避免男性高層在團體會議中無視她、自顧自討論,奧莉夫‧安會直接點名員工到辦公室來進行一對一對談。她也採用了一個非常簡單的機制來讓每一個人了解公司現況:她辦公室外面有一面旗子,如果掛的是微笑的太陽意味著晴空萬里,如果旗子上是暴風雨就代表公司遇到麻煩了。

奧莉夫‧安是一名嚴格、莊重、仔細要求的領導人。她的傳記寫手在書中寫到,「成熟的男人被叫到她的藍色地毯上時,也會心生畏懼。在那裡,她幾乎不曾大聲說話,但會明確告知她要他們完成的事情或他們做錯了什麼。」反對她與崇拜她的人一致稱呼她為「女王」。最後,她的私人飛機機組員真的開始在她每次踏上停機坪的時候,為她鋪紅毯。

奧莉夫‧安的仰慕者不管在公司內部或外部都與日俱增。在她的領導下,比奇飛機穩健成長,但是奧莉夫‧安知道公司的地位岌岌可危。比奇飛機製造非常好的飛機,容易駕駛、性能可靠,但僅僅做出卓越的產品無法捍衛既有領土。為了確保比奇飛機可以穩穩踩住飛行員使用的飛機這個定位,就此屹立不搖,奧莉夫‧安成立了金融服務公司—— Beech Acceptance Corporation,這個融資機構讓一般人更容易買得起飛機。

華特過世後的十年間,奧莉夫‧安不只證明了自己具備大企業執行長所需的拼搏精神,也領導公司挺過韓戰、勇敢跨足新領域,像是研發軍用無人機、為阿波羅太空計畫(Apollo space missions）開發加壓系統。奧莉夫‧安一再抓住比奇公司的核心強項與市場中未被滿足的需求之間的交集，藉此攻下新陣地。由於比奇公司對於機艙加壓系統極為熟稔又與政府關係良好，太空梭的加壓系統成為比奇公司新插旗的完美領域。

這時候，公司的成功已經不能只算在華特‧比奇這位精明的工程師暨設計師頭上了。如果在奧莉夫‧安一九五〇年接掌公司時投資比奇飛機，一九八〇年奧莉夫‧安把公司賣給雷神公司（Raytheon）並換得八億美元的時候，這筆投資的年均報酬率會是一八％。換言之，當初投資一萬美元，最後會獲得一百二十三萬美元，投資期間還可以領取豐厚的股息（拿同一筆錢投資標普五百指數只會拿到十五萬九千四百美元）。《基督科學箴言報》（Christian Science Monitor）曾將奧莉夫‧安譽為「航空界的第一夫人」（First Lady of Aviation）。

然而，美國人依然極不適應女性擔任執行長的情況，而這樣的不適應感以令人遺憾的方式展現了出來。一九五九年，比奇公司的公關主管說服奧莉夫‧安放下平時的沉默寡言，接受《星期六晚報》（Saturday Evening Post）專訪。然而，奧莉夫‧安的信任卻被辜負了。這篇深度人物專訪成了冷酷攻擊的文章，標題寫著「危險：女老闆上班中」（Danger: Boss Lady at Work）。奧莉夫‧安從此以後再也不信任記者。

一九九三年七月六日，奧莉夫‧安因心臟衰竭病逝堪薩斯州威奇托的家中，享壽八十九歲。她在世時，曾經擔任多

個航空組織的領導人，包括：女性國際航空協會（Women's International Association of Aeronautics），她也陸續被艾森豪總統、詹森（Johnson）總統、尼克森（Nixon）總統指派到多個國家單位任職。至於比奇飛機則歷經多次易主，最後在二○一三年被併入塞斯納飛機公司。這樣的諷刺想必奧莉夫‧安與華特都會欣然接受。比奇與塞斯納在將近一個世紀之後，又合而為一了。

*　　　*　　　*

找到定位是所有領導人最重要的工作，如果你不知道自己確切要做什麼，以及——更重要的是——**為什麼顧客應該選擇你提供的東西**，你的領導就會含糊不清、不明確又沒有效果。

遇上對的商業機會時要點頭，意味著要拒絕錯誤的機會，即使那麼做代表你得割捨掉某一群顧客、放棄在這個群體中成功的機會，轉而確保可以成功掌握另一群顧客的心，進而取得更重大的成果。這種大膽的決策正是企業定位的核心。犧牲愈大，取得的陣地往往愈難被奪走。這種程度的專注很難被超越，願意放棄好的陣地以追尋絕佳陣地的領導人就可以引領公司前進，即使在最動盪的時候也能順利度過。

要搶下第二個市場定位也可以，像蘋果就是從個人電腦擴展到行動裝置，但前提是公司已經極為專注在單一事情上，而且成功鞏固第一個陣地。然而，沒有任何一個市場定位可以永遠不變。最優秀的領導人會不斷追尋嶄新、更加易守難攻的

堅實陣地，並放棄遇上心意堅決的新競爭者時、再也無法堅守的領地。戰事瞬息萬變，領導人都必須具備這種機警的操控能力。高地不會一直是高地。

第 **5** 章

後浪催前浪，
是誰死在沙灘上

「兵之情主速，乘人之不及，由不虞之
道，攻其所不戒也。」

《孫子兵法・九地篇》

一家公司能長期把持市場這麼久，免不了會變得樹大根深、積重難返：對競爭對手、消費者以及對公司本身而言，莫不皆然。但聰明的領導者心知肚明，凡事都會變，而顛覆是商業唯一的必然性。

有時，變化是伴隨著新一代消費者席捲而至的浪潮：一群人口挾新價值、新喜好撲向市場。有時，變化是因應科技躍進而產生：一項創新引發其他創新，由此引燃打破現狀的連鎖反應，一如蒸汽動力、電、電晶體和網路。簡而言之，有很多我們生活裡曾經不能沒有的產品和服務會被淘汰，成堆的新東西會變成必需品。而有時，根本無風無雨無大浪，一家公司也會因為故步自封走向死胡同。所有這些贏家包袱，反倒讓它成為新晉企業眼中洋洋得意、顯眼又脆弱的獵物。

本章將討論天崩地裂式的突發性事變，看看業界的領頭羊怎樣乘風破浪或崩潰解體。有時，新進者後生可畏；有時市場大咖或擊垮或吞沒了後起新秀，自此拔去眼中釘肉中刺。這裡頭沒有固定的角色。顛覆者可能最終為自己所顛覆。偉大的領導者無論何時何地都能隨機應變且居安思危。

CASE 13

走味的淡啤酒：安海斯－布希 vs. 美樂

時值一九七二年夏天，比爾・貝克（Bill Backer）正開始大展拳腳。他在南卡羅來納州（South Carolina）土生土長，原本在廣告界傳奇公司麥肯（McCann-Erickson）擔任收發工

作，天賦異稟，靠著會寫能帶貨的文案一路步步高升，才剛以「給世界買一杯可口可樂」（Buy the World a Coke）這個廣告創舉一戰成名。這首廣告歌的點子，來自於他在一趟搭機旅行途中因故不得不在過境旅館過夜的經歷。當時，他因為睡不好再加上希望快快抵達目的地而精疲力盡，抬頭卻見其他乘客圍坐在一起喝著可樂有說有笑，好像所有煩惱都拋到九霄雲外似的。這些人雖然來自不同的國家，不得不操著生硬的英語彼此交流，但卻給他一種四海一家的感覺。貝克恍然大悟，原來可口可樂讓「不同民族之間有了十到十二盎司的共同點」（ten or twelve ounces of commonality between diverse peoples）。他被這個畫面所感動，馬上拿起了餐巾紙寫下這句「我想給世界買一杯可口可樂」（I'd like to buy the world a Coke）。這句話後來成了可口可樂的廣告金句，並且被改編成《我想帶這個世界和諧共融地歌唱》〔I'd Like to Teach the World to Sing （in Perfect Harmony）〕。這首歌幾經波折之後終於大熱。事實上，應該說有兩首歌大熱才對，因為一共由兩班人馬各自錄製不同的版本，都登上了世界各地的流行歌曲排行榜。

然而，對於廣告人來說，真正重要的是下一記球。這就是為什麼這位麥肯的新創意總監來到了美樂啤酒（Miller Brewing）總部密爾瓦基（Milwaukee）。貝克把膠捲塞在腋下走進會議室，在那裡美樂啤酒的執行長約翰・A.・墨菲（John A. Murphy）和高階主管們正等著驗收貝克的新廣告。墨菲出生於紐約布朗克斯區（Bronx），在菲利普・莫里斯（Philip

Morris）併購美樂啤酒不久後走馬上任。他把公司的國際業務做得有聲有色，逐漸嶄露頭角，眼前的任務是把萬寶路（Marlboro）躍居世界上最受歡迎的香菸品牌之爆品策略，如法炮製在名列第五的美樂啤酒。

墨菲很清楚美樂的目標族群為藍領酒客。雖然這群人口在啤酒飲用者中只占三分之一，但他們對美國啤酒總銷量的貢獻高達八〇％。啤酒廠能有這麼得天獨厚的條件，夫復何求？可惜的是，美樂 High Life 啤酒一直標榜頂級定位，即「瓶裝啤酒界的香檳」。甚至還裝在假香檳瓶裡頭。

做工的人不喝香檳，而美樂的手法畫虎不成反類犬，要提高心占率就得另闢蹊徑。墨菲提議「美樂 High Life 啤酒必須擺脫香檳桶，裝進工人便當袋，連一滴都不能流出來。」他為此必須將這群藍領酒客從業內重量級大牌百威啤酒（Budweiser）磁吸過來。說起來容易做起來難，還好墨菲的背後有萬寶路這個金主撐腰，口袋深得很。話說在一九七二年，要做一支預算不是問題的殺手級廣告，比爾‧貝克可是頭號人選。

燈光一暗，膠卷緩緩放出貝克的廣告，畫面裡建築工人在結束一天辛苦的工作後說：「該下班了，來去喝杯啤酒吧。」接著下一幕就是，他們戴著工地安全帽在酒吧裡暢飲著美樂 High Life。這裡頭的廣告詞：「有空的時候，一起喝啤酒吧。」（If you've got the time, we've got the beer.）或許得不了什麼金唱片獎，但是既簡單又琅琅上口。這支廣告針對公司想觸及的

藍領人口，給了美樂 High Life 一個清楚直接的定位。墨菲開心得不得了。

　　而貝克對於這個廣告的概念還算喜歡，只是覺得要再修改一下才能「放上廣告看板」。貝克「（開始）下筆寫一些關於藍領工人下班後喝啤酒的小品」，其中一篇讓他靈光閃現，蹦出了一句妙語概括描述藍領工人在「『下班後和就寢前』喝啤酒耍廢的黃金時間」：美樂時刻（Millertime）。

　　隨後美樂時刻的廣告上檔了。墨菲──還有貝克──滿懷期待。可是儘管灑了數百萬美元在廣告上，連黃金時段的體育賽事也下廣告了，美樂 High Life 的銷量仍不見起色。貝克不禁感到失望。當然不是每支廣告都能爆紅，但這代表他這個創意總監從一上任就很不順。難道這暗示他呼風喚雨的日子要結束了？廣告創意人看似光鮮亮麗，可惜一向好景不常在。

　　貝克準備好了要在接下來和墨菲的談話中提出更多點子，不僅如此，以防萬一美樂宣布要撤換廣告公司，他連要回什麼漂亮話都想好了。然而，一切沒按劇本走，墨菲解釋說，即使美樂時刻的廣告沒紅起來，他還是會繼續用。在他看來，美樂正與美樂 High Life 長期以來所建立的品牌理念搏鬥，而且還想要拉下百威啤酒這個國民飲品。這種改變並非一蹴可幾。

　　貝克心裡頭想，**這可是你的錢**，但他仍想看看之後的發展會如何。他在撰寫這則廣告時，有種會中的感覺，也許只是時間早晚的問題。

* * *

　　墨菲在幾個月內砸了數百萬美元在貝克的廣告上，市場終於有了反應，可見他超乎常人的耐心最後還是值得的。藍領市場帶動美樂 High Life 銷量上揚三〇％。現在該輪到墨菲策略的第二階段了。眼前市場龍頭──安海斯－布希（Anheuser-Busch）啤酒釀造公司及其競爭對手施麗茲（Schlitz）啤酒──仍然掌控啤酒業，他若只是故技重施，恐怕追不上這個重量級啤酒業者。因此，他必須動搖市場，進而突破重圍開創機會。

　　墨菲在低卡啤酒上面看見了破敵之機，這種啤酒的確切名稱是淡啤酒（Lite），他是從芝加哥一家小啤酒廠拿到的。淡啤酒不怎麼受歡迎，墨菲底下的員工更質疑，「健怡」（diet）啤酒對於他們積極拉攏的藍領工人會有吸引力嗎？但墨菲的直覺是，淡啤酒或許不只是噱頭而已，實際上還可能成為全新的啤酒類別。但是，要在菲利普‧莫里斯所屬公司推出任何新產品，僅憑直覺辦事是不夠的。

　　起初，市場調查證實，建築工人一點也不想被看作是節食者，但在印第安納州（Indiana）安德森（Anderson）進行的一項焦點團體訪談中，卻得到不同的反應。他們喜歡淡啤酒，而且不是一點點而已。為什麼？因為比起一般啤酒，它喝起來比較不脹，所以他們可以灌更多。

　　墨菲恍然大悟。他挖到一個即將引起藍領工人共鳴的價值主張（value proposition）。美樂不打以淡啤酒取代一般啤酒的

健康訴求，而是將淡啤酒定位為任你暢飲的啤酒。墨菲欣喜若狂，打了通電話給麥肯的貝克，看來該是時候打新廣告了。

一九七四年初，美樂淡啤酒的配方改良完成，「不脹的」啤酒開始投產。隨著部分市場陸續推出這項新產品，貝克的新廣告同時上陣。其中一支是紐約噴射機隊（New York Jets）的跑鋒馬特・斯內爾（Matt Snell），他坐在排滿美樂 Lite 空瓶的桌子前說：「想像一下滋味美妙又不脹的啤酒，再看看六呎三寸、二百三十磅的我可以裝多少。」說得清楚，講得明白。另一支廣告片則是前 NBA 裁判門迪・魯道夫（Mendy Rudolph）和波士頓塞爾蒂克隊（Boston Celtics）教練湯姆・海因索恩（Tom Heinsohn）坐在吧台前的高腳凳上。這兩個人曾針對魯道夫在球場上的裁決爭執不休，現在竟然因為美樂 Lite 到底哪裡好棒棒爭得面紅耳赤：

魯道夫：最讚的地方是它很好喝。

海因索恩：最讚的地方它喝起來不會脹。

魯道夫：不不不，它很好喝。

海因索恩：不會脹！

魯道夫：它很好喝！

海因索恩：不會脹！不會脹！比起籃球，你根本不太懂啤酒嘛！

魯道夫：你夠了，海因索恩！（吹口哨）該走囉！

墨菲覺得很可能會大賣，不僅縮短了產品全面上市的時程，還史無前例地投入一千萬美元巨額在全國性廣告上。

美樂淡啤酒的銷量有如火箭般起飛，直衝百威啤酒這個假想敵。

＊　　　＊　　　＊

在日本武道中，修習者會培養**殘心**（zanshin），或曰「殘留的警戒心」（remaining mind）。這是一種放鬆但隨時能意識到周遭環境的狀態。即使攻擊動作已經完成，鬥士對於新的威脅仍持警戒之心。一如在武道館地板上，在市場上保有**殘心**同等重要。因為總有新產品會冷不防地冒出來。無論企業領導者聲勢如何逼人，也不能全心全力只對付於一個敵人，隨時要準備迎擊來自四面八方的攻擊。

一九七〇年代初期，市場上只有兩家舉足輕重的美國啤酒釀造公司：安海斯－布希和施麗茲。至少奧古斯特・安海斯・「格西」・小布希（August Anheuser "Gussie" Busch Jr.）這麼認為。安海斯－布希由格西的祖父和曾祖夫於一世紀前在聖路易斯市（St. Louis）建立。在格西的卓越領導下，現在已是美國的啤酒商龍頭。他父親或許是讓公司的淡拉格（pale lager）啤酒被譽為「啤酒之王」（the King of Beers）的推手，但真正帶領百威啤酒登上王位的是格西。

這個世紀之初，格西一點也沒把市場排名老五的美樂啤酒放在眼裡。當時安海斯－布希市占率達一八％，相比之下，

美樂啤酒只占四％，根本微不足道。菲利普・莫里斯剛以二・二億美元收購美樂一舉，對他來說無關緊要──大菸商懂什麼啤酒？在格西看來，施麗茲才是他的宿敵，擺明著步步進逼百威啤酒。施麗茲總部也位於密爾瓦基，正在偷工減料耍奧步：用玉米糖漿代替麥芽、高溫發酵，甚至在配方裡加入矽膠，再利用摳下來的成本和百威啤酒打價格戰和鋪天蓋地買廣告。格西在施麗茲啤酒味道還保持一定的水準時，一直設法擊敗施麗茲成為市場新霸主。他不打算白白浪費這個機會。

安海斯－布希公司內部有個人不以為然，那就是格西的兒子奧古斯特・布希三世（August Busch III）。施麗茲理所當然可能會因炒短線獲利，但一旦酒客們發現施麗茲大砍成本，就會是死路一條。奧古斯特看到的是，朝氣蓬勃又雄心壯志的美樂啤酒正覬覦百威啤酒頭上這頂王冠。誠然，菲利普・莫里斯不懂啤酒釀造，但它知道怎麼打中消費者，而且財力雄厚。今日之敵也許是施麗茲，但明日之敵定是美樂。然而，格西不理會兒子的警告──他從來不信奧古斯特的直覺。

接著安海斯－布希推出新廣告，沒有誇耀自己的優點，而是嘲笑施麗茲大砍成本的釀造方式。其中一支把施麗茲的祕方比作一堆髒衣服。公司內部覺得這個攻擊式廣告很好笑，但他們擔心消費者的反應。推倒施麗茲，並不代表百威啤酒就能變強大。如果施麗茲真的那麼糟，人們不喝施麗茲了，但這不表示美樂時刻的廣告近在眼前時，他們會棄美樂 High Life 而選擇喝百威啤酒。安海斯－布希需要正視的問題是，為什麼消費

者應該喝百威啤酒。公司知道答案嗎？這時，美樂淡啤酒進軍市場了。

　　商業就是在應對意想不到的情況，主動出擊也好，被動回應也罷。格西把重心全押在施麗茲身上，儘管兒子警告雄心勃勃且資金充足的美樂啤酒正來勢洶洶，他依舊我行我素。果然，奧古斯特鐵口直斷的事真的發生了——但他父親未如期望般承認這個事實。美樂搶先安海斯－布希一步，推出了深受顧客喜愛的全新啤酒類型，同時從業界一躍而出。按照密爾瓦基啤酒廠的發展速度，很快會超過酷爾斯（Coors）和藍帶啤酒（Pabst），成為第三大美國啤酒品牌，距離啤酒之王的寶座不遠了。安海斯－布希該如何因應呢？

　　在七十六歲的格西還能集中火力打美樂之前，一場家庭悲劇降臨，他自此一蹶不振、無心應戰。奧古斯特同父異母的妹妹蒂娜（Tina）年僅八歲，在一九七四年十二月一場車禍中不幸身亡。格西因失去自己心愛的孩子，開始酗酒並逃離工作崗位。奧古斯特心裡有底，父親終會退休，但這次新打擊讓他知道，一切得快馬加鞭了。此後一段時間，奧古斯特會在每周六上午帶一群親信異地開會，計畫接班事宜。奧古斯特在接下來的「拂曉巡邏」（Dawn Patrol）會議上，宣布他有意發動一場逆襲。

　　當格西酗琴酒黯澆愁時，奧古斯特及其戰隊制定了接管計畫。最讓他們提心吊膽的是卡車司機工會（Teamsters）可能會見縫插針、發動罷工。安海斯－布希有個經驗不足的小老闆送

上門來，正是工會苦候多時的大好機會。因此，奧古斯特這邊為了度過罷工這個難關，決定超前部署，著手儲備啤酒。

一九七五年五月，全國各地美樂淡啤酒的熱潮正夯，奧古斯特召集董事會成員，爭取出任新執行長。格西兩手拄著拐杖一瘸一拐走進了會議室，一副氣噗噗但胸有成竹的樣子。董事會成員多年來一直效忠於他，一路看著他胼手胝足帶領安海斯－布希成為世界最大的啤酒釀造公司，從一座啤酒廠擴張到全國一共九家、每年銷量超過二千六百萬桶的規模。若他從不相信自己兒子有領導能力，何以董事們要相信？接著，格西眼睜睜看著桌上的每隻手都舉了起來，贊成奧古斯特出任執行長，他深深覺得被背叛——長達三十年的格西‧布希王朝就此結束。此謂長江後浪推前浪。

奧古斯特如願以償。但難關將至，只是權力更迭交替尚不足以應戰。他所做的決定在未來幾年將左右安海斯－布希究竟是穩坐第一名，還是被篡奪者擠落寶座。當沒人在乎奧古斯特的看法時，他總能直言不諱。而現在說話很有分量了，他會怎麼做？

正如拂曉巡邏會議所預料，卡車司機工會利用領導層變動，反對裝瓶廠自動化。一九七六年三月，八千名工人停工，公司所有啤酒廠都關閉了。奧古斯特多年來一直抱怨父親對工會的態度太過軟弱（格西很怕惹惱卡車司機工會，一九五三年施麗茲那場大罷工，曾讓安海斯－布希得以超車施麗茲）。現在，罷工持續了一個月，奧古斯特決定該怎麼做就怎麼做。

接著，八百名安海斯－布希的員工──中階經理、會計、打字員──越過警戒線，在「工賊」和「叛徒」的叫聲此起彼落之下，直球對決了滿場的噓聲。此後不久，工廠開始恢復運轉，雖然速度一定慢了很多，但奧古斯特堅持他的主張。此舉引發卡車司機工會勃然大怒，發動罷占鐵軌、靜坐抗議，不讓卡車離開，並呼籲全國抵制百威啤酒。奧古斯特沒有動搖，他在工人罷工前早就下令儲備啤酒，現在看來的確是明智之舉。他囤了啤酒，而工會會員有一堆帳單要付。

另外還有個重點能說明奧古斯特的判斷正確。施麗茲削減成本的新製法持續發酵，該品牌的口味不僅變差，啤酒液裡還有結塊。如今，施麗茲啤酒倒進顧客杯子裡看起來顏色混濁、布滿斑點。伴隨著內部調查把矛頭指向廉價新型安定劑，施麗茲更改了配方。啤酒不再有結塊，但碳化泡沫也跟著沒了。消泡啤酒要大賣，只能說希望渺茫，就連施麗茲的忠實顧客也集體脫粉了。奧古斯特唯一要面對的問題是，顧客現在改喝美樂淡啤酒了。

危機就是對領導者能力的真正考驗。奧古斯特面對著美樂這個士氣高昂又機敏的新敵人，同時又有強大堅定的工會帶著虎狼之勢撲向他──這一切都發生在他擔任執行長不到一年的期間。此時，他並未完全取代他父親，只是因應眼前頭號挑戰順勢而為。奧古斯特知道，無論工會表面上多堅決，他都能比這些工人撐得更久，而這一切有賴於他的啤酒儲備量。他的作戰準備和鋼鐵意志發揮關鍵作用。五月，紐澤西工廠的工人接

受了罷工之前公司所給的條件。六月罷工行動已瓦解，所有安
海斯－布希的工廠都恢復正常運作。奧古斯特賭贏了。

　　雖然資方打了勝仗，卻必須付出代價。在九十五天的罷工
期間，安海斯－布希損失數千萬美元的收入，還犧牲了四％的
市場占有率，算是幫了美樂一把。而且一如大家可能預料，罷
工後公司裡士氣已蕩然無存。罷工期間，工人對於奧古斯特的
惡形惡狀大為反感，他們有種被那些越過警戒線的員工出賣的
感覺。奧古斯特既然竭盡全力要讓工會工人重返工作崗位，當
然更不想失去他們。他為了讓員工重新凝聚向心力，做了歷史
上精明的領導人在面臨內部分歧威脅團結時都會做的事：號召
部隊團結一致，對抗共同敵人。

　　罷工結束幾周後，安海斯－布希的每名員工都拿到一件白
色 T 卹，上面寫著「我是美樂殺手」（I am a Miller Killer）。
這個策略簡單明白而且很有效。沒多久，員工就恢復了士氣，
生產率也提高了。一九七六年十一月，施麗茲總裁羅伯・威雷
恩（Robert Uihlein）突然死於急性白血病，他給這家陷入困境
的公司留下的只有失格的品牌和巨額債務，而且沒有接班人計
畫。在施麗茲這艘船沉沒之際，美樂卻浮上第二名。這時唯一
扯美樂後腿的是它的產能。安海斯－布希每年的產量都大得嚇
人，美樂需要一段時間來加蓋新工廠，才能迎頭趕上。但是，
美樂追趕的速度卻快到要讓安海斯－布希拉警報了。

　　奧古斯特一向喜歡直球對決。如果美樂要以淡啤酒進逼安
海斯－布希，安海斯－布希就拿淡啤酒回敬它。一九七六年，

安海斯－布希仿效美樂淡啤酒，推出一款很普通的淡啤叫天然淡（Natural Light）。該公司甚至還挖了曾出演美樂淡啤酒廣告的運動員來拍自己的廣告，直來直往，簡單明瞭。接著就是上廣告觸及對的消費者。幾年前，美樂砸了不少錢在運動行銷上，從世界大賽（World Series）到史丹利盃（Stanley Cup）都搶著贊助。即使安海斯－布希長期以來依循體育賽事太貴不符成本效益的廣告原則，但現在奧古斯特認為，這是公司的戰略錯誤。運動行銷顯然是吸引藍領啤酒飲用者最直接的方法。他設定了新的首要目標，讓整個行銷團隊動員起來：盡快搶下所有能搶的體育賽事贊助，並盡可能收復失地，只要美樂的贊助合約期滿就馬上接手。

隨著美樂斥資數億美元蓋新廠，上位奪冠之路已勢不可擋。墨菲還向記者炫耀說，他私下已經算好美樂拿下市場王位的確切日期。然而，他高估了自己。墨菲曾經在啤酒市場掀起波瀾，但他卻低估了對手的能耐。奧古斯特並未背叛自己的父親，美樂在他繼位時把他罵得狗血淋頭，他也只是置之不理。既然顧客並不在乎安海斯－布希的天然淡缺乏原創性，那有什麼理由不模仿……美樂？直接了當。除了特定商標圖片和文字之外，美樂無法以任何法律手段保護貝克的點子。因此，安海斯－布希可以大剌剌拿來用。

一九七九年，在美樂對百威窮追不捨的情況下，安海斯－布希推出新一系列的電視廣告。這距離美樂在藍領工人身上下重注的廣告首播已有七年，百威的新廣告一樣畫葫蘆：建築工

人在經過漫長的一天工作終於結束了，接著出現其他典型藍領大漢：卡車司機、農人、船長。唯一有別於美樂原始廣告的是這句標語：「這瓶百威，給你的」（This Bud's for you.）。雖不是「百威時刻」，亦不遠矣。

安海斯－布希先用抄來的產品天然淡魚目混珠，接著推出模仿廣告，從本質上搶奪了美樂這個顛覆型競品的優勢。對於顧客而言，「這瓶百威，給你的」與「美樂時刻」表現手法太雷同，誰是挑戰者，誰又是衛冕者，雌雄難辨。美樂守不住「藍領啤酒」這座城池，但表現得像守住了一樣；未善加利用其靈活變通的能力再下一城，而是沾沾自滿。對於安海斯－布希來說，模仿雖可恥但有用，它從後起新秀的手中奪回領先勢頭，並且保住了王座。

CASE 14

快時尚當道：H&M vs. Zara

現在是星期五的早晨，儘管頂著十一月的寒冷，曼哈頓街上已經有消費者冒著嚴寒和雨水耐心地排起隊來。一如世界上成千上萬的時尚控，他們不惜一切代價也要抓住這個千載難逢的機會。當三十四街和第七大道的 H&M 早上九點大門一開，這群熱切的購物者立馬手刀衝進店裡。才九點零二分，員工就得開始補貨了。九點二十分，時裝界的傳奇設計師卡爾·拉格斐（Karl Lagerfeld）與 H&M 聯名限量系列全場秒殺，斷貨了！

H&M 在紐約第五大道的旗艦店如出一轍，但這個點開賣時的庫存水位較高。一開門三百人流湧入，一小時內就賣出一千五百件。每天早上，一直到店裡的庫存空了為止，平均每小時賣出超過二千件。

有個實況之後還被《女裝日報》（*Women's Wear Daily*）稱為「集體歇斯底里」（mass hysteria），拉格斐和 H&M 獨家聯名系列，在世界各地 H&M 實體店一樣一上架就空了。「有個女人從我手裡搶走一件毛衣！」一名三十歲的律師直擊實況。「他們根本連看都沒看；先搶為快，」一名甜點師傅接著說道。「有些人看起來像在以物易物，拿四十四號洋裝換一件襯衫。除了幾條牛仔褲，架上都空了，全部被秒殺，我只好閃了。」一位德國櫃姐把這次經歷比作柏林圍牆（Berlin Wall）倒塌。實際上，自從 H&M 和高級設計師合作系列在二○○四年那天早上揭開序幕，有愈來愈多的 H&M 分店開業，這種現象在全球各大城市時不時都在重演。

同一時間，H&M 的主要競爭對手 Zara 在香港開設了第二千家分店。這家西班牙公司的業務遍及五大洲、五十六國。從巴拿馬（Panama）到拉脫維亞（Latvia）再到摩洛哥（Morocco），顧客都能在 Zara 買到最時尚的潮款。H&M 專注於年輕消費者的酷炫潮流，而 Zara 主打適合大多數女性的時尚基本款。兩家公司的做法可能有所不同，但他們共同追求「快時尚」的態度已徹底推翻服裝產業。既然他們贏不過彼此——兩者出新款的速度都比傳統零售業者要快得多——就必

須在其他方面相互較勁。

　　*　　　*　　　*

　　在時尚界，無所謂穿得「對不對」，只有穿得「潮不潮」。時尚潮人不斷想從伸展台或紅毯上擷取最新造型，所以服裝製造業和消費者為了掌握時尚脈動，一直玩著你追我趕的遊戲。典型的時裝成衣公司設計每個新系列都得提前六個月開跑，然後把這些設計送往勞動力成本低廉的國家生產。一到春、秋兩季，再將這些期待已久的大批新貨派送到店面。這等隆重的新裝上市過程，顧客一季接著一季照單全收，上至高級訂製服，下至平價時尚，通通都走這套模式。後來，H&M 和 Zara 將這個交貨周期從幾個月縮短到幾周，永遠改變了時尚世界的遊戲規則。

　　一九八九年除夕夜，快時尚進軍曼哈頓，《紐約時報》預告這將是一種全新的時尚「語言」：

　　這是年輕的時尚追隨者懂得的語言，他們的預算有限，但換衣服的速度，就像換唇彩一樣頻繁……他們看重的是快時尚所販售的協調穿搭風。

　　快時尚中的「快」是相對的，但是從西班牙進口的新貨，透過 Zara 在萊辛頓大道（Lexington Avenue）上的新門市傳進紐約，這是時尚民主化前所未有的上市速度。新潮流不必等精

189
第5章　後浪催前浪，是誰死在沙灘上

英階層穿過一、二季厭倦之後，才惠及到平價衣製造業者和二手服飾店。幾乎人人都負擔得起當季新款，隨時能走在時尚的尖端。

「每周都會有西班牙的新貨進來，」胡安・羅培茲（Juan Lopez）說道。他今年二月才來到紐約負責 Zara 美國市場。「店裡的貨每三周就換一次。我們致力追求的是掌握流行的速度，一件衣服從一個概念到店面上架，十五天就能做到。」

Zara 惡名昭彰的創辦人阿曼西奧・奧爾特加・高納（Amancio Ortega Gaona），一九三六年三月二十八日出生於西班牙加利西亞自治區（Galicia region）的拉科魯尼亞（La Coruña）。奧爾特加十四歲就進入了服裝業，當時他在當地一家襯衫裁縫店負責送貨跑腿，還邊學裁縫，最後一路升到店經理。他為了賺更多的錢，開始在姐姐的餐桌上做女裝，用便宜的衣料剪裁時下流行的樣式縫製服裝，再以低廉的價格把這些擬真成品賣給店家。一九六三年，他和當時的妻子羅莎莉雅・梅拉（Rosalia Mera）存夠了錢開了一間小工廠，在接下來的十年中，這間工廠的員工規模持續成長至五百名。

一九七五年，奧爾特加和梅拉在拉科魯尼亞開設第一家零售店，並以安東尼・昆（Anthony Quinn）一九六四年主演的電影《希臘左巴》（*Zorba the Greek*）所描繪的希臘農夫命名為「左巴」（Zorba）。不幸的是，附近碰巧有間同名酒吧。由於招牌中的字母已經開好模，他們只好把字母重新排列組合，最後找到了一個可以用的字：Zara。事實證明，這種抄襲

最新時尚潮流再低價販售到零售端的商業模式，和做批發一樣成功。接著，奧爾特加為了供貨給這間熱門新店舖，在阿爾泰霍（Arteixo）附近的工業區設置新的生產基地，而且開始在西班牙各地展店。

因為工廠和店面一條龍，奧爾特加知道上市速度會是他的競爭優勢。他的願景是「即時時尚」（instant fashion），即一種更精簡、反應更快的方式，完全掌控供應鏈，從而快速生產小批次產品，並且能比競爭對手更迅速地反應服裝新潮流。然而，要實現這個願景一直有物流上的障礙，直到奧爾特加認識荷西・瑪麗亞・卡斯提加諾（José Maria Castellano），這問題才得以解決。卡斯提加諾是電腦專家，協助奧爾特加從服裝設計、製造到配送，導入一套技術驅動的新系統，數位化追蹤工廠到門市供應鏈中的庫存和產品需求，讓該公司可以在幾周之內拿出小批次的產品來因應多變的消費者風向。這對於原本習慣等待好幾個月才能買到最新款的顧客來說，似乎就像魔術一樣神。

到了一九八三年，Zara 在西班牙主要城市已有九家門市，均位於高級購物地段，同時在阿爾泰霍設有約二千八百坪的物流配送中心。一九八五年，Zara 母公司印地紡集團（Inditex）成立。一九八八年，印地紡進軍國際、擴張到了葡萄牙（Portugal）。一九八九年印地紡在美國開設第一家分店、攻占《紐約時報》的版面時，該公司已是「即時時尚」的專業戶，其成長速度之快史無前例，光是前兩年銷量就倍增到三・

八億美元，連紡織製造業的巨頭也無法與 Zara 的垂直整合速度相抗衡。它觸發了典範轉移，足以翻轉整個時尚圈。不過，它不是單打獨鬥，市場上還有著名瑞典公司 H&M 這個勁敵，這間公司的創辦人和奧爾特加一樣精幹得很。

*　　　*　　　*

俄林・皮爾森（Erling Persson）在第二次世界大戰結束後，從瑞典前往美國，想來一趟經典的公路旅行。當時才三十歲的他，因為好奇心驅使，想看看這個活力充沛、經濟成長飛快的國家和飽受戰爭摧殘的舊世界（Old World）有何不同。美國到處都是雄心壯志的創新者。皮爾森認為在這裡可以一窺商業世界的未來。

皮爾森參觀了美國城鎮，目光所及的零售店，規模之大、效率之高都令他瞠目結舌。它們寬敞明亮，架上擺滿熱門商品而且賣得超快。這趟零售體驗，讓他對於美國零售業講求速度、商品豐富和價格平實，烙下深刻的印象。這種到處充滿新機會的景象大大啟發了皮爾森，他回到了瑞典，一九四七年在小城市韋斯特羅斯（Västerås）開了間折扣女裝店，生意頗為興隆。這間店取名 Hennes（海恩斯），在瑞典文裡的意思是「她的」。幾年後，皮爾森開始在斯德哥爾摩（Stockholm）擴點；一九五四年，在瑞典最大的日報上為海恩斯押了全版彩頁廣告，接著公司生意蒸蒸日上，他看準時機想擴充女裝之外的產品線。斯德哥爾摩有個莫里斯・維德福斯（Mauritz

Widforss）男裝品牌，一直以來深受打獵、釣魚戶外活動族群的喜愛。一九六八年，海恩斯併購莫里斯，合併這兩個品牌名稱之後改名海恩斯莫里斯（Hennes & Mauritz），進而擴展到男裝領域。

一九六○年代是海恩斯莫里斯的成長期，其在瑞典開了四十二家門市，隨後放眼國際，前進挪威、丹麥、英國、瑞士等市場。一九七四年，海恩斯莫里斯公開上市，並將品牌重塑為 H&M。

*　　　*　　　*

H&M 和 Zara 都是透過複製其他公司的成功設計而立足於時尚產業，但這些並非馬馬虎虎的山寨貨。兩家公司都正確地掌握細節，讓產品物美價廉到足以吸引回頭客，他們一般在幾周後就會再度上門購置新裝。儘管兩家公司為免觸法，精心修改這些抄來的設計，但也不是每次都能相安無事。二○一一年，設計師克里斯提安·魯布托（Christian Louboutin）為他先前已註冊商標的紅底鞋控告了 Zara 侵權未果。時尚設計說到底在法律的層面還是很難被納入保護。即使從遠處看的話，Zara 的鞋子和貴多了的魯布托鞋很容易搞混，法院還是站在Zara 這邊，讓設計師告不成。

在一九八○年代，H&M 和 Zara 展店拓點的速度簡直像是進了速成班。他們都是一開始就把快時尚擺中間，但兩家公司的成長之路截然不同。H&M 是實驗派：例如收購郵購公司，

把 H&M 的流行款式帶進顧客的家,之後又早早跨足電子商務。相比之下,奧爾特加則全心專注於以速度一決勝負,不斷完善 Zara 的系統,就像麥當勞兄弟以有系統地製作漢堡為目標設計了餐廳一樣。他的一貫目標是「即時時尚」——或者說在現實中盡可能做到即時。因此,公司在營運的方方面面都必須專為這個目標而配置。

奧爾特加根據他的零售業經驗,深刻體會潮流來去可能只有短短一個月。他為了盡可能靈活配合市場狀況,決定 Zara 每一款服裝僅少量出貨,壓低店舖裡的庫存。同時以提高補貨頻率來彌補存貨不足的問題,所以能快速因應每件商品的需求變化。

該公司為了隨時掌握不斷變化的喜好,訓練門市員工收集顧客客訴、偏好、指定特別商品等各種意見,並且有系統地將這些調查結果回報給總部。他們應用卡斯提加諾設計的電腦化庫存系統,以及無線射頻辨識(RFID)標籤這種新技術,整合每件服裝的綜合數據與反饋意見,從而了解最新銷售情況,掌握什麼賣得動、什麼賣不動,及其背後的原因,接下來 Zara 的內部設計團隊將依此迅速修改現有設計並傳給工廠。兩周後,就有成批反映著最新數據的服裝隨著新貨運抵達店內。如果三座城市同時有人要訂某款粉紅色圍巾,接著可能就會升級為全球成千上萬個地方的粉紅色圍巾之亂。這一切只需要十四天就能發生。

在如此不可預測的需求之下,出貨速度要持穩,需要極

高的靈活度。印地紡為了解決這個問題，規定工廠一周僅運作四天半，因此能留有額外的班次因應需求偶發激增的情況。印地紡將 T 恤這類上架時間較長的產品，外包給人力成本較低的亞洲工廠，但一半以上的服裝仍在自己的工廠或在總部附近生產。至於產品生命周期較短的款式，上市速度重於生產成本——服裝利潤高但不再有人想買的慢時尚，又有何用？無論如何，自行生產或仰賴亞洲以外的工廠所涉及的成本較高，但通常可被更快的周轉率所抵銷，而且也可免掉倉庫塞滿多餘庫存的情況。

Zara 為了掌握流行脈動，派出世界各地的分析師團隊參觀大學校園、夜總會和音樂活動現場——任何即將引爆全球新潮流的地方。同樣的，他們的調查結果將回報給阿爾泰霍總部，讓設計師的作品能和這些新潮流無縫接軌。兩周後，曾在一兩個時尚城市中出現過的潮服，就會突然出現在世界各地的 Zara 架上。

Zara 的影響力與日俱增，消費者行為也隨之改變。人們變得沉迷於源源不斷的新時尚。時尚雜誌編輯馬蘇德・戈爾索基（Masoud Golsorkhi）這麼解釋：「當你十月去古馳（Gucci）或香奈兒（Chanel）時，你知道這件很有可能二月還買得到。至於 Zara，你知道如果當下不買它，架上的貨在十一天內全會變得不一樣。你要不現在就買，要不永遠買不到。不過由於價格實在太低了，你現在就得買。」

＊　　　＊　　　＊

　　H&M 與 Zara 的不同點在於，H&M 廢掉工廠，轉而和數百家外部供應商合作，而這些供應商底下共有數以千計的工廠，幫助它實現靈活快速的生產模式。H&M 還有一點不同於競爭對手，其從一九五四年首次刊登全版彩頁報紙廣告開始，就一直透過行銷廣告的力量鞏固品牌定位。

　　超模在一九八〇年代後期崛起。為數不多的頂尖模特成為名副其實的名流：出現在脫口秀和八卦雜誌上，甚至出演大型電影，以前所未有的撈錢速度，為這份模特兒工作鍍上了金。一九九〇年，H&M 推出聖誕節內衣廣告，由受封為第一代超模的艾勒・麥克法森（Elle Macpherson）拍攝。在過去的十年裡，麥克法森和許多第一代超模，例如辛蒂・克勞馥（Cindy Crawford）、克勞蒂亞・雪佛（Claudia Schiffer）、克莉絲蒂・特林頓（Christy Turlington）、琳達・伊凡葛莉絲塔（Linda Evangelista）和娜歐蜜・坎貝兒（Naomi Campbell），都會定期走進 H&M 的廣告裡。

　　這種做法與 Zara 迥然不同。Zara 就像它的創辦人一樣害怕媒體，秉持「不行銷、不傳播」的原則。「公司不談自己。」印地紡發言人解釋道。「當時的想法是，客戶自會談公司。」在 H&M 靠著咄咄逼人的廣告和浮誇的設計師聯名壓境時，Zara 使出的奇招是房地產。該公司把一般會灑在電視廣告和名人代言的資金，放在全球頂級商圈以保住黃金地段。Zara 不

像 H&M，它的品牌定位是有形的——它所開設的門市與普拉達（Prada）和古馳這類名品相毗鄰，藉此提升服裝的高級感。印地紡還會探勘與眾不同的地標建築：薩拉曼卡（Salamanca）修道院、雅典（Athens）十八世紀旅館（入口處仍有三座古老的羅馬墓碑），甚至連紐約市地王——位於曼哈頓第五大道六六六號的店舖也搶下了。

H&M 一直是走浮誇系，但在二〇〇四年，當它宣布推出由拉格斐親自設計的限量版系列，在時尚界引發劇烈衝擊。當時六十五歲的拉格斐公認是世上最具指標性的時裝設計師，香奈兒和芬迪（Fendi）在他手上創造出一個又一個經典傳奇。他為 H&M 設計三十款服裝，僅以他曾設計過的任何類似服裝的一小部分價格出售。一件印有拉格斐人像的 T 恤二十美元、襯衫四十九美元、亮片夾克一百二十九美元——這對於時尚控來說，似乎太過夢幻。

「我一直很迷 H&M，」拉格斐解釋道，「因為購買香奈兒和其他精品的人也會在那裡買衣服。對我來說，今天這就是時尚。」拉格斐原本希望這個合作能讓更廣大的族群買到他的設計，以至於他對 H&M 決定限量生產深感失望。他說：「它的走期理應有兩周，結果二十五分鐘就結束了。我對客戶感到很抱歉，因為我希望每個人都可以穿上拉格斐。」然而，H&M 對此卻樂不可支。「我們做了六十年的生意，從沒見過這種事。我們和顧客一樣驚呆了。」H&M 的行銷總監說。該公司的銷量隔一個月就成長二四％。這種實驗性的作法值得多

做幾次。

回過頭來看，二〇〇四年是 Zara 和 H&M 共創「快時尚」模式的勝利年。從 H&M 與拉格斐聯名，到 Zara 開設第二千家分店，這套盡速滿足消費者需求的新方法，已成為服裝業的主要模式。快時尚現在就是時尚。凡賽斯（Versace）、羅伯特·卡沃利（Roberto Cavalli）、王大仁（Alexander Wang）、史黛拉·麥卡尼（Stella McCartney）和其他時尚名人，都為 H&M 設計屬於自己的系列。同時，從其他服裝業者的節奏徹底改變也可以感受到 Zara 的影響力。時尚雜誌編輯戈爾索基便說：「他們打破了維持一世紀的雙年時尚周期，現在，幾乎有一半的高級時裝公司每年生產四到六個系列，而不再是只生產兩個而已。那絕對是因為 Zara。」

雖然新冠病毒大流行迫使 H&M 和 Zara 關了數千家門市，但這兩家公司對於市場變化還是做到了秒回應，速速將重心轉往線上零售，而這種變化可能最終會變成一種新常態。相信時間會證明一切。

無論實體店的未來如何，H&M 和 Zara 從根本上改變了全球對服裝的態度。現在，不再有人珍惜衣服，穿完就丟。人們買衣服、丟衣服的速度比過去快得多。考量到一件衣服的製造過程會產生大量的廢物和汙染，快時尚對環境的影響是相當巨大的。兩家公司雙雙誓言要減少排放有害化學物質，並且更加仰賴更多可再生資源，但他們是否有決心努力實現這些承諾仍有待證明。與此同時，可以肯定的是：永續發展現在正走紅。

CASE 15

巨人請醒醒：瑪麗・芭拉與通用汽車併肩作戰

二〇一四年九月，通用汽車（General Motor）執行長瑪麗・芭拉（Mary Barra）在底特律東市場（Eastern Market）裡的一間倉庫，對全球三百名通用汽車主管講話。通用汽車正站在歷史的轉捩點上，芭拉想利用這個異地開會的機會，號召整個組織的主要領導者站在同一陣線。

由於點火開關醜聞造成至少數十人車禍喪生，芭拉打從走馬上任汽車業首位女性執行長就面臨重大考驗。儘管事故發生時，她還不是企業掌舵人，但現在是了，必須由她來親自直面國會和受害者家屬。芭拉有句話要向通用汽車高層主管們說：現在是通用汽車該擔起責任、好好面對問題的時候了。三大汽車業巨頭埋首沙堆的日子已經過去。這是她在幾年前促成通用汽車申請破產保護時學到的慘痛教訓。

「我從破產中學到的是，當你遇到問題時，最好現在、立刻、馬上就解決，因為如果不解決，從現在算起六個月內情況往往會變得更糟。」她如此說道。「而兩三年後，這個問題可能會消失──因為你可能也一起消失了。」

這天早上，芭拉不想談企業文化。在她看來，文化是流行語，太過抽象，而前任執行長們只是把它拿來說空話。她從個人經驗中體會甚深，畢竟從十幾歲起就進入公司工作，是在這

個大家庭中長大的通用寶寶。要將電動車、自動駕駛、共乘等等巨大新威脅化為轉機，通用汽車員工必須改變自己的**行為**。她對這群人說：「行為可以從現在開始改變。」而她自己想改掉是什麼？人「太好」。

芭拉不是故意語帶諷刺。她在通用汽車的漫長職涯中，早已證明自己是富有同情心但不感情用事的領導者。她的一位前老闆說：「無論什麼大風大浪，我都從未見過她在做人事決斷時下不了手。」換句話說，芭拉以「戴著天鵝絨手套的鐵拳」領導統御。多年來，芭拉擔任過各種職務，其間經手幾波解雇和裁員，對於要降級或淘汰不適任者，她很少優柔寡斷。通用汽車在破產前，一直設法為吊車尾的員工找到新職位。通用汽車全球人力資源主管則說，「瑪麗知道你對他們的事業沒什麼好處，也沒有幫到公司的忙。」芭拉宣布她打算現在把自己的標準提得更高，並且要求底下的人上行下效。

她告訴這群人，為了順應未來的變化，大家都必須學習真正的問責制。他們身為領導者，將要確保底下的員工說到做到：「你把計畫制定好了，那就請照著計畫做。」在國會山莊（Capitol Hill）針對通用汽車點火開關醜聞召開的聽證會上，所謂的「通用點頭」（GM nod）——即在會議中大家都同意某件事，但接下來沒有人採取任何行動——讓通用汽車公司最典型的卸責陋習表露無遺。芭拉說，現在接下來沒動作就代表你不在乎。如果你不在乎，那就請滾蛋。

芭拉大聲朗讀在座一位巴西籍經理所寫的意見：「我是菜

鳥，但覺得公司好像不了解，一個員工的問題應該是所有員工
的問題，尤其是在這樣的時期。」

她對這位經理和在座其他人說，「這正是我們所需要的。」

她還說：「如果你認為我們現行系統是最好的了，那麼你
就是問題的一部分。」芭拉多年來大力推動通用汽車組織整頓
與改組，這些話說來鏗鏘有力，然而，她對於組織改造並不感
興趣。

她一心想的是贏。

*　　　　*　　　　*

駕馭新事物的關鍵在於隨機應變的能力。在位者要挺過重
大變革，就必須具備即時應變力，但這不一定能做得到。官僚
文化所形成的沉痾束縛，會阻擋老牌企業為了自救所採取的必
要手段。黑莓機製造商 RIM 就算願意承認低估了 iPhone，中
間也歷經了一番掙扎，更不用說回應蘋果的威脅了。這種體制
內積弱不振的問題，往往最後帶來毀滅性的傷害。

公司要能夠隨機應變，得從一線員工開始改變。領導者有
時可以把權力下放，並砍掉鬆散的中間管理階層來擺脫萎靡不
振的狀態。就通用汽車而言，它必須火力全開邁向敏捷企業。
該公司在歷經二〇〇九年破產之後，迎頭撞上的障礙不只一
項，而有三項之多：無人駕駛汽車、共乘服務和電動車。新晉
企業生力軍不放過任何機會，他們沒有通用汽車尾大不掉的包
袱，但也沒有這樣龐大的資源。這間汽車製造商將需要什麼樣

的領導者，才能借助這些資源上的優勢，擊退這些新興的競爭者？

芭拉，也就是內‧瑪凱拉（Née Makela），出生於一九六一年，在底特律的郊區沃特福德（Waterford）長大，這裡是世界汽車製造重鎮。她的身體裡可以說流著汽油的血：父親雷（Ray）在通用汽車工作長達三十九年，在龐蒂克（Pontiac）車廠負責沖壓模具。在那個年代，美國汽車製造商開給藍領工作的條件算得上優渥：薪水不錯、福利佳，還有可靠的穩定性。美國汽車業「三巨頭」——通用、福特和克萊斯勒（Chrysler）前三大車廠相互抗衡，但相對來說競爭不是太激烈，大家在這個太平盛世裡日子過得挺舒服的。用《紐約時報》的話來說，大家過得太爽了，特別是通用汽車還發展了一種「不鼓勵冒險的封閉式內向文化。」一九七〇到一九八〇年代，「三巨頭」的汽車品質下降，讓主要來自亞洲的國際競爭者有足夠的時間迎頭趕上，甚至超越稱霸一時的美國品牌。

芭拉的父母在她成長的過程中，灌輸她一種工作態度：「努力工作很重要。」芭拉說，「先工作再玩，這句話讓我非常受用。」儘管他們按照傳統的性別角色畫分家務，但從未限制瑪麗的興趣喜好。她說：「我喜歡數學和科學，他們鼓勵我好好學。」芭拉的父親也允許她在車間裡看著他弄車子，最後她也學會自己動手修。她說：「我要做我想做的事。」芭拉在通用汽車還經常試駕汽車，在公司的跑道上疾馳。

芭拉是美國全國榮譽學會（National Honor Society）成員，

她的在校總平均成績（GPA）達滿分四・○，曾就讀密西根州佛林特市（Flint）一所私立的建教合作大學——通用汽車理工學院（General Motors Institute of Technology），現為凱特琳大學（Kettering University）。學生必須在通用汽車或其他建教合作機構拿到工作時數，作為畢業學分的一部分。在校期間瑪麗半工半讀，有一半的時間在通用汽車工作，負責檢查新出廠龐蒂克的引擎蓋和擋泥板。芭拉於一九八五年畢業，獲得電子工程學士學位，接著在通用汽車工廠擔任正職工程師。

當時通用汽車管理層剛開始招募更多女性，不過在一九八三年一件著名的就業歧視訴訟案達成和解之後，該公司更加積極。通用汽車根據協議，就婦女和少數族裔職位升遷制定目標，並鼓勵管理者特別甄尋多元人才。擔任通用汽車董事和管理職的女性人數，最後會達到標普五百指數公司平均的兩倍。不過，芭拉並沒有被捧在手掌心。她回憶說：「他們不習慣見到很多女人在工廠裡。每當我在龐蒂克車廠拐這個彎的時候，這個傢伙都會鬼吼鬼叫……最後，我走過去問他，『你幹嘛這樣？』他說，『我也不知道。』」

芭拉一頭霧水回說：「唉，我們不能就打個招呼嗎？」

一九八八年，芭拉拿到通用汽車獎學金，前往史丹佛商學院（Stanford Graduate School of Business）深造，並以全班前一○%的成績完成學位。她回到通用汽車擔任各種工程和行政職務。與當時幾乎所有其他大公司一樣，女人在這裡很難出頭天。通用汽車一些女性領導人後來回憶，她們為求證明自己不

亞於男性競爭對手，壓力有夠大。一位工廠女經理說：「你在工作中花了大把時間試圖證明自己應該在這裡、應該占有一席之地。」就算努力向上爬，事情也沒有變得更容易。瑪麗娜‧惠特曼（Marina Whitman）是該公司第一位女性副總裁，她說：「我在通用汽車公司最大的挫折之一是，我們永遠無法說服高層，外面的世界瞬息萬變，他們需要以變應變，才跟得上世界的腳步。」儘管芭拉面臨這些體制內的挑戰，她對於一路走來遇到的性別歧視輕描淡寫，而即便如此，她仍然努力想幫助其他女性員工，最後還為她們成立了內部網絡群組。

芭拉每天早上六點就進辦公室，說起話來輕聲細語，低調但堅定，天生善於溝通，她的工作態度和建立共識的能力令人印象深刻，這讓通用汽車中型汽車部門製造開發經理注意到了芭拉。該公司在一九九二年虧損二百三十五億美元，創下美國各公司虧損之最，而芭拉的老闆肩負著降低生產成本的任務，要建立一套讓新產品進入組裝廠的共用流程。當時，工廠經理們要各自決定工廠重組的方式，但結果總是沒個準，所以需要有一套共同方法來解決這個問題。芭拉接下這個挑戰，針對工廠重組方式開發一套標準化系統，並且組建一支專門團隊，協助工廠套用公司所開發的最佳做法來組裝新車。

這些轉軌革新帶領龐蒂克葛蘭芙（Grand Prix）成功上市之後，芭拉的經理將她拔擢為主管。一九九六年，芭拉被任命為執行長傑克‧史密斯（Jack Smith）的特別助理，同時還擔任副董事長哈利‧皮爾斯（Harry Pearce）助理。這位子可說

是升職電梯，負責幫助一些前途看好的高級主管了解公司業務如何在層峰運作，並且和資深管理階層打交道。「她很出眾，」皮爾斯後來提到。「一點就通，對工作很投入，不會太自我，而且很有求知慾。」在這段期間，芭拉和皮爾斯合作改善通用汽車的人才招募流程，廣納更多有潛力的女性和少數族裔。例如，芭拉和皮爾斯首次將華盛頓特區歷史悠久的黑人大學霍華德大學（Howard University）加入通用汽車的招募名單。三年後，通用汽車北美業務總裁卡里・考格（Cary Cowger）決定讓芭拉負責北美的內部溝通。「令我印象深刻的是，她實在很聰明，」考格說。「她的判斷力非常強，而且一直很強。」

考格後來成為芭拉在通用汽車內部的主要支持者，尤其在一九九八年罷工行動後，他需要芭拉負責內部溝通，修復通用汽車和工會工人之間的關係。新一輪全美汽車工人聯合會（United Auto Workers，UAW）勞資合約談判正如火如荼展開，但當時外部條件已經不同了。工會中許多人仍一廂情願以為，通用汽車最後「自然而然」會回到五〇％的市場占有率。考格需要一個可以贏得工人信任並說服他們好日子回不去的人。如果公司要保持競爭力，工會需要在新的勞資合約中做出重大讓步。儘管芭拉是工程背景，但已經證明她和工廠工人之間，能夠像和管理階層般溝通無礙。對於通用汽車來說，這個角色還將是一個可以讓芭拉在公司輪調的機會，為她在通往領導者的路上累積必要經歷。

儘管芭拉缺乏公司內部溝通的經歷，她仍然接任這個角

色。她已經證明工程師有本事改善製程，現在身為負責人，她改變了自己的做法，為整個組織創建更好的溝通流程。一位高級主管說：「她把工程腦運用在溝通上。」芭拉離開這個位子後，通用汽車還是繼續使用這套改良過的員工溝通系統。自此，通用汽車一直到二○○七年走向破產邊緣之前都沒再發生罷工，部分要歸功於芭拉的改進措施。

芭拉成功修補公司與工會關係之後，在二○○一年接下新任務，幫助通用汽車建立日本所採用的精實生產模式。同時，公司邀她參加高潛力主管培訓計畫。二○○三年，芭拉在通用汽車高階主管的職涯又邁出關鍵一步：考格任命芭拉負責漢姆特拉米克（Hamtramck）組裝廠，這是公司最大且最複雜的工廠之一。這座先進車廠生產六款通用汽車車型，有三千四百名員工分兩班制工作。現在，這一座價值三百六十萬美元的車廠歸芭拉控管了。在通用汽車，工廠經理一職可是頂尖人才的修羅場。

勞拉・科爾比（Laura Colby）是名記者，同時也曾為芭拉的職業生涯出過書。她說：「上面的想法是，如果你能應付得了規模有如一座小城市的汽車組裝廠在營運上的複雜度，那麼就可以管理一個部門了。」芭拉在漢姆特拉米克組裝廠展現敏銳的人際交往能力，她的直屬長官賴瑞・扎納（Larry Zahner）注意到芭拉經常走動工廠車間，而且能叫出員工的名字，並且問候他們的家人。

芭拉在漢姆特拉米克任職期間，考格雄心勃勃地設定了數

百人的裁員新目標。但是，芭拉並沒有要求底下的經理們提出強制休假的員工名單，反倒和各部門負責人緊密合作重新組合人力，讓他們更有效率。這個過程很辛苦，芭拉熬過來，也讓全員度過裁員危機。一位女工程師後來說：「從觀察她的做法，我學到不少。她很謙虛，讓人們甘心替她工作。同時，她敦促你做更多。」

很難想像她的通用汽車升職記在接下來的十年裡風雲驟起，而且還更加動盪。這間曾稱霸一方的公司直線下跌，在管理上的做法過時，又深陷官僚主義的泥沼之中。二〇〇五年虧損超過一百億美元。兩年後，年度虧損更超過三百八十億美元。二〇〇八年銷量下跌四五％。當然，當時並非只有通用這間美國汽車製造商苦苦掙扎，福特和克萊斯勒也危在旦夕。由於公司內部積弱不振、國際競爭和大蕭條同時引爆，整個美國汽車業幾乎處於崩潰邊緣。

芭拉在擔任工廠經理期間咬緊牙關，隨後二〇〇八年被任命負責通用汽車全球工程製造。接著在布希（Bush）以及歐巴馬（Obama）政府前後多次設法幫助通用汽車減輕巨額虧損之後，通用汽車於二〇〇九年六月提交了破產重整（Chapter11）申請。這是美國歷史上第四大破產申請。自此通用汽車從美國政府那裡拿到四百九十五億美元的救助金，而美國財政部（U.S. Treasury）幾乎取得該公司剩餘資產的所有權。公司新領導階層將由政府批准，肩負幫通用汽車翻盤的重責大任──在反對這場交易的批評者眼中，GM兩字儼然已成「政府汽車」

（Government Motors）。

通用汽車的新領導階層決定讓芭拉擔任人資總管,管理該公司二十萬名員工。對於工程師來說,這個選用有點怪,但是,芭拉在公司內部溝通方面確實表現出色,並且在罷工行動後奇蹟般地提振了員工士氣。現在,公司為了活下來需要精簡組織,而芭拉的確有應對這類挑戰的本事。儘管如此,她還是猶豫了一下。美國公司中的女性高階主管通常會陷入所謂的「粉領貧民窟」(pink ghetto),擔任這類職務很少能升到公司最高層(the C-suite)。芭拉在仔細考慮之後,還是決定接任。現在正值公司存亡之際的緊要關頭,這個位子將是形塑公司未來文化的絕佳契機。公司已有幾千名員工走人了,而她將需要招募更多新員工。現在就看芭拉要不要在華盛頓主動出擊,確保通用汽車裡的績優員工不會為了更好的機會求去。

後來她告訴《紐約時報》,「我對於我們該怎麼做、做得夠不夠快開始感到不耐煩。」顯然,通用汽車要擺脫官僚文化,讓組織扁平化,才能快速應對瞬息萬變的市場。在某些情況下,這其實簡單到不行,就像把長達十頁的服裝要求濃縮為幾個字:「穿著合宜」。芭拉祭出革新措施,賦予底下管理者根據個別團隊自行制宜的決策權。但是,通用汽車許多管理者反倒覺得這種自由的尺度讓他們渾身不對勁。芭拉解釋說:「這確實成為我們要帶領通用汽車擁抱變革的窗口。」當管理者們請教芭拉時,她會把這個政策當成教材:「我會帶他們走一遍,然後說,『你負責什麼?』他們會說,『我管二十個人,手上

有一千萬美元的預算。』接著我會說，『如果我信任你有管理二十個人和一千萬美元的能力，我會不相信你能想出辦法解決穿著合宜這件事嗎？』」

二〇〇九年底，丹‧阿克森（Dan Akerson）成為通用汽車的第四任執行長，僅上任短短十八個月。芭拉在會議上幾乎對公司營運的方方面面都有專業獨到的見解，從一開始就引起了阿克森的注意。他不明白像這樣的人才只是人資。後來他說這是「我一生中見過的最糟糕的用人決定」。阿克森決定動手處理這件事。二〇一一年，他任命芭拉擔任全球產品開發資深副總裁，負責通用汽車所有汽車的設計、製造和行銷。他在一份聲明中說：「開發令全球顧客滿意的汽車至關重要，瑪麗將為此要務帶來全新的視角。她在工程、製造和員工職能方面具備廣泛的經驗，再加上能與各部門合作無間、建立良好關係，這些將有助於公司推進符合現在消費者需求的產品。」

芭拉現在負責開發一百種車輛，她的座右銘是：「不再出爛車。」如同她深愛龐蒂克火鳥（Firebird）和雪佛蘭科邁羅（Chevy Camaro）等經典車型一樣，她心知肚明通用汽車的品質掉了多少，也知道個中原因。正如她向《財星》雜誌所解釋的，問題在於「我們給了（員工）很多侷限，卻沒有給他們成功的訣竅。」芭拉決定制定一套新標準，同時讓通用汽車的員工有自主權去達到這套標準。「（沒有）任何藉口，」她說。「如果有預算、有資源，我們就必須做出好的汽車、卡車和休旅車，我們的工作就是要（讓員工）做得到。」

效率對於隨機應變的能力來說至關重要。幾十年來，通用汽車的效率超低——不僅是內部決策，生產方式也是如此。問題部分出在汽車平台的數量不斷擴充。汽車製造商針對不同市場開發汽車，為了讓不同車型之間共用零組件，發展出了俗稱平台的概念。打個比方，像凌志 ES（Lexus ES）這樣的豪華房車在改款前和豐田凱美麗（Toyota Camry）共用整體車身設計以及許多零組件。這與宜家家居（IKEA）壓低成本的方法如出一轍：書桌、衣櫃和廚櫃都可能會用相同的木板，全靠設計師想辦法運用同一個零件來創造多種用途。

幾十年來，通用汽車的汽車平台做得很馬虎，在設計新車時，實際上已經是在改造車輪、車軸和懸吊系統了。芭拉希望打破公司眾多採購和產品開發部門之間各自孤立的情況，從而簡化平台的數量。她在這方面做得十分成功，以至於她在二〇一三年，又升為執行副總裁，負責處理通用汽車的供應鏈。至此，芭拉負責管理分布在一百三十國共三萬五千名的員工，在通用汽車內是第二把交椅了。她在這個位置時，力推省油經濟型引擎和輕量車，而這正是通用汽車的兩大弱點。

在執行長阿克森看來，芭拉清除官僚文化，還剔除非必要的中階管理來達到組織扁平化，成功地「製造混亂」。如果她能修理文化和修理汽車，那麼顯然有經營整個通用汽車的才幹。二〇一四年，芭拉打敗三位男性，經一致通過成為通用汽車的下一任執行長，榮登汽車製造業三大巨頭裡首位女性領導者。阿克森曾在沒有任何汽車從業經驗的情況下，接任公司

最高職位，用他的話說，芭拉才是正港的「汽車女郎」（car gal）。她的基因（DNA）裡早就嵌入通用汽車，而且具備推動大改革所需要的強烈意志：「這誠然為通用汽車的復甦和轉型史打開新的篇章。」她對員工這麼說。

從某種意義上說，她的就任時機正好。這項公告發布於美國財政部出脫手上最後持有的通用汽車股票的隔天。這令經濟學家和悲觀的產業監察機構跌破眼鏡，政府對「政府汽車」的援助計畫竟然這麼成功。該公司目前的市占率達一八％，並且連續十五個季度都有獲利。

但從另一角度來看，芭拉接下的公司正身陷危機之中。在她就任的那個一月裡，短短幾天內，被稱為「開關門」（Switch-gate）的醜聞醞釀許久終於浮出檯面。當時，社會大眾驚知，原來多年來通用汽車有好幾種車型所安裝的點火開關有瑕疵，裡頭包括舊型雪佛蘭鈷（Chevrolet Cobalts）和土星離子（Saturn Ions），這至少造成數十人死亡和相當多起受傷事件。估計有二百六十萬輛通用汽車裝了這個問題開關，一旦開關失靈就可能會讓汽車在行駛狀態下動力中斷、引擎熄火和氣囊失效，接下來如果撞車的話，甚至會阻止安全氣囊打開充氣。該公司多年來故意隱瞞這些撞車事故的真正原因，並盡一切可能規避主動召回。後來，一名受害人的律師費了九牛二虎之力從通用汽車手中拿到關鍵文件，還取得通用汽車的工程師證詞，事情才水落石出。

芭拉的大半輩子都奉獻給通用汽車，對這個問題卻渾然不

知。她承認公司的行為於情於理都說不過去：大事化小、在法庭上抗爭和拖延召回行動。她知道，通用汽車必須破除這種文化，而且必須斬草除根。通用汽車在芭拉的領導下，對問題開關負起全責，在法律定罪之前，先為受害者設立賠償基金。同時芭拉為推動組織內部問責制啟動內部調查，因而解雇了十五名員工，其中包括副總裁和其他幾名資深員工。她還首次任命全球安全部門負責人。通用汽車在深入審查每項懸而未決的安全性召回案件後，一共發起八十四次回廠改正，其間共涉及三千二百萬輛車，比該公司三年來賣出去的車還要多，令人咋舌——這一切都發生在芭拉擔任執行長的頭一年。她挺身而出正視這個局面，站在眾議院委員會面前說出：「今日的通用汽車會做對的事，首先，我向受到此次召回影響的所有人致上最誠摯的歉意，尤其對於（那些）傷亡者的家屬和朋友，我深感抱歉。」

　　道歉看似簡單，但在商業界卻難能可貴。芭拉盡可能誠實地直接面對這一事件。對她來說，為團隊親上火線沒什麼難的。芭拉對通用汽車極度忠誠，就連所有過錯也會照單全收：「是汽車給我吃的，送我上大學，」她曾在受訪時說，「這個行業給了我一份事業，也為無數的家庭打開人生的契機。」

　　通用汽車支付美國政府九億美元的和解金，並且花了六億美元解決傷亡訴訟案。芭拉的危機處理迅速果斷、公開透明，這意味該公司在醜聞籠罩下的脫困速度，要比採取慣有的否認拖延招術要快得多。美國檢察官普里特・巴拉拉（Preet

Bharara）形容，通用汽車的反應「可圈可點」，「這也是為什麼我們在這個案子上只花了十八個月，而不是耗上四年。」但是幫助通用汽車從這些官司中脫身僅僅是個開端。隨著召回計畫陸續發布，是時候該把這艘大船導正了。芭拉在政府紓困通用汽車之後曾提出人事整頓策略，現在，芭拉決定要祭出相同的戰略。

「如果我們認為把這個問題處理掉再做一些流程改造就夠了，那麼就大錯特錯了，」芭拉在數百名通用汽車工人面前說道。「這件事永遠也過不去。我想將這種痛苦的經歷永久地烙印在我們的集體記憶中。我不想忘記這個教訓，以免憾事又再發生。」一位退休的通用汽車主管表示，芭拉的話「與通用汽車之前任何一任執行長說的都不一樣」。

在芭拉看來，相較於蓄意違法，官僚主義才是安全問題醜聞的真正罪魁禍首。通用汽車複雜的公司結構，導致員工很難對點火開關之類的問題提出疑慮——也讓管理者很容易忽視員工意見。芭拉為了防止開關門這類悲劇再次發生，要開通一條從一線員工到最高層的直接溝通管道。她在母校的畢業典禮上說：「當你對問題視而不見時，它不會消失，只會愈滾愈大。以我的經驗，召集合適人選、制定計畫，並正面處理每一項挑戰會比較妥當。」她建立「為安全發聲」計畫（Speak Up for Safety），藉此開闢一條溝通管道，任何員工若對通用的車輛有任何疑慮，都可直接向高層報告。她的口號很簡單：「如果你擔心，我也會擔心。」她還派駐通用汽車工程師前往經銷公

司，深入了解實際顧客的想法和做法。

從顧客到一線員工再到通用汽車最高層所形成的回饋循環機制，不僅有助於防止像開關門這樣的災難，它也將讓通用汽車在面對電動車、自動駕駛和汽車共乘時，有較強的應變能力。對於大型汽車製造商來說，在這三大顛覆力量匯聚之下，市場不確定性相當之大。沒有人能預測每個因素和其他因素會如何交會，繼而永遠改變全球性駕駛和購車習慣。通用汽車要想活下來就必須保持高度的敏捷。

芭拉大膽的領導作風，讓公司為之振奮。儘管她舉行「全員大會」就每種產品走向徵求員工建議以尋求共識，但是該出手時她仍然會快刀斬亂麻。芭拉開明又果斷的做法終獲回報。二〇一六年，通用汽車打破銷售紀錄，全球銷量衝破一千萬輛。那年芭拉當選為董事長，知名雜誌《財星》隨後將她評為世界上最有權力的女性。

芭拉身兼董事長兼執行長，毅然決然帶領通用汽車迎向產業的新趨勢。她為了緊追共乘現象，與網路叫車服務來福車（Lyft）結盟，投資五億美元構建自駕車的連結網絡。同時為了加快通用汽車開發自駕車的腳步，投入十億美元將自駕車新創公司巡戈（Cruise Automation）以及閃頻（Strobe）收編麾下，後者發展光學雷達技術幫助自駕車「看」路和評估駕駛狀況（二〇一八年，通用汽車的自駕車部門價值已達一百四十六億美元）。為讓通用汽車能在電動車領域中占有一席之地，她驅策該公司與伊隆・馬斯克（Elon Musk）的特斯拉（Tesla）奮

戰到底，進而推出首款平價電能車——雪佛蘭 Bolt EV，最高
時速約三百二十一公里。

芭拉對於追趕特斯拉這樣的新創公司一向興趣缺缺。她
認為，通用汽車是主要的汽車製造商。在電動汽車和其他新
技術方面，本來就應該領先，因此公司需要戰略性的調整。
在二〇一九年，該公司搬出耗資近四十億美元的大型重組計
畫，其中包括削減部分工廠的產量，以及放棄過去很重要的西
歐（Western Europe）、紐西蘭（New Zealand）市場，還砍了
一五％的員工，其中主管階級減少二五％——總計一萬四千個
職位在這波裁員瘦身中消失。通用汽車前副董事長鮑勃·盧茨
（Bob Lutz）對芭拉的做法信心十足：「如今，通用汽車正面
臨殘酷的現實……我認為我們所看到的是反應迅速、能著眼於
現實的通用汽車管理層。」

芭拉身為通用汽車工人之女，裁員重組對她而言必定是痛
苦的決定，但她知道，備足資金投入創新計畫才能確保公司的
未來。在她的領導下，通用汽車不再將所有精力放在把廉價汽
車或是把卡車賣到新興市場上，而是為自駕車投下巨資。二〇
一九年，該公司與樂金化學（LG Chem）在俄亥俄州（Ohio）
成立價值二十三億美元的電池合資企業。二〇二〇年，旗下子
公司巡戈發布一款新型電動自駕車，通用汽車則推出了十一款
純電動車款，並計畫二〇二三年再追加二十款。

芭拉在底特律發表的談話中，直截了當把她擔任執行長的
打算告訴大家：「我希望大家能理解，通用汽車面對競爭對手

好來好去的日子已經過去了。當然，我們是有道德的，但我們將會是強悍、不屈不撓的對手……我的耐心已經快用完了。我想要贏。不是勉強活下來，不是撐住，更不是有競爭力而已，而是贏。」

*　　　*　　　*

自古以來在所有戰爭史中，每場戰役的成功與否，均取決於領導者隨機應變的能力：新領域、新戰術、新技術。如果只想用舊方法應付新事物，那麼你終將落敗。想贏，就要能對新事物駕馭自如。

我們一而再再而三看到，唯有靠膽識和隨機應變的能力才能掌握新需求。那些能將垂死的公司拖出舒適圈的領導者，方能揚眉吐氣。我們很喜歡談論亂無章法的新創公司逆襲老牌公司的故事。事實是，比起成功造神，更多時候是老牌公司成功反擊。有時就只是戰略性的一擊那麼簡單。正如我們將在下一章將討論的，找到一個弱點（即競爭對手侷限脆弱之處），一記痛擊就能贏得戰爭。

第 **6** 章

乘敵之隙

「兵之形，避實而擊虛。」

《孫子兵法·虛實篇》

　　所謂兵不厭詐，愛情與商場，都是不擇手段的。看似穩若泰山的公司，可能早已命懸一線，之所以能安然度日，不過是沒人發現那根線罷了。但有些對手就是有刺探弱點的本領，不管是從心生不滿的核心員工，還是從對公司不爽而轉換到他牌的顧客群，去發現些蛛絲馬跡。當你想找對手的罩門時，可以先觀察領導者，他們的缺點就是你最大的機會。

　　商場上的戰爭是持久戰，需要投入耐心、心血與策略，才能笑到最後。但有時候，及時的一擊必殺也能贏得勝利。

CASE 16

國王的新耳機[1]：Beats by Dre vs. 魔聲

　　時間是二〇〇八年，在加州聖摩尼加（Sante Monica）有四個人在正在新視鏡唱片公司（Interscope）總部開會，這可是一家破格的唱片公司，旗下有圖帕克‧夏庫爾（Tupac Shakur）、九吋釘（Nine Inch Nails）等重量級藝人。會議桌一邊坐的是新視鏡唱片的聯合創辦人吉米‧艾歐文（Jimmy Iovine），以及世界知名饒舌和嘻哈歌手的天王製作人安德瑞‧楊恩（Andre Young），也就是大家熟知的德瑞博士（Dr. Dre）。對面坐的則是李美聖（Noel Lee）和李凱文（Kevin Lee）父子二人。李美聖是魔聲公司（Monster）的創辦人兼執行長，公司以生產優質音響線材出名。李美聖能成功，就是因

---

[1] 譯注：作者是藉「國王的新衣」寓言故事，比喻如果有人沒聽出來音色不同，不會當眾承認。

為善於挖掘弱點：顧客的自負。有些人自詡為追求品味的音色鑑賞者，這個心態驅使他們甘心花大錢敗入魔聲公司生產的音響線材，即便音質可能沒有明顯的差異。

但是李美聖自己也有弱點：他的兒子李凱文。凱文與父親不同，他既不像父親一樣是工程師出身，也沒有天生創業家的氣質。凱文在父親公司待了將近十五年，一直試圖有番作為，希望能在事業有成的父親面前得到認同。現在他促成了公司與兩大音樂界傳奇人物會談。這個會議對凱文來說，是手上最好的牌，不僅能幫到公司，還能贏得父親認可。

六個月前，艾歐文和德瑞博士與魔聲牽上線，提出想合作銷售品牌揚聲器／喇叭的想法。雖然李美聖成功說服他們改賣耳機，但雙方無法達成最後的合作共識，以至於艾歐文和德瑞博士改找另一家製造商。現在，魔聲又被請回談判桌，理由不言自明，因為另一家製造商做出的成品就擺在桌上：一副看起來令人傻眼的箱形耳機。這離艾歐文和德瑞博士想要的高階時尚潮流款天差地遠。事實證明，它們的音質**聽起來**也沒那麼有高級感，例如低音聽起來不夠沈不夠力。

李美聖雖然知道最好不要對艾歐文和德瑞博士說：「我早跟你說過了！」但這句話全寫在他的臉上了。他心想，要推出對大眾有吸引力的發燒級產品，你得靠我們魔聲寶貴的產業領域知識。

儘管艾歐文和德瑞是天王級音樂製作人，但他們並不懂消費性電子產品，這可是魔聲的主戰場，讓李美聖有談判的主

場優勢。但李美聖沒意識到的是，德瑞和艾歐文也看出了**他的**弱點：他對兒子的信心有誤。李凱文的天真無知已經讓六個月前的交易告吹，如果李美聖這一次還堅持由兒子負責談這筆生意，他們別無選擇，也只能和他談。不過畢竟他們是來自音樂界，他們可能不懂電子產品，但是他們絕對知道如何簽擬對自己有利的單方契約[2]。

*　　　*　　　*

李美聖的雙親健三（CheinSan）和莎拉[3]（Sara）於一九四八年中國移民到美國。李美聖的父親原是中華民國中央通訊社的記者，但中國共產黨竊據大陸後，便隨中央通訊社經南海退到台灣，之後被派駐美國舊金山，父母兩人到美國後沒幾個月，李美聖就出生了。那天剛好是聖誕節，所以父親將他取名「美聖」。

李美聖和他的四個姐妹自幼在舊金山長大，一九五〇到一九六〇年代是社會文化巨變的年代。儘管這座城市一直在進步，但仍然沒有擺脫舊問題。李美聖說：「我的童年生活很辛苦，因為這裡對亞洲人的歧視非常強烈。」李美聖從小就廣泛涉獵各種音樂曲風，養成什麼都聽的音樂品味。在不影響學校課業下，他還學會了打鼓。李美聖在學業上出類拔萃，在工作上則有著不妥協的信念：「一周七天，一天二十四小時，至

---

[2] 譯注：一個基於一方的希望、意志或利益的契約。
[3] 譯注：健三、莎拉兩人皆為音譯。

死方休。」從加州州立理工大學（California Polytechnic State University）機械系拿到學士學位後，進入勞倫斯利物浦國家實驗室（Lawrence Livermore National Laboratory），從事用於核融合的雷射研究工作。

　　出身自名校，念的又是尖端工程學系，書中自有黃金屋。但對李美聖而言，現在做的不過是一份工作而已。娶妻生子後，他當然也希望有穩定的生活。但就像許多天生的企業家一樣，李美聖覺得白天的工作沒什麼挑戰性。晚上下班和周末放假時，他在一個全由亞裔美國人所組成的「亞洲木頭」（Asian Wood）民謠搖滾樂團演出。記者形容這個樂團：「穿著夏威夷襯衫和白色喇叭褲的寇斯比（Crosby）、史提爾斯（Stills）和納許（Nash）。」如果李美聖不在實驗室操作雷射儀器也不打鼓時，他跟許多科技玩家級音樂發燒友一樣，會自己動手改他的高傳真音響。

　　實驗室給的薪水讓他玩得起不錯的發燒級喇叭組件，但他開始相信每套立體聲系統都有一個共通的關鍵性缺陷：連接組件的**線材**。在那個年代，連結揚聲器系統的組件所使用的線材，與燈具或其他一般家電設備所使用的電線並無區別，都是廉價的細電線。如果買音響設備時，沒有附帶免費電線，那麼大多數的人就會去五金店，從線軸上拉一段大約三十公分一毛美元的「燈泡線」（lamp cord），然後自己把系統串接起來。

　　李美聖愛音樂又是工程師，覺得便宜的電線可能會傷害喇叭的音質，因此開始自己實驗，尋找更好的解決辦法。夜復一

夜，他試著纏繞或編織不同寬度和材料的電線，或者將它們用各種不同的絕緣材料包裹起來，看看是否可以改善音響系統的保真度。柴可夫斯基（Tchaikovsky）的《一八一二序曲》（*1812 Overture*）是他很熟悉的音樂，音域的動態範圍非常寬廣，因此他拿來當作聲音的比較基準。經過無數次的實驗，他發現較高銅成分、編號十二號的粗電線，若有適當的編織和絕緣，可明顯改善音質。至少，**他自己**注意到音色前後的差異。

然而，就在李美聖要進一步研究這個發現之前，夏威夷的一位經紀人向「亞洲木頭」遞出世界巡迴演出的邀請。李美聖馬上抓住這個冒險的機會，打算縱身一躍。儘管有家人支持，這麼衝動的決定顯示他多麼渴望從每天無趣的工作中跳脫出來。李美聖根本不想後半輩子都泡在實驗室裡。

李美聖辭去工作後，帶著老婆和兒子，一家大小到夏威夷與樂團會合，這裡是「亞洲木頭」世界巡演首站。但很不幸，僅僅兩周，這個「世界巡迴演唱會」就被取消了。全家困在夏威夷，沒錢的李美聖，靠著在夏威夷當地零星表演，花了足足十八個月，才賺到三張飛回舊金山的機票。雖然成為明星的夢想還要再等等，但他並不後悔這段經歷。「這讓我從中學到如何做生意，」他這麼說道：「這個生意是，怎麼和烏煙瘴氣的夜總會裡賴帳不給錢的老闆打交道。」因為和巡演機會擦身而過而產生的種種挫折，反倒讓李美聖證明自己能在傳統的工作模式之外，開闢出一條路。這不會像上班族的工作那麼舒服或有安全感，但他現在知道自己有創業的勇氣。回到家之後，李

美聖開始動手包裝「怪獸線」（Monster Cable）的線材——跟燈泡線相比，它的粗度真的如怪獸般畸型——他挨家挨戶得販售。他為激起大家對新產品的興趣，還在貿易展和音響店裡，展示怪獸線和一般線材的差異。

李美聖後來說，怪獸線剛開始是「一個沒人覺得不妥的問題解決方案」（或者如他的兒子李凱文所說的「對治無病的藥方」）。一九七八年，業界最重要美國消費性電子展（Consumer Electronics Show，CES）在芝加哥舉辦，李美聖向其中一家公司分租一張展桌。為了說服那些玩家相信他的產品價值，他來回切換兩個分別用普通燈泡線、怪獸線連接的系統。李美聖透過這些現場示範，展示他對於音響玩家心理有不可思議的解讀能力。如果裡頭有人**無法**分辨音色差異，他們八成不會在同好面前承認。因為，萬一其他人的耳朵都能輕易地聽出哪裡不同，他們該如何自處？

第二年，李美聖拿出五萬美元的積蓄，在消費性電子展有了自己的展位。這很冒險，但他賭贏了：魔聲拿到了三萬條怪獸線的訂單。手中這筆怪獸級的大訂單，讓李美聖獲得二十五萬美元的商業貸款，也得以在舊金山郊外租一家工廠，稱自己是新公司的「魔頭」（Head Monster）。

李美聖知道，若要讓他的產品盡可能接觸到更多人，關鍵在於零售端。怪獸線完全反應衝動性購買行為。顧客一看到鍍金的插頭，馬上眼睛一亮。他用奢豪的包裝、流線型走道陳列來提升產品的顏值。接下來，他積極地四處鋪貨以便增加產品

曝光率,從一般的音響店到全國性電子連鎖店,甚至是折扣超市都看得到怪獸線。這樣做的結果是,李美聖把原本只侷限在少數玩家的高傳真音響世界大眾化了——現在任何人都能夠負擔得起原本價格過高的音響配備了。

魔聲進場的時機非常理想。從一九七〇年代末期到一九八〇年代,高傳真音效是許多玩家追求的目標。然而,大多數發燒級音響組件,例如高端黑膠轉盤和接收器,對於普通消費者來說遙不可及。但是,即使不可能組裝數千美元的頂級重低音喇叭,卻有可能失心瘋買下一條從沒聽過而每三十公分六毛美元的優質線材。與其他線材相比,怪獸線是奢侈品,但是與新喇叭相比的話,它們很便宜。況且誰知道會發生什麼事?也許這條花俏的電線真的能提升那台普普通通又升不了級的立體聲音響呢?。

三十美元的電線並無法翻轉整個市場生態,但平均每條魔聲線材的毛利為四五%,跟其他大多數毛利為三〇%的音響產品比起來,這對零售商來說更有賺頭。他們喜歡魔聲線材還有另一個原因,因為它們不會排擠現有市場。如果魔聲線材推不出去,最終也不過是給顧客搭贈燈泡線。從這個角度思考,所有售出的魔聲線材對店家來說都是多賺的。另一方面,對於音響發燒友來說,昂貴的新系統和優質線材相得益彰,再自然不過。再說,相對於新設備的總價,這只是零頭。正如技術分析師馬丁・雷諾(Martin Reynolds)所說,如果你打算掏一大筆錢買立體聲音響,「你會想省那一點線材的錢嗎?」

　　魔聲線材是否真的大大改善高傳真立體聲系統的音質呢？在早期的貿易展上，許多玩家很自豪堅信他們可以聽出其中的差別。由於李美聖本人玩音樂，加上注重細節的工程師性格，極有可能他自己真的聽得出重大差異。但是大多數人，甚至自稱是專業發燒友的人，耳朵沒這麼尖。《聲色》雜誌（*Sound & Vision*）的特約技術編輯湯姆‧努薩因（Tom Nousaine）說：「沒人能從工具箱中認出這種特別的線材，」他多年來一直在做比較。「購買揚聲器線材最好的地方是家得寶（Home Depot）。」不過，愈來愈多的發燒友可不這麼認為。李美聖隨後大聲疾呼：「我們是將商品化的商品去商品化。」

　　李美聖打從一開始的座右銘就是「耳聽為真」。在發燒友市場中，你聽到的經常就是你**期望**的理想音效。而視覺會放大這個效應，甚至壓過實際的音色。怪獸線跟其他線材相比，外觀看起來更結實牢固，何況它還配了鍍金的插頭。它們**看起來**真的應該會改善聲音的品質。而且，如果你聽不出來，會向銷售員投訴嗎？如果**他們**真的聽得出來呢？試想，如果其他人都聽出來了，就你沒有，該如何是好？抱怨線材的下場可能是，每個人都發現，原來你的耳朵不像你想的那樣尖。

　　李美聖在有了第一線銷售立體聲音響的經驗後，知道該如何激勵銷售員。他為銷售員建立特別培訓計畫，並提供諸如免費渡假的銷售獎勵措施。李美聖投入公司總收入的一五％在這些計畫上，遠遠超過能直接接觸消費者的廣告。他知道在購買過程中，消費者在哪個點上最容易受到推銷的影響，因此把精

力全集中在這個點上。

在李美聖的領導下，魔聲經歷一九八〇年代的成長期，他發現有愈來愈多的方法能讓品牌橫跨整個消費電子產品類別，例如成立怪獸照片（Monster Photo）、怪獸遊戲（Monster Game）和怪獸電腦（Monster Computer）等不同產品部門。他甚至連顧客口袋最後一分錢都不放過，還推出怪獸涼糖（Monster Mints）——這是排隊結帳時，會扔到購物車中的最後一個商品。一九九七年，魔聲年收入達五千萬美元，在加州和以色列（Israel）共有四百名員工。公司產品多元，已推出上千種影音、遊戲產品。

在音響玩家圈，魔聲的名聲響噹噹，接下順理成章想嘗試自製音響組件。但是李美聖已經等了很久，還是無法將魔聲這個品牌從音響喇叭的線材拓展到真正的音響喇叭。人們聽音樂的習慣改變正重塑這個產業。可攜式卡帶播放機興起，代表多組件、高傳真立體聲系統的時代即將走入歷史。索尼數位隨身聽（Sony Walkman）尚無法完全取代立體聲系統——每個卡帶只能播放一個小時的歌曲，音質也不行，甚至最陽春的唱盤和音響喇叭都比它好。但是隨著二〇〇一年蘋果公司推出iPod，你可以在口袋裡放幾千首歌曲，然後以數位保真度的品質播放。iPod 的每個新版本都意味著大眾可以隨身攜帶愈來愈多自己收藏的音樂。大家開始翻錄 CD 上的音樂，甚至從網路下載盜版音樂。他們真的需要那種巨大的音響系統，以及那些占據客廳空間的唱片和 CD 嗎？行動式聆聽體驗，正在迅速

取代在家聽音樂。

當魔聲的喇叭吸引不了人，李美聖看出喇叭的前景不妙。「大音箱沒戲唱啦，」他說，「求售大音箱這條路已一去不復返。（你）再也無法帶著音響回到往日的榮光，因為它的尺寸太大了，而大家習慣聽音樂的場所也跟它格格不入。你不可能隨身帶著大音箱去健身房或搭地鐵。」然而，這不表示人們不再需要高品質的聲音。李美聖仔細研究了 iPod，就如同他在一九七〇年代鑽研音響系統一樣，他又發現了一個缺陷：那些最經典的白色耳塞式耳機。就像揚聲器製造商為高檔組件搭贈的爛「燈泡線」一樣，蘋果公司也把音質差的便宜耳機和前衛的數位音樂播放器綁在一起。如果只是用小小不起眼的耳機收聽，再清晰的音源又有什麼意義呢？這正是魔聲可以利用的漏洞。正如李美聖所說，「耳機就是新一代的音響喇叭。」魔聲開始開發自己的耳機系列。李美聖再一次向消費者兜售他們不用另外花錢買就有的東西。

此時，李美聖正培養自己兒子李凱文擔任領導職務。李美聖有段時間讓兒子負責魔聲一家子公司，專門設計生產可隱藏家庭式電影院設備的家具——可收納重低音音箱的桌子，坐墊還會隨著電影爆炸場景而振動的沙發。在二〇〇六年，李美聖將兒子派往洛杉磯，責成他說服流行歌手能以魔聲的新音頻格式發行音樂，這種格式可替代 mp3 並支持高解析度音樂。他告訴兒子：「你一定要拿到亞瑟小子（Usher），瑪麗·珍·布萊姬（Mary J. Blige）和 U2 樂團。」這不是一件小事，而

李凱文只做到了跑腿的工作，在其他知名巨星中，他設法聯繫流行音業界最具影響力又知名的大老艾歐文。雖然魔聲的新音頻格式提案失敗，它卻帶來更有潛在價值的東西：和新視鏡唱片董事長及其合夥人德瑞博士坐下來談生意。

＊　　　＊　　　＊

如果音樂下載風潮讓消費性電子市場泛起漣漪，它正對音樂產業掀起海嘯。盜版猖獗連同合法線上音樂銷售正在侵蝕整體的利潤──這是史上頭一遭消費者能在整張專輯裡，只買他們想要聽的歌曲。

德瑞博士除了是加州饒舌團體 N.W.A 的創始成員和個人暢銷白金藝人之外，在過去二十年來一直是流行音樂界最成功的製作人之一，他的位階甚至超越像饒舌之神阿姆（Eminem）這類巨星。隨著音樂產業的經濟型態遞變，德瑞的律師建議他以代言運動鞋的方式另闢財源。那時，他在聖塔莫尼卡（Santa Monica）的海灘上正好遇到老朋友和生意上的夥伴艾歐文。他們聊到了代言這件事。當時，德瑞說了一句：「他媽的什麼運動鞋，我們應該來搞音響才對。」這是靈光乍現的生意靈感。如果德瑞能夠把他的名字放在利潤豐厚的高級音響上，那麼他賺進的錢將遠遠超過代言運動鞋。但是誰真的會**做**這種音響？誰了解市場？誰又對高級音響設備瞭若指掌？

過不久，這兩人聯絡上李凱文，這似乎是天註定。多年來，魔聲一直利用名人聲勢助推自家高級音訊產品，在消費性電子

展上找來許多藝人、舉辦星光熠熠的活動，甚至製作專輯。他們合作起來應該天衣無縫，因為魔聲能幫助對消費性電子產品一無所知的兩個人，從無到有打造新的音訊品牌。

在與艾歐文和德瑞會面之前，李美聖心中已經有底，揚聲器市場是條死胡同，耳機才是未來。但是眼前的大人物和音樂人對此一無所知。「他們不知道為什麼人們不想買喇叭，」李美聖說，「（他們）自己有大喇叭音響，而且都是在錄音室裡。」李美聖解釋說，高級耳機就像高傳真音響喇叭一樣，你可以戴在頭上到處趴趴走。就像運動鞋一樣，它們也可以成為一種時尚宣言，這代表如果有對的設計，當然再搭配大量的明星代言，就能喊出比原本價值還要高的價格。李美聖運用推銷員的手法，當場讓他們試聽魔聲開發的原型耳機，它沉穩的重低音讓德瑞相當驚豔。同時也說服了艾歐文和德瑞同意合作的新方向。

不過，李美聖派出兒子和兩人談判，無異是把兒子扔進池子的深處。李凱文一方面像父親一樣從未讀過商學院，除了魔聲工作外，李凱文沒有任何其他商業實務經驗，但是另一方面，他不曾像父親一樣必須闖天下。現在，他要與一個精明而又強悍的企業家艾歐文面對面。李凱文急切地希望達成交易，但他的製造成本就是無法符合新視鏡唱片的偏低報價。魔聲才剛因為自身投資音響事業失敗，損失五千萬美元，被迫裁員一百二十人，還把生產線搬到墨西哥。新視鏡唱片子在拆帳比例上獅子大開口，魔聲根本做不到。然而，艾歐文和德瑞在這

場談判中握有絕對的主導權。在他們看來，魔聲不過是合夥候選人之一罷了。當魔聲要求更合理的拆帳方式時，艾歐文悶不吭聲。接下來，他回電給李凱文：「我們很不願意這麼做，但這筆生意要給別家做。」

然而六個月後，艾歐文的備選廠商沒做成功，而四個人又回到艾歐文的辦公室。艾歐文的桌子上放著由魔聲的競爭對手設計的原型耳機。這個時候，艾歐文和德瑞想出一個很讚的品牌名稱：Beats by Dre。桌上的耳機就是他們投入六個月後的成果。原本它應該代表一種時尚宣言，但現在根本是時尚災難。這個耳機戴在頭上一點也不好看，名人不可能戴這些耳機，所有的心血都白搭了。此外，它們的音質聽起來也沒想像中的好，尤其這還是艾歐文自己的專業意見。德瑞本身也是發燒友，肯定也這麼覺得，否則他就不會爬回來找魔聲了。

毫不意外，李美聖在這段期間已打算冷處理這個合作案。在被壓低拆帳比例，接著還被競爭對手做掉之後，他「沒那麼一頭熱了」。但是，兒子李凱文仍然滿懷希望要促成 Beats 和魔聲合作。因此，李美聖再次讓兒子負責談判。這次，李凱文決心不讓心血白費，轉而採取激進冒險的策略：在手上沒簽好協議之前，就開始開發產品線。李凱文後來說：「當時我們還不清楚要生產什麼，產品是什麼價位，（還有）成本多少。」在父親不知情或者說未批准的情況下，李凱文在艾歐文和德瑞同意這筆交易之前，就已經動用魔聲數百萬美元，投入開發 Beats by Dre。李凱文的團隊整合德瑞和艾歐文的反饋意見，

前前後後迭代開發了數十款原型耳機。李凱文心裡以為，先搞定產品的話，顧客就跑不掉了。

不過，李凱文一廂情願想促成合作的決心，在某個時刻變成是恐慌。他驚覺魔聲負債有多麼嚴重——所有這些原型，甚至已經開始量產的庫存——都還沒有白紙黑字的合約。他說：「這件事的嚴重性遠超過違抗父親的命令，（我就要）失去他對我的信任了。我已經有數百萬美元的庫存，他會殺了我。」李凱文知道自己必須向父親坦白，但他希望負荊請罪時，手上至少是有簽字的協議。他去找了德瑞和艾歐文，急忙地跑完合約的協商流程。由於李凱文急於解決自己最初的判斷失誤，在談判桌上，他單獨一人面對艾歐文和老練的公司律師團隊，而他們充分利用他情急之下拼死一搏的決心。李凱文在還沒完全了解條文內容前，就簽下這份極其複雜的協議，其所衍生的後果完全超出他的想像。

到目前為止，李凱文可以鬆一口氣，他算是脫身了。這筆交易使魔聲和 Beats 之間有了正式合作的關係，他的父親可能因此會原諒他先前的魯莽衝動。魔聲將負責製造和經銷，而艾歐文和德瑞將從 Beats 品牌和名人授權獲得一九％費用回報。但非常關鍵的是，該交易使得魔聲為 Beats 所開發的一切，全部都歸艾歐文和德瑞所有。它還包括「變更控制」（change of control）條款：如果另一個實體掌控了 Beats，魔聲和 Beats 之間的製造和經銷協議將會終止。Beats 從此自由了，想幹嘛就幹嘛，也無需賠償魔聲。

　　儘管今天大多數 Beats 粉沒有意識到這一點，但 Beats by Dre 耳機在二〇〇八年推出時，其實是與魔聲合作的，最早的標誌性紅色 B 下方都有一個小小的魔聲公司標幟。這款新耳機體積大（但不算太大）、閃亮亮的，而且色彩繽紛，即使評論家嘲笑價格太高而且低音過於沉重，它還是紅極一時，一推出就成為一種身分象徵。至於 Beats 是否是這個價位裡最好的耳機——還是它的品質真值得這個價錢——這些都是次要的。它們成為一個新類別：作為文化身分象徵必備的耳機。這主要是因為在消費性電子產品中，沒有人能搭得上像艾歐文和德瑞那樣聲望等級的名人。李凱文說：「每一個音樂視頻中都會出現 Beats 耳機。」該公司甚至為女神卡卡（Lady Gaga）和小賈斯汀（Justin Bieber）等流行天王天后推出簽名款。李美聖相當清楚這裡頭賣的是什麼藥，因為他也使用過相同的策略來打造魔聲：顧客聽到他們的眼睛和大腦告訴他們應該聽到的聲音。只需告訴消費者他們正在收聽世界上最好的耳機，就可以改善他們的主觀體驗。那麼，什麼叫「世界上最好的耳機」呢？會不會是看到每個知名且富裕的音樂人都戴著一副一樣的耳機？

　　這個策略果然奏效。似乎一夜之間 Beats 在城市的街道上無處不在，頭一年就售出四十萬副耳機，創造二億美元營收，這只是成功的開始。在名人飽和戰略的推動下，Beats 在二〇一一年的銷售額突破了五億美元，在高階耳機市場占據過半江山，其與勒布朗‧詹姆斯（LeBron James）等運動員的合作關

係也讓體育迷戴上了 Beats。「現在這個時代，如果沒有品牌加持，」李美聖說，「你就玩完了。」

結果是，魔聲還是玩完了，不過是出於另一個原因：李凱文未經謹慎審查就簽下的合約。二〇一一年八月，艾歐文和德瑞以三億零九百萬美元，將 Beats 五一％的股份賣給了台灣的宏達電（HTC）。根據那討厭的「變更控制」條款，所有權結構一有變動，魔聲和 Beats 之間的製造和經銷協議將會立即終止。當 Beats 離開時，它也帶走了魔聲的專利和設計。魔聲已經被搞得如此狼狽，然而更糟糕的還在後頭。Beats 還想改寫與魔聲在一起時的歷史。該公司開始否認魔聲在產品設計裡有發揮任何作用，聲稱魔聲只不過是幫 Beats 採購零件和材料供其使用而已（魔聲後來向記者提供了包括機密設計文件在內的檔案，為此事件留下自己的故事版本，而不是只有 Beats 單方的說法）。

但是德瑞和艾歐文的精心設局可還沒完。一旦「變更控制」條款生效後，他們便火速地從宏達電手中回購了公司的控制權，這才下完他們精湛謀策的最後一步棋。二〇一四年，他們說服蘋果以三十二億美元的現金和股票收購 Beats——這是蘋果歷史上最大的一筆收購案。多虧有宏達電這段頓挫的曲折妙計，所有這些現金和股票都歸到艾歐文和德瑞的口袋。他們從堪稱消費性電子產品歷史上最賺錢的交易中，巧妙地除掉了魔聲。

起初，李美聖對這一消息給予正面的評價。「當下的反應

是，艾歐文和德瑞真是賺到了！」他說。「能賣到如此高的價格，我們很替他們高興。同時我也在想，魔聲的價值在哪裡。」但是李美聖最終還是覺得他不能忍受被這樣耍著玩。他在加州法院提起訴訟，指控德瑞和艾歐文故意轉移公司所有權，以便觸發條款、排除魔聲，進而從魔聲竊取 Beats 的設計、製造和經銷權利。根據李美聖的講法，宏達電董事會成員承認，收購 Beats 的股份是故意製造的「假象」，目的是要在蘋果收購 Beats 之前，將魔聲踢出去。德瑞和艾歐文早在二〇一一年就一直在爭取蘋果的收購，但他們希望在這件事發生之前獲得 Beats 的完全所有權。在法庭上，Beats 提出了不一樣的佐證：魔聲同意以「變更控制」條款，換取更大比例的收益分成。由於揚聲器做不起來，實體零售又下滑，魔聲將短期收益擺在優先位置。現在，它要為此付出代價了。最後，法院判 Beats 贏——無論李凱文是否理解這些條款的後果，但他終究還是簽下這個條款。魔聲被勒令以一千七百五十萬美元支付律師費用和賠償金。

李美聖說：「我們設計、我們製造、我們行銷，但我們徒勞無功。」李美聖除了覺得有人欠魔聲價值九位數的股份之外，對於還不斷有人放話說魔聲對於這個時下最受歡迎的耳機沒有任何貢獻，他感到超級火大。「他們從一個了不起的商業故事中抹去了魔聲，」他說，「那是不對的。」儘管遇到這麼大的挫敗，李美聖還是沒放棄耳機。他宣稱：「無論有沒有 Beats，我們都可以成為耳機界的蘋果。」魔聲繼續推出純魔

聲（Pure Monster Sounds）系列耳機，李凱文甚至從魔聲分離出來，和朋友共同創立自己的耳機製造公司首耳共和國（SOL Republic），並在二〇一七年回到父親的公司之前，賣了這家公司。

最終，利用別人弱點的人，他的弱點也被利用了。「我覺得我們沒有得到市場認可，」李美聖說，「我們從 Beats 的歷史中無端消失了。我們是創辦人，多數大眾只聽過單方面的故事，他們甚至不知道魔聲參與過這段耀煌的歷史。」由於魔聲過去依賴的實體零售商已經一一關門，它正處於兵荒馬亂，產品的銷量隨後跳水式下跌，並且在過去十年中解雇了大部分員工。對於魔聲而言，與 Beats 的合作，是要帶它通往高級音訊產品這個新世界的橋樑。當那座橋倒塌，它發現眼前沒有任何誘人的選項可選後，開始草率地投入像線上賭博和加密貨幣這類技術來維持生計。李美聖大無畏地將自己的財產重新投入魔聲，以求重整旗鼓。「我們早就應該倒了，」李凱文說，「我父親只關心魔聲和事業。基本上他把過去在魔聲上賺的錢，重新投注在魔聲。」魔聲唯一的希望也許可以寄託在找到下一個可利用的新弱點。時間會證明雷電是否能擊中第三次。

CASE 17

破繭西南飛：大家的西南航空

多年來，德州（Texas）聖安東尼奧市（San Antonio）的豪華酒店聖安東尼（St. Anthony Hotel），接待過許多知名人

士，其中包括至少三位總統——小羅斯福、艾森豪和詹森。不過今晚沒有國家元首在此品嚐馬丁尼。一九六六年春天的一個傍晚，兩名男子一同在酒店的酒吧喝著威士忌，這兩人雖不出名，但都有著雄心壯志。

兩人之中，羅林‧金（Rollin King）已算是人生勝利組。這位三十五歲的投資者幾年前買下了「野雁飛行服務」（Wild Goose Flying Service），這是包機業務，主要載乘聖安東尼奧市大人物在德州各地飛行，大部分的行程都是要去狩獵。包機更名為西南航空（Southwest Airlines）後並沒有賺錢。現在，金有個更好的主意。一旁的赫伯‧凱勒赫（Herb Kelleher）正哈著煙，沈浸在他常喝的野火雞波本威士忌（Wild Turkey bourbon）裡。儘管凱勒赫抱持懷疑的態度，但還是決定不妨聽聽金的想法。嚴格說來，這就是他的工作，因為他是金的律師。一位想要讓客戶滿意的律師，並不一定要說出自己真實的想法，尤其是當他真心覺得客戶的想法「蠢斃了」。

從表面上看起來，羅林‧金的包機事業絕對沒問題。德州是僅次於阿拉斯加（Alaska）的第二大州，面積超過六十四萬平方公里，也像加州一樣，大城市之間相距甚遠，包機本來就是很合適的州內航空旅行業務。但金卻說西南航空有問題。一方面，它靠的是速度較慢的螺旋槳飛機，而不是大型商業航空公司那種噴射機。然而，包機所以失敗，**正因為**它是包機。金認為包機設定服務的對象太少了，因為它只專注於會去打獵的有錢人。從自己個人經驗來看，他知道在德州主要大城市之間

飛行有多麼痛苦。而政府對航空公司的監管，造成他們之間缺乏競爭。沒競爭的結果就是航班常取消、行李常丟失，最糟糕的是，機票價格過高，只有像他這樣的商務人士負擔得起。但是如果搭飛機旅行既可靠又平價的話，那麼數以百萬計的德州人將會很樂意從達拉斯（Dallas）飛往休士頓（Houston）探望家人，甚至從休士頓飛往聖安東尼奧參觀阿拉莫（Alamo）古蹟。如果有一家公司能提供可行方案替代長途開車，那麼潛在需求會很龐大。

金解釋說，他想打造一間服務完整的商業航空公司，而且只飛「德州三角地帶」（Texas Triangle）：達拉斯、聖安東尼奧和休士頓（這個三角形經常被說成最初是在雞尾酒餐巾紙上畫出來的，金後來否認這個說法）。凱勒赫對他的想法嗤之以鼻，只好將注意力轉回到他的波本威士忌上，但金似乎不為所動。如果其他航空公司唯一的弱點是他們不開心的顧客，那麼這計畫將永遠沒希望。畢竟，金或凱勒赫對航空業又了解多少？但是，還有更大的一個漏洞可乘隙而入，就是美國航空旅行系統本身的一個漏洞：**聯邦法規僅適用於州際旅行**。如果一家公司僅在德州城市之間飛行，那麼它可以避開聯邦管轄範圍，以自己喜歡的方式營運。它可以用其他航空公司做不到的價格挑戰競爭對手。

喔！聽起來很有趣，凱勒赫放下了波本威士忌。一個幾乎沒有任何航空業經驗的人，居然要開航空公司，表面上看似很瘋狂。但是，也許只要考慮得夠周延，就能找出夠大的漏洞進

軍航空業。

可以肯定的是，其他航空公司不會束手就擒。這將會是千載難逢的法律訴訟戰。身為經驗豐富的律師，凱勒赫發現自己一想到要打法律戰時，內心有股熱血開始躁動，當然也可能只是那杯野火雞的作用罷了。無論什麼原因，兩個人決定繼續前進，看看這個構想是否飛得起來。

＊　　　＊　　　＊

出乎意料的是，西南航空是旅遊業中最受歡迎的品牌之一。自成立以來，它可一直都是業界最凶狠的競爭對手。西南航空一次又一次冷酷無情地利用航空市場中的漏洞。一路走來，卻又能塑造出良善又慷慨的形象，不亞於任何高獲利的大公司。一家如此積極強勢的航空公司，不僅它的顧客，甚至自家員工，對於公司評價是溫馨又舒適，它是如何辦到的？

就像另一個極具品牌吸引力的零售業巨頭亞馬遜一樣，西南航空以顧客至上來做到這一點。例如，隨著一家家大型航空公司陸續對托運行李收費，西南航空仍然允許每張機票可免費托運兩件行李。然而，這種看似慷慨的好康並非全然無私。一位西南管理層說：「競爭對手給我們送了大禮。華爾街批評西南航空不收行李費。而我們決定，與其吞下批評的誘餌，轉而收取三或四億美元的行李費，不如我們將此誘餌留給其他人，這樣我們就可以到處宣傳西南航空是最超值的公司。」西南航空沒有屈服於投資者的壓力，反而發起了一個新廣告：

「行李免費飛」（Bags fly free）。這項決定和隨後的廣告帶進了十億美元的新營收——這是收取行李費的額外收入的兩倍多——而且還增加幾個百分點的市占率。

如今，西南航空在美國境內的航線中占主導地位，乘客量比其他任何一家航空公司都多。其中有數百條航線，西南航空是唯一的選擇。而前一百大的航線中，每三個航班中就有兩班是西南航空，這個比例遠高於航空業的平均值。雖然西南航空始終將自己定位為不被看好的小公司——像大衛對抗飛行的巨人歌利亞——但長期以來一直是美國境內最受歡迎的航空公司，而且這項成就並非僥倖。它並不止於利用金所發現的聯邦航空法規漏洞，對於競爭對手的每一個缺點，它一旦發現即果斷出擊，幾乎無人可及。正如 P・E・莫斯科維茨（P. E. Moskowitz）在旅遊雜誌《轉變》（*Skift*）上寫道，「西南航空發現市場、建立市場，然後無論是利用價格競爭、顧客優惠，還是通過訴訟，無情地排擠競爭對手。」

「西南航空之所以那麼成功，因為它們是第一個進入二線市場的航空公司，然後像葛藤一樣蔓延開來，」航空業研究小組負責人亨利・哈特維爾德（Henry Harteveldt）說。「他們占據飛機場內所有他們要飛的登機門，有效地阻擋了其他的競爭者。」

這些戰術都是後話。回到一九六六年的酒吧，凱勒赫發現自己對金的想法很感興趣。他的律師事務所其實做得很好，但凱勒赫有更大的野心，其實他來德州就是為了實現夢想。凱勒

赫和金都不是孤星州人[4]。凱勒赫在紐澤西州長大，在衛斯理大學（Wesleyan University）主修哲學和文學，然後以全班第一名的成績，從紐約大學法學院（New York University School of Law）畢業。在紐澤西州最高法院為大法官擔任文書工作一段時間之後，他和妻子瓊·內格利·凱勒赫（Joan Negley Kelleher）於一九六二年搬到德州。這對他們倆來說都是一個大決定。他後來說，「瓊把德州介紹給我，然後我就……愛上了它。」瓊的家族擁有德州數一數二的大牧場。「瓊從未催促我離開紐澤西搬去德州，但我內心一直都想創業，有天晚上我回到家，我對瓊說，我想我要搬到德州，因為對創業者來說，我認為到德州的話機會更多。她聽完後，一絲淚水滑過了她的臉龐，接著我們就來到了德州。」凱勒赫想幹一番大事業，而這個航空事業的機會似乎潛力無窮。但是，他是金的律師，當然知道這不是他的客戶第一次提出不切實際的蠢計畫。這計畫需要經過周密的審查。航空公司不是只要一兩架飛機那麼簡單。

不過這一次金會提出這個概念，並非天外飛來一筆。他從來往的銀行家約翰·帕克（John Parker）那裡，注意到加州一家航空公司，該航空公司用類似模式做得很成功，飛機就在加州的城市之間穿梭，以便逃避聯邦法規的約束。這些規定於一九三八年隨著民航局（Civil Aeronautics Board，CAB）成立而生效，民航局有權控管票價和航線。在民航局管轄範圍內，

---

[4] 譯注：孤星州（Lone Star State），指德州，因州旗有一孤星而得名。

無論你選擇哪家航空公司、提前多久買的早鳥機票,從紐約到芝加哥的票價都必須相同。在這些規範下,除了硬體舒適度和軟體服務外,沒有任何誘因激勵航空公司在其他方面相互競爭。負擔得起機票的少數人(當時只有不到五分之一的美國人坐過飛機),是根據兩腿能伸展的座位空間或機上餐點的好壞來選擇航空公司,而不是價格。

在旅館酒吧威士忌之夜的隔天,凱勒赫下定決心要幫金實現這個計畫。第一件事是募資。凱勒把注意力改放在為這個新事業尋找投資者。在短短幾個月內,這位善交際又有背景的律師——老婆娘家在德州的勢力可是根深蒂固——從德州一些企業大老和政界領導人那裡籌集了超過五十萬美元。金於一九六七年將公司整合為西南航空(Air Southwest),不久便取得德州航空委員會(Texas Aeronautics Commission)批准,得以在該州營運飛航業務。到目前為止,一切都順風順水。但沒多久,這家新創公司就遇到強勁的逆風迎面襲擊。三家競爭對手——布蘭尼夫國際航空(Braniff International)、美國大陸航空(Continental Airlines)和跨德州航空(Trans-Texas Airways)——控告西南航空,他們主張德州市場已容不下第四家航空公司。

三年來,凱勒赫接下多達三十一宗的訴訟,這一輪猛攻「激怒了」他。其他航空公司還以為他們嚇到西南航空了,但他們這實力懸殊大魚吃小魚的攻擊,只會讓紐澤西出身的頑固律師鬥志更燃。就像希臘悲劇般:在設法碾壓西南航空過程

中，同時在催生自己未來的威脅。「憤怒可以聚集為一股巨大的動力，」凱勒赫說，「對我而言，這就是理由。」

當法律訴訟費用吞噬了西南航空的創業啟動金，公司董事會要求金放棄該業務。「諸位先生們，讓我們與他們再拼一次，」凱勒赫在一九六九年的董事會會上對所有人說，「我會繼續在法庭上代表公司，而且我將延遲向公司收取任何法律費用，並自掏腰包支付每一分訴訟費用。」一九七〇年，德州最高法院做出了有利西南航空的判決。當對手提出上訴時，美國最高法院拒絕審理此案。西南航空獲得勝利。經過這次激烈審判，布蘭尼夫國際航空及盟軍反倒幫了西南航空一個天大的忙，讓公司在新聞界和航空業的圈子內，樹立一個不妥協又頑強的後進之秀的形象（後來，美國司法部以反托拉斯罪名起訴其他航空公司。從政府的觀點，他們以法律手段攻擊這家新航空公司，以及抵制西南航空供應商、阻礙飛機加油等戰術，構成了反競爭行為）。

西南航空在跑道淨空獲准飛行後，卯起來於短短一百二十天內，就讓一條航線起飛。這需要飛機、機場登機門、燃料，還需要人：機械技師、空服員和飛行員。當然，它最需要填補的位子是執行長。金本來一直打算親自領導公司，但他在最後一刻決定，這對公司的投資者不公平。畢竟他沒有在大型航空公司內擔任任何職務的經驗。董事們決定聘請航空業老兵拉瑪·穆斯（Lamar Muse）。穆斯大膽而自信，多年來曾為包括跨德州航空在內的多家航空公司效力，五十歲時退休。但自

退休以來，他反而閒不下來。實際上，他非常想再好好幹一場。
無怪乎凱勒赫會粉上他。

　　「他正是我們所要找的人，」凱勒赫談到穆斯時說道。
「他很悍，也不墨守成規。」一九七一年一月，當穆斯出任執
行長時，整家西南航空資金告急，銀行只剩一百四十二美元，
而未付票款高達八萬美元。穆斯個人投資五萬美元，並籌集了
二百萬美元買飛機。由於當時不景氣導致生產過剩，波音公司
（Boeing）恰好背著三架多餘的七三七─二〇〇飛機。穆斯得
以折扣價買下了這些飛機，波音公司甚至為此交易提供九成貸
款。經濟低迷也意味著就業市場充斥著失業的專才，所以西南
航空很有機會招聘到業內最好的人才。這間公司的運勢終於有
翻轉的跡象。

　　但或許霉運還沒走完。布蘭尼夫和德州國際航空（Texas
International）使出殺手鐧，想方設法拿到緊急限制令，阻止
西南航空起飛。但是凱勒赫成功說服德州最高法院，命令下級
法院的法官不可執行此限制令。第二天，穆斯抵達達拉斯勒夫
機場（Love Field），監看首航。儘管最高法院下達命令，但
如果警長還敢來阻止的話，凱勒赫給西南航空新任執行長的法
律建議再清楚不過：「如果有必要，你可以他媽的從他身上碾
過去，把胎痕留在他的制服上。」最後，沒有出現流氓警長，
西南航空的首航從達拉斯起飛，公司首批兩名乘客登上飛機。
在第一天營運的剩餘時間裡，三架飛機（大部分是空的）從達
拉斯飛往聖安東尼奧，以及從達拉斯飛往休士頓（德州三角地

帶中的聖安東尼奧－休士頓那一段於那年十一月開通）。

從這家小小航空新星所遭遇到的抵制規模，間接說明金所發現的漏洞價值驚人。儘管初期的乘客不多，但西南航空及競爭對手都知道未來潛力是巨大的：西南航空是遊戲中唯一無需遵循相同規則的玩家。即使飛機降落時，機上沒有幾個是付費的乘客，凱勒赫後來說他一生事業中最重大的時刻是「經過四年的訴訟後，當西南航空第一架飛機降落，我走上飛機親吻了它。潸然淚下。」

當時航空公司是以就這麼多的人會來搭乘為經營前提，在這麼小的餅當中，集中火力去爭奪最大的一塊。然而，西南航空從一開始就追逐市場上沒人會去搶的部分：數以百萬計的開車族。「我們有點算是顛覆者。」一位行政主管說，「長途旅行確實是為少數精英保留的，也的確很貴，大多由旅行社安排。而我們採用了新模式翻轉這個市場。」

以用過的東西來說，要讓消費者嘗試新品牌很簡單，但若是沒用過的產品或服務，便是做生意最難的挑戰之一。一般的德州民眾根本就不會考慮搭飛機旅行。即使是低價促銷，要說服人們搭飛機，遠比金所預期的要困難得多。西南航空在交機後僅幾個月，就迫於無奈出售第四架波音七三七－二○○飛機換現金。

然而，西南航空沒有因此減少航班，公司想出一套流程，飛機在登機門一次只停留十分鐘，而不是一般常見的半小時或更長時間。西南航空採用這個後來成為核心戰略的方法，放棄

業界標準程序。如果公司不必遵循與競爭對手相同的法律規範，那麼它當然也不必走相同的登機流程。西南的飛機開始從登機門拉出足夠遠的距離，以至於它們可以在不用飛機拖車推動的情況下駛離。乘客不用走登機空橋，改在停機坪上排隊登梯上飛機。實際上，乘客甚至可以在飛機到站前排隊，並在原飛機乘客下機時，用另一扇門開始登機，並且同時裝卸行李、檢查系統和燃料補充。與商業飛行的標準操作相比，西南航空公司的登機程序，開始傾向類似一級方程式賽車（Formula 1）維修人員的工作方式。

西南航空在早期就知道布蘭尼夫和大陸航空不是他們的真正對手：福特和雪佛蘭才是。市場定位要發揮效果，就得了解顧客的選擇範圍。像德州三角形這種相對較短的飛行距離，大多數人真正選擇的是應付得來的長途開車。西南航空為站在有利位置對抗這種選擇，必須降低成本，並消除飛行過程中所有不必要的阻礙。搭乘飛機當然不可能像爬進車廂那樣容易，但如果能排除不必要的一切（如煩人的費用和多餘的服務造成延誤），可能就差不多了，諸如用花生包代替餐點；機票就是買票的收據，它背面還印有「我就是機票」（This Is A Ticket）的字樣；座位是先到先坐的自由座；登機門只留一位服務人員，而非一貫以來的三位。

西南航空在休士頓的國際機場營運得並不順利，因此公司開始改往規模較小較舊的霍比機場（Hobby Airport）起降。其他航空公司於一九六九年就離開霍比機場，前往較新的國際機

場。儘管霍比機場沒甚麼航班且老舊過時，但距離市區更近，從那裡出發的短程州際航班會更具競爭力。這個做法相當成功，搭機旅客大增一倍〔數十年後，捷藍航空（JetBlue）運用類似空隙，從較小、較少使用但許多旅客更喜歡的機場起降，而不是像芝加哥和紐約這類大都會裡擁擠的大型樞紐機場〕。當布蘭尼夫和德州國際航空想要奪回市場，又將一些航班遷回霍比機場時，他們只是提醒了旅客為什麼比較愛西南航空的原因。西南航空不僅票價較低，而且航班準時，在售票櫃檯也不用等待。沒多久其他航空公司便從霍比機場敗退，而西南航空獲勝了。一九七三年，公司開始獲利。

即便凱勒赫從未在公司任職，但由於他實在很會找縫隙鑽，為西南航空帶來巨大的商業價值。當達拉斯和沃斯堡（Fort Worth）試著要航空公司遷到兩個城市之間的新機場時，凱勒赫告上了法庭。這座新機場一開始的名字是達拉斯／沃斯堡地區機場（Dallas ／ Fort Worth Regional Airport，DFW），規模相當的大而且現代化，但勒夫機場距達拉斯市區僅數分鐘路程，就像霍比機場緊鄰休士頓市區一樣。對西南航空而言，搬遷會是一場大災難——開車前往新機場花費的時間，將比大多數航班的飛行時間還長。實際上，如果西南航空被迫在達拉斯／沃斯堡地區機場營運，那幾乎肯定會破產。

還好凱勒赫在法規中發現了漏洞，使公司得以留在原處。三年之間，這兩個城市一再提出動議，要趕西南航空搬家。最終該案打到美國最高法院，凱勒赫贏得勝利。更重要的是，凱

勒赫在與強大的敵人又一場非對稱作戰中，所表現出的頑強對抗精神，已內化為西南航空文化的一部分，燃起西南航空員工的熱情，甚至注入極大的自豪感和忠誠度。凱勒赫的律師（未來的總裁和營運長）科林‧巴雷特（Colleen Barrett）說：「為生存戰到底的戰士心態，的確打造了我們的企業文化。」西南航空公司是這樣的公司：員工自動自發，樂於去做該做的工作。如果櫃台售票員為了讓飛機準時起飛也得搬運行李，那也不是問題。

　　一九七八年，美國總統吉米‧卡特（Jimmy Carter）取消對航空公司的管制，很大程度上是由於西南航空的原因。這家新航空公司降低票價，並在原處於困境的產業中實現獲利，這一事實成了放鬆管制可以刺激競爭的一大例證。但實際情況恰恰相反。航空業放鬆管制後，在一九八〇年代發生多起合併、收購以及破產事件。一百六十九家航空公司消失或併入其他航空公司，在這場市場盤整風暴平息之時，只剩九家航空公司瓜分九二％的國內市場。

　　儘管良性競爭並未如預期般在航空公司之間擴散開來，但放鬆管制對西南航空有極大的幫助。現在西南航空可以自由擴展到德州以外。到了一九八一年，西南航空已在芝加哥和其他城市開展業務。同年，凱勒赫成為西南航空執行長。

　　凱勒赫身為西南航空的執行長，認為沒有必要克制自己多變的性格和有時離經叛道的行為。他希望公司走出自己的風格，而特立獨行的航空公司需要特立獨行的領導者。他照舊

一根接一根每天嗑五包煙、喝野火雞,有時在工作中講些低級笑話。他甚至以貓王(Elvis Presley)和洛依‧奧比森(Roy Orbison)之類的打扮出現在公司部門,為員工演唱熱曲,縱使一點也不像。當西南航空創造一個口號,但聽起來跟另一家小型本地航空公司的口號很像時,凱勒赫下了戰帖給另一家航空公司執行長,以公開的腕力比賽代替上法庭,來決定口號的所有權。隨之而來的奇觀是凱勒赫在一場名為「達拉斯的惡意」(Malice in Dallas)的比賽中敗給對方。但是,另一位執行長同意西南航空可以繼續用這個口號。

除了放棄行禮如儀,凱勒赫的指導原則是「解放天空」(democratize the skies)。西南航空在首航前後歷經多年法律纏鬥戰中所形塑的獨特企業形象:西南雖弱,但為客故,不惜一戰。凱勒赫擁抱這種形象標幟,他將承擔起航空業的發展,並以各種方式挑戰產業慣例。大處著眼:壓低價格、不劃位。小處著手:古怪新奇的廣告、讓空服員穿熱褲。凱勒赫毫不猶豫地將西南航空與食古不化的競爭對手區隔開來。這種自由信任的精神同樣適用於公司內部。員工可以穿藍色牛仔褲上班,隨意叫老闆「赫伯」(Herb)。

儘管舉止滑稽、態度放縱,他為了成功可是毫不鬆懈。每天只睡四小時,並且大量閱讀軍事史籍,從中吸取關於領導力的經驗。《公司》雜誌提到,凱勒赫將西南航空早期對戰競爭對手之役,比作「第一次世界大戰的毀滅性壕塹戰,一支大規模部隊很超過地正面攻擊西南航空」。當他不在研究戰略時,

每周都要回覆數百封顧客來信。他知道,如果領導者希望利用敵人的弱點或封閉自己的罩門,就需要從最基層來看這場戰爭。所以,凱勒赫每天花上四分之一的時間在第一線工作,無論是在飛機上提供飲料或是裝卸行李。他要親自了解第一線的業務。

凱勒赫對公司的內部營運同樣採取非常規做法。讓組織相對扁平化。部門負責人或甚至是第一線員工(如登機門人員),在對顧客有益的事上有決定權,這樣省去大張旗鼓請求上級的過程。而且,西南航空為了簡化員工培訓和保養,只飛一種飛機:波音七三七。

結果如何呢?借用一九九二年凱勒赫人物簡介內容,「乘客可以直接去機場、買張便宜機票,然後搭下一班飛機,他們知道那通常不超過一小時。西南航空每天在達拉斯和休士頓之間飛七十八架次,在鳳凰城和洛杉磯之間飛四十六架次,以及在拉斯維加斯和鳳凰城之間飛三十四架次。在西南航空,每天每個登機門的平均航班數量為一〇‧五。航空業平均值不到它的一半,僅四‧五。」

儘管放鬆管制並未如預期增加相競航空公司的數量,但放寬管制確實帶動搭機旅行大幅成長。大批從未坐過飛機的人開始定期飛上天。到一九九三年,放鬆管制措施讓國內飛機乘客增加八七%。儘管競爭減少,需求增加,各大航空公司仍竭盡全力保持獲利。市場艱困動盪,讓新興公司有機會冒出頭,當大多數公司退出時,凱勒赫仍舊匍匐前進。一位管理階層就

說，公司會「把價格過高和服務不足的市場全都翻出來」。縫隙市場通常能在較小的城市找到，它們的機場靠近市中心，並且不太會交通堵塞。西南航空一旦有可用的登機門，通常花不到一周就能開始營運，立即搶下四分之一的市場。隨著愈來愈多的人體驗過西南航空，以往被壓抑的需求，在它尚未進入經營的市場上都冒了出來。需求一直都在，只是等候適當時機爆發。當有航空公司裁員時，例如全美航空（USAir）在一九九一年放棄加州沙加緬度（Sacramento）機場登機門時，西南航空馬上填入，迅速掌握了可用航線。航空業的分析師羅伯特・曼（Robert Mann）表示，凱勒赫透過此一戰略「以驚人的規模將空中旅行帶給大眾」。

乘隙而入能創造多少價值？一九八九年，西南航空的收入達到十億美元。一九九二年，該公司員工數量達九千五百名員工，機隊擴張至一百二十四架飛機，於三十四座機場服務，主要分布在美國南部、西南和中西部。西南航空的旅客登機數在其中二十七座機場居於領先地位。儘管票價最低——員工薪水卻最高——公司已經連續十七年都有獲利。

「我們在地理分布上特意制定一個原則，」凱勒赫說。「現在，你無法像在歐洲打戰那樣與我們作戰。這比較像是太平洋戰爭。你必須碉堡一個一個破，棕櫚樹一棵一棵砍。」

一九九三年，美國運輸部（U.S. Department of Transport-ation）確認了所謂的「西南航空效應」（Southwest Effect）。它的數據顯示，西南航空進入市場時有幾件事發生。首先，更

多的旅客開始搭上西南航空的航線。其次，如果一個城市的機場超過一個，那麼西南航空**沒有**提供服務的那個機場會沒生意。第三，由於其他航空與西南航空之間的降價競爭，沿線票價全面下跌，有時會降一百美元甚至更多。相對於競爭對手，甚至與其他所謂的廉價航空公司相比較也一樣，西南航空獨特之處在於，不僅一開始就以低票價吸引乘客，而且一直都保持低價。

一九九四年，《財星》雜誌以「赫伯·凱勒赫是美國最佳執行長嗎？」為題，把凱勒赫放上封面。西南航空已經成為「一種現象，一個撼動國內航空業的經濟霸主，每周都變得更強大。」在過去的四年中，美國主要航空公司像達美航空（Delta）、聯合航空（United）和美國航空（American）等已損失數十億美元。實際上，航空業在一九九○年至一九九四年之間的虧損，比先前六十年的損失總和還要多。然而，西南航空藉著打擊這些公司的弱點，讓公司仍有獲利——即使不都是很高的盈餘。「我們有段時間沒賺什麼錢，」凱勒赫坦言，「但就像是在矮人部落裡頭那個最高的人。」

二○○一年，凱勒赫卸下肩負二十年的執行長職務，成為歷史上最精彩、最成功的執行長之一。今天，西南航空繼續倚賴其核心戰略：在主要大城市之間飛行的航距要短、航班要多，以維持低成本。儘管其他航空公司花數十年的時間觀察這位精明的對手，但他們還是沒能在西南航空身上，找到任何能轉化成自己優勢的漏洞。

破壞性競爭

報復性購物：莉蓮・維儂郵購目錄

莉莉・梅納斯切（Lilli Menasche）雖然當時才五歲，還是有感覺到哪裡不對勁，不過不太是因為她哥哥弗瑞德（Fred）受傷的關係。弗瑞德九歲了，小男生受傷很平常，他們總是野蠻粗魯，這點莉莉可以理解。可是不對，整個家感覺都不一樣了。父親和母親一臉嚴肅，壓低音量在吵架，還不時緊張地偷瞄下面街道上的窗戶。父親赫曼（Hermann）總是皺著眉頭，而母親娥娜（Erna）是就算弗瑞德復原得不錯，還是把他留在身邊。

莉莉雖然還這麼小，但是感覺得到爸爸媽媽在怕什麼，而且是非常害怕。可怕的事情即將發生，但她不知道那是什麼，或者說不知道為什麼。一家人離開原本寬敞的家，才搬進這間狹窄的公寓沒多久，但莉莉覺得這種穩定狀態一樣很快會不在。那是一九三三年的德國，梅納斯切一家是猶太人。

＊　　　＊　　　＊

當阿道夫・希特勒（Adolf Hitler）被任命為德國總理時，納粹黨把富裕的梅納斯切家族，從他們在萊比錫（Leipzig）的別墅趕出來，並且把它改為地方總部。赫曼・梅納斯切是位成功的女用內衣猶太製造商，先前總以為待在國際大都會的萊比錫很安全，但時代在變。在希特勒統治之下，赫曼知道他沒有

追索權，更不敢指望政府徵用他的房屋會補償。不過他知道這算是幸運的，妻子和兩個孩子並沒有受到傷害。反猶太暴力的風氣正四處蔓延。歐洲禮教文明的舊規則在懸崖上搖搖欲墜。

　　赫曼一家搬到附近一棟公寓。他希望全家能夠躲掉麻煩，直到當前反猶太主義浪潮平息為止。他相信，狂亂的納粹風暴終將止息，只是時間問題而已。然後，一個反猶太的暴民把九歲的弗瑞德扔下大樓樓梯，這實在太過分了。赫曼為了保護弗瑞德免遭進一步的暴力傷害，把他所有的商業資產都留下，全家遷往阿姆斯特丹（Amsterdam），再設法移民到美國。一九三七年，梅納斯切一家落腳紐約市。在上西區（Upper West Side），還有其他成千上萬的德國和奧地利難民，包括猶太人和非猶太人。

　　儘管當時只有五歲，但莉莉・梅納斯切仍然記得弗瑞德摔下樓梯以及那之後發生的事。這次的經歷給她不可磨滅的教訓，讓她深刻體認要拿出必要的行動。在生活中，沒有人能救你。你必須自己面對自己的問題。

　　赫曼到了美國，一切從頭開始。父親作為精明的企業家，對莉蓮（Lillian，莉莉在美國的名字）諄諄教誨，灌輸她強烈的工作倫理和職業道德，並教她做生意。周末，莉蓮和哥哥幫助父親做新事業，生產皮包、錢包和皮帶等皮革製品。到了十四歲，莉蓮常去零售商店做市場調查，尋找高檔皮革手提包，讓父親可以仿製並以很大的折扣賣給百貨公司。當然，這種策略只有在人們需要這些包包時才行得通。市場調查磨練出

莉蓮選物仿造的眼光。後來，她稱自己練就的這套本領叫「金膽識」（Golden Gut）。為父親做市調這件事教她如何挑出會大賣的商品。

之前我們已經看到領域知識是黃金，無論這領域是音樂、約會還是玩具。想要抓住機會，就必須了解市場，了解市場需要什麼，以及市場如何做選擇。沿著紐約曼哈頓第五大道逛街，把櫥窗看個清楚，這就是莉蓮的商業訓練。

她後來寫道：「儘管我很有興趣，但不說也知道，我不會成為成熟而全面的商界女強人。」莉蓮的父母親一起工作，留莉蓮在家，負責購物買菜、做飯和打掃。但這僅僅是出於必要。父親歡迎莉蓮參與事業，但從未把女兒視為繼承者。在他看來，兒子弗瑞德才是接班人，而莉蓮會結婚嫁人，另組家庭。

莉蓮嫁給了波蘭移民第二代山姆・霍奇伯格（Sam Hochberg），丈夫在紐約弗農山（Mount Vernon）經營家族的家庭式內衣店。婚後她繼續兼職工作以補貼家用，但是當她懷了第一個孩子時，準備不再工作，專心在家帶小孩。那是一九五一年，距貝蒂・傅瑞丹（Betty Friedan）《女性的奧秘》（The Feminine Mystique）所引發第二波女權主義，還有十多年的時間。少數女性企業家，包括奧莉夫・安・比奇，以及我們將看到的赫蓮娜・魯賓斯坦（Helena Rubinstein），都是這套奧祕規則的反證。莉蓮和她那時代其他婦女一樣，太太留在家撫養孩子，主內持家，而丈夫主外負責賺錢。她後來寫道，如果不那樣做，將有「丈夫賺錢能力令人尷尬的雜音出現」。

但是有些事困擾著莉蓮。她知道社會的期望，但她也知道丈夫的薪水無法維持舒適的生活。對她來說，這無關爭權奪勢。她只是想務實面對，不讓事情就這樣擱著不管。

她在待產期間，會坐在廚房的桌子旁，翻閱《十七歲》（Seventeen）和《魔力》（Glamour）等雜誌，幻想著她如果有錢會買的東西。最終她意識到自己不能滿足於只是坐在家裡，尤其是當她擁有足夠的聰明才智、技巧和專業來賺取更多家用。

這些雜誌廣告把這個問題點了出來，但似乎也在告訴她該怎麼解決。辦公室工作不適合準媽媽，但她可以在眼前這張黃色富美家（Formica）餐桌上開始她郵購的事業。她可以從父親那裡低價批進一些皮革製品，再轉售給《十七歲》的青少女讀者。即使每周只有多五十美元，對一個家庭來說也不無小補。要賣多少個手提包才賺得到這麼多錢呢？莉蓮拿起信封在背面做了簡單的計算之後，決定值得一試。

賣東西原本就是家族企業。在梅納斯切的家中，總是「不停地談論裝運、訂單、發票等諸多商業的細節。」她寫道，「我坐在椅子上聽著聽著就學起來了。每頓飯就像一堂課。」但是她知道她最有價值的資產是金膽識。它很神、很準地告訴她女人會買什麼。想到自己是《十七歲》的讀者，腦海迸出一個想法。為什麼光轉賣皮件？何不再多跨出一步呢？除了等嬰兒出生，她現在有的是時間。她可以在每個皮件加上姓名首字母的組合圖案（譯注：下稱花押字），提升商品的價值——然後抬

高售價。莉蓮的金膽識告訴她,個性化可以用來打擊大型郵購目錄商品的弱點。莉蓮在商品上添加了個人風格,藉此做到商品區隔。

　　莉蓮沒有養市調人員,但每天都在餐桌上做市場研究。她知道市場起了大變化。一九五〇年代大眾消費主義正透出曙光。先前一般勞工階級大部分的收入都用於食品、住房和其他必需品上。現在,愈來愈多的美國中產階級擁有其他可支配收入。同時,大戰結束後返鄉的阿兵哥(GI)頂替了一個世代的婦女勞動力。多虧了洗碗機、吸塵器和其他現代便利設備,操持家務不再像過去枯燥乏味,變得愉快多了。由於這些因素,數百萬無聊的美國妻子們現在有充足的閒暇來思考如何花掉多餘的錢。花押字的商品,可以讓她們煥發出獨特的風格。同時,把花押字算在每件商品的成本裡,會讓她們覺得自己沒有因為追求個人風格而亂花錢。字母組合圖案商品算是**負擔得起**的奢侈品。莉蓮知道像她一樣喜歡在自己富美家餐桌上翻廣告的女性會愛上它。

　　這對年輕夫婦先前收到二千美元的結婚禮金。現在莉蓮說服山姆同意她把禮金投資在她的新事業上,一開始就要在《十七歲》雜誌上砸下五百美元刊登廣告:「成為**第一個穿戴個性化包包**和**腰帶的女人。**」(Be FIRST to sport that Personalized Look on your BAG and BELT)莉蓮原本希望每周多賺五十美元。它的定價———一個手提袋二‧九九美元,一條搭配的皮帶一‧九九美元,上頭都有著花押字——上市的前六

周就創造了一萬六千美元銷量，一九五一年年底，銷售數字成長到三萬二千美元。現在她必須出貨：六千四百五十個包包和皮帶。父親以包包加皮帶一套三美元的價格批給她。接著，她在廚房的餐桌上壓花、包裝商品。於是，以他們的故鄉命名的「弗農精品」（Vernon Specialties）就此誕生。此後不久，莉蓮的兒子也出生了，與她哥哥一樣的名字叫弗瑞德。

弗瑞德出生幾周後，莉蓮回來繼續工作，在更多雜誌上刊登廣告。一九五四年，營業額達到四萬一千美元，超過丈夫商店的收入。丈夫只好無奈收掉自己的店，回家與妻子一起工作。當他們看到大家對內含訂購單的四頁小目錄有何反應後，自己製作了第一份典型的目錄，郵寄給顧客名單上的每個人，一共寄給十二萬五千人。這份以數百種個性化的配件、小玩意和禮物為主的事業，火紅程度遠超過莉蓮的狂想。沒多久，公司就在紐約州新洛歇爾（New Rochelle）擁有一間大約一百四十坪大的工廠。

當時，個性化商品的市場幾乎是座藍海。像是價值十億美元的西爾斯百貨（Sears, Roebuck & Company）所推出的目錄，不會提供如此勞力密集的產品選項。包山包海的目錄就是它的弱點。在戰後繁榮的經濟中，供應大量生產的產品就已經夠忙了。莉蓮看準這個弱點，為她的公司開闢了一個相對好做的小眾市場。一九六五年，她將自己的名字加進該公司名字，改名為莉蓮‧弗農股份有限公司（Lillian Vernon Corporation）（一九九〇年，在她和山姆離婚數年後，她把弗農也加進自己

的名字,因此她的名字和公司名都是莉蓮・弗農)。

　　莉蓮・弗農商品目錄充斥著皮件以及別針、小盒和其他配件。不可否認的是,所有商品都可個性化,有著強大的吸引力。單單是商品個性化的銷售金額在一九五八年就達到五十萬美元,在一九七〇年更達到一百萬美元,之後年年成長。一九八〇年代,出現了兩項關鍵性的新技術。莉蓮非常了解顧客,馬上就看到它們的潛力。在她童年時那戲劇性驚心動魄的事件,提醒她採取報復性的立即行動,她馬上抓住了這個機會。

　　早在十九世紀,商店就有提供「儲值幣」(charge coins),用以追蹤顧客在商店的信貸餘額。但是,一九五八年美國銀行(Bank of America)是第一個提供真正的信用卡。這種「美國銀行卡」(Bank Americard)系統應運而生,美國銀行將這一概念授權給了全國其他銀行。一九七六年,各種授權方式被綁成單獨品牌:Visa。像美國運通卡(American Express)和萬事達卡(MasterCard)這樣同性質卡片也出來競爭。對於貸方來說,利息和滯納金的利潤太誘人,勢必要賺。對於郵購目錄來說,有信用卡代表顧客現在打電話就能下單。然而,怎麼吸引客戶打電話又是另外一件事了。當時,即使是州際通話相對來說也不便宜,畢竟貼一枚郵票就可以郵寄訂購單。一九八二年,美國電話電報公司(AT&T)新推出一種企業比較負擔得起的免付費電話系統。即使是像莉蓮・弗農這樣的公司規模,也可以有自己的免付費電話號碼專線。

　　莉蓮看到結合這兩種技術的大好機會。信用卡讓電話訂購

變為可能，而免付費電話號碼讓公司負擔得起這項業務，即使是一時興起小額購買個性化手環也能一指完成。就像臨近市區的機場對西南航空的短途航線帶來巨大影響一樣，消除衝動購買過程中的障礙，是莉蓮‧弗農郵購目錄改變市場遊戲規則的關鍵。填寫訂購單、簽支票、找信封和郵票，到最後郵寄訂購單，這中間給顧客更多時間放下他們的衝動。然而，撥電話幾乎是即時的，這使訂單成立過程省去好幾天。現在，顧客可以在幾分鐘內就能從瀏覽目錄到完成訂購，送出訂購單的速度比以往要快多了。莉蓮並不是那種會放任機會溜走的人，她看準了信用卡和免付費電話的商機，把錢投入信用卡處理程序和公司的新號碼：1-800-LILLIAN。

正如莉蓮所預測，這種勁爆組合把公司成長帶到新高度。一九八〇年代對莉蓮‧弗農公司來說是成長爆炸期，郵購顧客名單增加到二千七百萬人。一九八七年，它是女性創立的公司中，第一家在紐約證券交易所上市的。一九八〇年代末，收入超過一億二千五百萬美元。莉蓮‧弗農公司在鼎盛時期擁有九份購物目錄和十五家零售店，創造三億美元營收。

莉蓮‧弗農郵購目錄如何成為美國民眾固定的購物習慣？其一是莉蓮‧弗農的奇特風格使然。一開始她只是想每周多賺五十美元，但是一旦她嘗到了創業的滋味，就停不下來了（當莉蓮的兒子弗瑞德了解母親顯然短期沒有計畫要交班時，他便決定離開公司）。雖然她沒有接受過正式商業培訓，但莉蓮的父親卻灌輸她應有的工作態度。她從小就開始在零售界打滾，

因此做起生意相當務實。多年來，她一直在磨練自己的金膽識，經常參加貿易展和珠寶展，不斷地在挖掘可以雕刻、壓花或刺繡的新玩意。她也一直在觀察哪些櫥窗陳設最吸睛、任何一切顧客內心覺得更好更美的東西。

莉蓮‧弗農郵購目錄會成功，還有一項因素，那就是莉蓮‧弗農在其他購物目錄中，發現大公司西爾斯百貨的弱點。過去，你可以從西爾斯龐雜的目錄中買到任何東西，從珍珠項鍊到組合屋。西爾斯目錄之所以能稱霸一時在於，對所有人來說，它就是一切。莉蓮‧弗農為了在巨人陰影下找出自己的利基，將注意力全聚焦在同一世代的美國女性身上，這要歸功於她的領域知識。當社會的氛圍只看女性外表，但不想聽她們想什麼時，莉蓮知道她們希望看起來與眾不同。什麼會讓**她們**感到特別？什麼目錄令**她們**感到愉悅？由於她密切關注顧客的想法，才會發展出諸如重大節日的季節性目錄和免費贈品之類的創新活動。弗農甚至為每件商品都提供終身退貨條款。即使是花押字的化妝粉餅，顧客在十年後仍可退貨並且拿回全額退款。沒有其他人提出這樣的條件，沒有其他購物目錄提供這種服務。弗農之所以敢開出這樣的條件，因為這種條件也會讓她自己心動。

莉蓮‧弗農知道她自己對品牌的價值。她的顧客理解她，因為她就是他們的一分子。她在成為一家大型公司負責人很久之後，還會對目錄裡的每個商品提出自己的選物觀點。她把自己的照片放在目錄封面，而且附上一封自己給顧客的信。「我

希望顧客知道並了解我這個人，」她寫道，「而且理解到我的公司反映出我個人。」莉蓮·弗農郵購目錄**就是**莉蓮·弗農。她更改姓氏來匹配公司的名字，絕非偶然。

＊　　　＊　　　＊

精明的領導者會靜候良機（有時是等不及），待機會來臨時便全力以赴。當他們開始關注他人的弱點時，也學著隱藏自己的弱點，變得謹慎、謙虛和精打細算，以免自己淪為相同策略的受害者。正如《孫子兵法·軍形篇》寫道：「故善戰者，立于不敗之地，而不失敵之敗也。」本章提到的領導者仔細觀察競爭對手和產業的狀況，備好戰略並集中戰力……直到適當時機到來。

當然，在嘗試利用競爭對手的弱點時，有可能會做得太過火。有些領導者以不道德甚至非法的手段來鑽營有利的條件。在下一章中，我們將探討在追求利潤和市占率時，越過紅線的後果。

第7章

7

陰謀詭計

「發火有時，起火有日。」

《孫子兵法·火攻篇》

即使是最不起眼的產業中，商場戰爭也像是一場殊死戰。歷史經驗顯示，有些領導者為了公司利益，無所不用其極。我們在本章中將介紹一些為了打倒厭惡的對手使出無恥戰術的案例。骯髒的手段有時會變成醜聞，甚至帶來嚴重的法律後果，但在戰況激烈的情況下，當局者迷，很容易會看不清全局。

孫子強烈主張無情的欺騙。在他眼中，真正的罪過是，一場持久戰所造成的耗損導致兩敗俱傷。最好是速戰速決。詭計遠優於同歸於盡。他寫道：「怒而撓之，卑而驕之，佚而勞之，親而離之，攻其不備，出其不意。」（《孫子兵法・始計篇》）總之，無論如何，設法贏就對了。

最好以能規避犯罪行為的狡黠巧計來贏得商業戰爭——偉大的領導者都有一種本能直覺，知道該如何全力出擊，卻又不會越線。

CASE 19
我要和天一樣高：克萊斯勒大廈與華爾街四〇號爭峰之作

克雷格・塞偉雷斯（H. Craig Severance）現在可說是意氣風發、不可一世。這位著名的建築師經過激烈的公開評比，擊敗了他之前的搭檔威廉・凡艾倫（William Van Alen），蓋出世界上最高的建築。七十一層高的歌德復興式摩天大樓如今已完工，就在世界上最偉大城市的金融中心。當每位建築師都拼命想比競爭對手蓋得更高時，像塞偉雷斯和凡艾倫這樣兩人單挑要拼個你死我活的戰況，在這座城市的歷史上從未出現過。

然而，今天在高達二百八十二‧五公尺的高處，再無任何競賽：華爾街四〇號[1]（40 Wall Street）無人比肩。

塞偉雷斯嘴角上揚，凝視著朝北的窗戶，突然間，他驚訝得張口結舌。那是什麼……鬼東西，竟然從凡艾倫設計的克萊斯勒大廈（The Chrysler Building）頂端竄出升起？它在陽光下閃耀的樣子——那該不會是……。

*　　　*　　　*

一九二八年至一九三三年之間，是美國建築史的新紀元。紐約市剛剛超過倫敦成為世界上人口最多的都會區，在如此短的時間內改變了整個城市的天際線。在五年裡，大蘋果（Big Apple，紐約市的暱稱）已經成為一系列地標性建築的家：紐約人壽保險大廈（New York Life Building）、洛克斐勒廣場三〇號（30 Rockefeller Plaza）和華爾街四〇號和克萊斯勒大廈等。儘管美國還陷在經濟大蕭條（Great Depression）的低谷中，一些最具代表性的建築仍在崛起——每座建築的建築師也因而聲名大噪。

雖說天道酬勤，但是歷史告訴我們，很少有人是以完全公平的方式登峰造極——不管是最富有、最有權勢，或者我們在此所討論的，最高聳。為了能在世界舞台上敗敵取勝，規則有時得要拗一下，在不打破的情況下。領導者的智慧在於，知道

---

[1] 譯注：現改名為川普大樓（Trump Building）。

哪些規則可以拗以及拗多少。孫子本人非常注重欺敵的思想。他寫道：「故能而示之不能，用而示之不用，近而示之遠，遠而示之近。」（《孫子兵法·始計篇》）建築本身就是一種欺騙藝術，它使建築物本身，通常也包括它所代表的企業，看上去比實際要宏偉。說到建築的欺騙術，大概沒有比紐約市著名的克萊斯勒大廈背後的夢想設計師凡艾倫更善於此道了。

即使距今落成近一個世紀，這棟位於曼哈頓第四十二街和列星頓大道（Lexington Avenue）、高七十七層的裝飾藝術（Art Deco）摩天大樓，仍舊與附近的帝國大廈（Empire State Building）一樣堪稱經典。儘管紐約的天際線現在還有許多更高的建築物，但只有它可以與克萊斯勒大廈的優雅和格調相提並論。

紐約市得益於蓬勃發展的經濟，到二十世紀已成為全球性的工業和金融中心。結果就是曼哈頓隨處都是百萬富翁。這些超級富豪新貴購買大量的優質房地產，並為他們的公司——以及他們的自我意識——建立更加高聳輝煌的紀念碑。一九〇八年，勝家大廈（Singer building）達到約一百八十七公尺。隔年，大都會人壽保險大廈（Met Life Tower）蓋到大約二百一十三公尺高。此後，從一九一三年開始將近二十年間，位於百老匯二三三號的伍爾沃斯大廈（Woolworth Building）在約二百四十一公尺處占據上風。接著是咆哮的二〇年代[2]，

---

[2] 譯注：指西方世界和西方文化在這十年間持續經濟繁榮，展現社會、藝術和文化活力的時期。

這座大教堂般的建築像在挑釁般矗立，把美國企業家逼了出來。到底誰能整合各方才智和資源來擊敗它？

威廉・H・雷諾（William H. Reynolds）不僅是紐約州參議員，而且還是一位非常成功的房地產投資人。雷諾在紐約市開發了數百處房地產，其中包括整個布魯克林區（Brooklyn）周圍的絕大部分，如展望高地（Prospect Heights）和自治市公園（Borough Park）。不過要說雷諾的貢獻，那應該是夢境樂園（Dreamland），這是康尼島（Coney Island）上一個豪華雅緻的遊樂園。除了普通的雲霄飛車外，夢境樂園以馴獅人聞名，逼真的瑞士阿爾卑斯山（用乾冰模擬涼風）、人造威尼斯運河中放有真實威尼斯運河中特有的貢多拉划船，以及約七百多坪的豪華舞廳，最高處是一座約一百一十四公尺高的塔樓，上面布滿成千上萬個電燈。樂園高塔曾經是康尼島的最高地標，遊客可以乘坐電梯到頂端，欣賞紐約市的壯觀景緻。一九一一年夢境樂園因大火被焚毀，這對雷諾是一個巨大的打擊。雷諾決定建造一座比原先的塔還要高的東西：雄偉的曼哈頓辦公大樓。

但蓋在哪裡呢？雷諾知道，要蓋得高就要很大的一塊地。結構愈大，地基就必須愈廣。地點的選擇必須仔細考量。雷諾需要曼哈頓周圍一塊地，不必是精華區，但地價要有上漲的潛力，就跟大樓一樣。他最後選定東中城區（Midtown East）。

多年來，紐約中央車站（Grand Central Terminal）附近一帶的發展一直停滯不前，高架鐵軌縱橫交錯，周圍四散著火車維修廠。隨著對商業和住宅空間需求上揚，所有不受人喜歡的基礎設施都已開始搬遷。到了雷諾開始尋找廣大又負擔得起的土地時，《紐約時報》形容，列星頓大道正在經歷一場「復興運動」（renaissance）。令人頭痛的高架鐵路一段一段地拆除，整個街區重見天日，像是在邀請有遠見有資源的英雄好漢，把以前不受歡迎的大道來個大改造。經歷漫長的黑暗蟄伏後，東中城區終於復活了。

一九二一年，雷諾在第四十二街和第四十三街之間的列星頓租了一塊地。當雷諾聘請來自布魯克林的新秀建築師凡艾倫設計大樓時，查寧大廈（Chanin Building）和準將酒店（Commodore Hotel）是該地區一些現代開發計畫裡的其中一部分。當時，由於新的全鋼架建造技術，非常時興「摩天大樓」。改良的技術，加上經濟繁榮、房地產會狂漲的預期心理，在在都為垂直建築的繁榮創造理想的條件。一九二八年，凡艾倫提交了一座六十五層辦公大樓的建築計畫，樓高約二百四十四公尺，比當時的第一高樓伍爾沃斯大廈高約二‧四公尺。據《紐約時報》報導，這項耗資一千二百萬美元的計畫，將在南至默里山（Murray Hill）、北到中央車站中間的區域內，建立「最有趣的新商業中心」。此外，還有很多其他建設計畫也在進行中。列星頓大道即將成為「東邊的百老匯」（Broadway of the east side）。

　　凡艾倫算是現代主義新浪潮的建築師。他之前曾與風格較保守的合夥人塞偉雷斯一起設計許多建築物。當建築業媒體圈把某個成功的建案只歸功於凡艾倫時，兩人就拆夥了，不歡而散。對此凡艾倫倒是感到非常興奮——他終於可以盡情展現自己現代主義的設計思維。凡艾倫跟許多建築師同行一樣，厭倦過時老套的傳統建築。他看重能充分利用最新建築技術和材料的簡約設計。他說：「在設計摩天大樓時，沒有先例可循，原因是我們使用的是一種美國開發的新結構材料和鋼筋，與過去的磚石結構在各個方面都不一樣。」

　　凡艾倫是一位出色的建築師，但塞偉雷斯則一直是這兩人當中較具商業頭腦者。隨著凡艾倫野心之作愈玩愈大，成本也不斷攀升，雷諾決定不再玩蓋摩天大樓的遊戲，那時他剛好得知美國第三大汽車製造商的老闆沃爾特・P・克萊斯勒（Walter P. Chrysler），想要在曼哈頓中城區建立新總部。雷諾迅速把該建地的租約、凡艾倫的服務計畫以及大樓設計提案，全賣給了克萊斯勒，僅僅開價二百萬美元。

　　如果凡艾倫因為雷諾缺乏遠見而沮喪鬱卒，那麼他應該會和克萊斯勒相見歡——不過，這只是一開始而已。這位汽車大亨是訓練有素的工程師，不僅在他自己專業領域，甚至專業以外如建築領域，也能憑藉敏銳的眼光捕捉微小細節。克萊斯勒向凡艾倫寄出數百次修訂版本，每一次修改很清楚傳達了一個訊息：錢不是問題。克萊斯勒大廈不僅要高而實用，它還必須體現出克萊斯勒汽車獨特的風格和工程設計。

　　最終，克萊斯勒和凡艾倫對於整體設計達成共識：裝飾藝術風格的漸縮造型大樓，高七十七層，樓頂冠上大器的曲線點綴著三角形太陽紋飾，令人聯想到自由女神像的皇冠。凡艾倫將輪框蓋飾帶、不銹鋼的怪獸像、引擎蓋上鷹形裝飾等克萊斯勒汽車設計元素，巧妙地整合到建築結構裡。在大樓內部，這座建築將為企業級的豪華氣派建立新基準：紅色摩洛哥大理石、壁畫、三十二座電梯，兩旁排滿異國情調的樹林。此外，終極奢華派頭：克萊斯勒大廈將是第一座整棟全空調的摩天大樓。該建築提供的空間遠遠超過任何美國企業拿來當作辦公室本部所需的空間，建築物將其近十一公頃中的很大一部分，出租給德士古石油公司（Texaco）和時代出版公司（Time Inc.）等其他企業。在第六十六層至第六十八層之間，凡艾倫配置了雲廊俱樂部（Cloud Club），這是一間私人餐廳和酒吧，專供德士古高層主管舉行午餐會議。俱樂部為會員提供高雅的木製儲物櫃，甚至設有理髮店。總體而言，克萊斯勒大廈與以往任何摩天大樓的氣質大不相同。

　　一九二八年九月十九日，工人們在這座將成為世界最高建築的地基上破土動工。要不是紐約已經成為全球技術工匠尋求更好生活的落腳處，凡艾倫野心之作將毫無機會展現於世。由於移民不斷湧入，人力有了著落，上千的鉚工、搭棚工和砌磚工在沒有任何的安全防護措施下，興建出這座巨型建築。他們在建造過程中，錘擊四十萬個鉚釘、徒手鋪設將近四百萬塊磚，所有這些施工都看不見一條安全帶。

同時，在拿索街（Nassau）和威廉街（William）之間的華爾街上，凡艾倫的前搭檔塞偉雷斯有自己摩天大樓要蓋。曼哈頓公司銀行（Manhattan Company）成立已有百年歷史，聘請他在華爾街四〇號建立新總部。一九二九年三月，塞偉雷斯將設計一幢四十七層辦公大樓的消息公布。該計畫很快修改為六十層樓，比起二百四十一公尺高的伍爾沃斯大廈仍是個矮個子，更不用說凡艾倫正在建造的克萊斯勒大廈了。支持該建築的銀行家們決定，他們不想將巨額資金投資在紐約市**第二高**的建築物。四月，塞偉雷斯獲得加碼批准，最終高度為約二百八十二‧五公尺。塞偉雷斯自信滿滿地宣布獲勝。

華爾街四〇號從一九二九年五月開始蓋。新聞界稱之為「天空競賽」（Race into the Sky）。凡艾倫與塞偉雷斯之間的戰爭，激發一個樂觀國家的想像力，而這個國家正走在看似沒有盡頭的成長軌跡上。凡艾倫並沒有打算輸掉這場比賽，尤其是輸給他的老搭檔。當華爾街四〇號的工作以意想不到的步調開展時，他監視工程進度的心情既緊張又期待。由於工期很緊，打造地基和清理地上小建物同時在進行。工人三班制使工地從早忙到晚。

塞偉雷斯樂翻了，華爾街四〇號這座約二百八十二‧五公尺高的摩天大樓於一九三〇年五月一日竣工。這麼多年活在凡艾倫的陰影下，這個勝利對他來說是意義非凡。克萊斯勒大廈的屋頂從人行道往上算起只有約二百八十一‧九公尺，根本無法與之抗衡。那〇‧六公尺硬生生說明一切。

接著，一九三〇年五月二十七日，凡艾倫揭「竿」起義，發動一場現代建築和商戰中最大的騙局。他設計了隱藏在克萊斯勒大廈穹頂中高約五十六公尺的不銹鋼尖塔，並取得了建照。一切都是祕密進行。尖塔拆成四個部分暗中帶進這棟建築，然後鉚接在一起。一旦華爾街四〇號的最終高度固定不變，就換凡艾倫開始使出絕招了。「信號已經發出，」凡艾倫在《建築論壇》（*Architectural Forum*）上寫道，「塔尖像從圓形頂部破繭而出一樣，在約九十分鐘內牢牢地鉚接到位，這是世界上最高的固定鋼塊。」克萊斯勒大樓憑著這座尖塔，衝向三百一十九・四公尺。它在不到兩個小時的時間內，以這個高度成了世界建築之最。更重要的是，它比競爭對手所設計之二百八十二・五公尺的華爾街四〇號，高出三十六・九公尺。《孫子兵法・始計篇》說：「利而誘之，亂而取之。」

凡艾倫徹底擊敗了塞偉雷斯，但人無千日好，花無百日紅。僅僅十一個月，新落成的帝國大廈的高度就又超過克萊斯勒大廈。〔實際上，帝國大廈的建造者在看到凡艾倫的花式特技之後，刻意再增加大約六十一公尺。帝國大廈的出資助約翰・J・拉斯科布（John J. Raskob）擔心克萊斯勒大廈可能會「耍（別的）把戲，例如把一根竿子藏在尖塔內，然後最後一刻再黏上去。」〕

無論如何，凡艾倫好歹幫過克萊斯勒拿下世界之最。然而，另一個例子證明他不是當商人的料，凡艾倫實際上從未與客戶簽訂正式合約，而這兩個人也沒有商定好最終的設計費

用。大樓竣工時，凡艾倫以當時標準，要求建築物最終預算一千四百萬美元的六％，即八十四萬美元。雖然克萊斯勒為了建築物本身一直不惜重金，但還是認為這要求太超過了。當大亨拒絕付款時，兩人告上了法庭。凡艾倫雖贏了訴訟，卻失去了戰場，他的興訟嚇跑了潛在客戶，尤其這些客戶量因為經濟大蕭條早已寥寥可數。這位獲勝的建築師最後轉為教授雕塑。

儘管克萊斯勒自己擁有頂層豪宅，還在一樓設置一個克萊斯勒展示間，但克萊斯勒公司實際上從未將總部遷入克萊斯勒大樓。克萊斯勒是自掏腰包買下這座建築的，打算留給孩子繼承。大樓竣工僅十年後，這事就發生了。在克萊斯勒的繼承人在一九四七年出售這棟大樓之後，這座建築雖然在高度競爭中相形見絀，但其優雅和美麗卻無可匹敵。如同這座城市的命運起起伏伏一般，它轉手多次。這棟建築物雖然曾為了奪冠而欺敵，但自從放進到國家史蹟名錄（National Register of Historic Places）中，並宣布為國家歷史名勝以來，它的未來地位就保住了。當紐約摩天大樓博物館（Skyscraper Museum）要求建築師、評論家、工程師和歷史學家票選他們最喜歡的紐約大樓時，克萊斯勒大廈得票之高，依舊無人比肩。

CASE 20

你的美麗我的計謀：赫蓮娜・魯賓斯坦

赫蓮娜・魯賓斯坦來到澳洲的鄉村小鎮科爾蘭（Coleraine）已有幾個月了。她原本期待自己能在二十四歲就

找到自我——可是打從逃離父母在波蘭安排的婚姻以來，在這件事上做得並不多。

赫蓮娜原名佳雅·魯賓斯坦（Chaja Rubinstein），出自正統派猶太教家庭（Orthodox Jewish household），在八個姐妹裡是最年長的一個。她的父母在克拉科夫（Krakow，波蘭第二大城）的猶太人區擁有一家五金店。他們認為，佳雅的未來在出生時就決定了：生很多孩子然後成為家管。

但是佳雅並不想嫁給父母幫她選的老男人。她反叛的不僅是婚姻，還有父母所有死板又苛刻的期望，她逃家，首先是靠維也納（Vienna）的姑姑，現在則投靠伯納德（Bernard）叔叔在科爾蘭的家。在澳洲，佳雅改名為赫蓮娜。她幾乎不會說英語，好在當她展開新生活時，有棲身之處讓自己安定下來。

魯賓斯坦並沒有融入當地生活，也不想融入。在皮膚乾燥黝黑的當地人旁邊，她無瑕的膚色立即突顯自己在這乾燥日曬的鄉村裡是個外國人。一如她的姐妹們，魯賓斯坦總是避免在戶外活動，並小心呵護她的皮膚。她還有另一個祕密：她的行李箱裡藏著一大批罐子，裡面是波蘭一個親戚做的羊毛脂霜。這種蠟狀物讓她即使在這樣惡劣的氣候下，皮膚看起來跟她離開克拉科夫那天一樣地光滑水潤又柔軟。

當地婦女問起赫蓮娜美麗的祕密，說話聲中透露著好奇和嫉妒。這讓魯賓斯坦有了一個想法。如果能說服她們嘗試一下自己的面霜，那麼生產保養品可能是個賺外快的好機會。甚至還可能變成真的事業。她只需要有穩定的羊毛脂來源，就可以

重製親戚的配方，這應該不難找到。幸運的是，羊毛脂來自綿羊。如果說令人昏昏欲睡的科爾蘭還能有什麼東西，那就是綿羊了：確切地說應該是七千五百萬頭美麗諾羊。這幾乎是天助我也。

按照正確的操作指示，鄉村裡的每個農婦都能自己做出魯賓斯坦的「奇蹟」霜。但是，即使在她小小的年紀，魯賓斯坦就知道美麗不在面霜胭脂，而是取決於魅力──還有一絲神祕感。

不過她們不知道也不會有事。

＊　　　＊　　　＊

一個好的魔術師需要了解人們的心理。要誤導大眾，必須了解他們的盲點和偏見。在了解人們的想法後，魯賓斯坦不僅是魔術師，簡直是真正的女巫級大師。

魯賓斯坦是近代第一位白手起家的女性百萬富翁，她藉著對人們的小毛病有超乎尋常的理解本能，建立了龐大的化妝品帝國──並且向與她太相似的伊麗莎白・雅頓（Elizabeth Arden）宣戰。這兩位移民企業家都是犀利姐，兩人之間的積怨衝突長達十年之久，同時也改變世界看待美麗的方式。哈佛商學院教授傑夫・瓊斯（Geoff Jones）說：「如果回到十九世紀初，全世界認為的美麗或好看千差萬別。但是到了二十世紀，人們認為漂亮的東西（已）變得極其一致了。魯賓斯坦這般非等閒之輩，是轉變大眾美的觀念之主要推手。」

在定居科爾蘭之後，魯賓斯坦在一九○二年開設了一家沙龍，出售她的美容霜。不久後，她開發更多產品：粉霜、乳液，甚至化妝品。當時，只有女演員和妓女才化妝。魯賓斯坦試著掃除這種汙名，使任何女性在文化上都可以接受要掩蓋自己缺點的想法。她把化妝品的次要效益加進產品訴求，從而實現這個想法。如果口紅有護膚成分，那麼任何端莊賢淑的女人都可以塗上一點，防止嘴唇乾裂。如果你已經在用口紅了，為什麼不試試唇釉呢？在幾十年前，還沒有肉毒桿菌和膠原蛋白注射，更不用說安全有效的美容整形手術。對於那些想讓肌膚更健康、看起來更年輕的人來說，不一定有效的香脂油、軟膏和油膏是唯一的選擇，而想遮瑕的話，就只能用化妝品。魯賓斯坦認為把保養、遮瑕這些愛美行為限制在舞台，甚至是妓院，完全沒有意義。

然而，這位年輕的波蘭企業家在推銷自家產品時，舌燦蓮花的天賦展露無遺，誇大到令人感覺幾乎是公然欺騙了。儘管衰老和皮膚受損是生活中存在的現實，但魯賓斯坦了解美麗是一種感知的遊戲。少量的羊毛脂可以軟化、保護顧客的肌膚，但並不能真的創造奇蹟。女人對自己外表的**認知**才是關鍵——而且這種看法相當容易受外界影響。不管魯賓斯坦賣什麼，她首要目標都是讓顧客**覺得**自己美呆了。

加值定價法是一種欺騙性的商業策略，利用常見的認知偏差。在過於主觀且難以衡量的領域（時尚、娛樂、藝術或化妝品），收費高於合理價格可以提升產品的感知價值。魯賓斯坦

可是大師級加值定價能手。她了解到，兩罐面霜看起來一樣，保濕效果也一樣，但是如果其中一罐的價格是另一罐的五倍，消費者會認為價格高的那罐會有五倍的效果，即使它聲稱的特定效果很含糊或者根本無從驗證。當一名澳大利亞婦女將魯賓斯坦的面霜擦在日曬乾枯的臉頰時，是真的有保濕效果，但效果從鏡子裡看來，並未像它的高價所承諾的那般長效持久。

當然，如果得知這位年輕移民賣的是自家綿羊所生產的刺鼻蠟油，科爾蘭的女人們不會太高興。因此，魯賓斯坦第一招是使用草藥、薰衣草和松樹皮等萃取物，好掩蓋羊毛脂的氣味。她更進一步聲稱，這些平凡的草藥是由「著名的皮膚專家李古斯基博士」（Dr. Lykuski）從「喀爾巴阡山脈」（Carpathian Mountain）摘取而來。這位博士其實是魯賓斯坦利用數十年並多次修改的虛構人物。但是，這些招數和其他一些技倆讓大家對她信以為真，而且還讓這群鄉下人有更多的想像空間。魯賓斯坦把產品命名為「天之禮讚」（Crème Valaze），她說 Valaz 是匈牙利語，意思為「來自天上的禮物」（顯然，科爾蘭沒有匈英字典來戳破這個詞以及李古斯基博士一樣都是虛構的）。魯賓斯坦保證，該面霜能讓「再爛的皮膚在一個月內改善」，消除「雀斑、皺紋、鬆弛、曬傷、黑頭粉刺、痘痘、粗糙等等所有皮膚瑕疵和問題」。今天，我們在頂級奢華化妝保養品中（實際上，在幾乎所有奢侈品中）都將半信半疑的產品訴求和欺騙性策略視為理所當然，但是在那時，魯賓斯坦版本可是有她的原創性。正如她後來告訴私人祕書那樣：「好的宣傳不需

要太多的事實！」

魯賓斯坦在與叔叔伯納德意見不合之後，搬到維多利亞州（Victoria）的首府墨爾本（Melbourne），這裡當時是澳洲最大城市。她知道，這個富有的城市會更適合銷售頂級產品，但銀行不會因為事業擴充需求貸款給女性。因此，魯賓斯坦的作戰計畫是，先找到一份茶館服務生的工作維持生計。在那兒，她認識了羅伯茶葉公司（Robur Tea Company）的經理詹姆斯・亨利・湯普森（James Henry Thompson）。他很可能提供魯賓斯坦開一間小店的種子資金、給她創業上的建議，以及協助撰寫英文廣告（魯賓斯坦後來在她的美容建議手冊中，加入羅伯茶的廣告，回饋湯普森的幫助）。

現在，魯賓斯坦擁有自己的沙龍，並開始以美容專家面對顧客。她可以「診斷」皮膚並開出合適的「療法」。魯賓斯坦引入現在常見的觀念，即人們有不同的「問題」皮膚類型——油性、乾性等——每種皮膚都需要獨特的護膚方案。她以醫學專家之姿，搭配有無限想像空間的奇特成分，讓女性願意花六先令（約三十美元）買她的十便士面霜，幾乎是鄉村版的八倍加價。實際上，魯賓斯坦的產品來自墨爾本的批發商費爾頓・格里姆瓦德公司（Felton, Grimwade & Company），該公司根據當時標準配方生產這些產品。魯賓斯坦賣的是故事，而不是成分。

隔年，魯賓斯坦在墨爾本高級購物區柯林斯街（Collins Street）開設一家更大更高雅的沙龍，帶領她的事業版圖進入

快速擴張期。一九〇五年，她的妹妹切斯卡（Ceska）和她的表妹蘿拉（Lola，像魯賓斯坦一樣自稱是**維也納**的美容專家）接手柯林斯街的店，讓魯賓斯坦可以在雪梨（Sydney）、紐西蘭再各開一家店。約莫此時，魯賓斯坦認識了一個猶太人，波蘭裔美國記者愛德華・威廉・鐵達時（Edward William Titus）。一九〇八年，兩人結婚後移居倫敦，又開了另一家店。

鐵達時是一位天生的商人，他寫了一系列小冊子叫「醞釀中的美麗」（Beauty in the Making），側寫魯賓斯坦運用科學方法開發有效的美容療法的故事，以便鞏固她勇敢無畏的研究者形象。一九〇九年，魯賓斯坦在巴黎開設一家沙龍，夫妻倆在兩個兒子出生後搬到那裡，留下魯賓斯坦另一個妹妹負責倫敦的業務。愛德華和赫蓮娜夫婦兩人很快地就在巴黎社交圈打開人脈，經常舉辦華服晚宴，結交社會精英。

相較於其他魯賓斯坦曾經設店的城市，巴黎不同的地方在於，高檔化妝品市場已相當活絡。魯賓斯坦為了切合市場狀況，讓自己和產品看起來精緻優雅，嚴格要求員工甚至熟人朋友，都稱她為「女士」。同時，她為求能進一步坐穩專家的地位，還親自去請教皮膚科醫生，然後私自亂改醫生的研究成果，以「科學的美」（beauty as science）這一辭彙，傳達她的主張全是基於醫學研究觀點。所以，行銷製作物裡面會出現魯賓斯坦穿著白袍在實驗室認真工作的模樣。你不必是女演員，也可以扮什麼像什麼。

魯賓斯坦的沙龍除了銷售美容產品，還提供各式各樣的

美容療法，從相對無害的療法〔電解、臉部按摩、幫助肌膚呼吸的「有氧化」（oxylation）〕，到有潛在危險的療法〔強效化學脫毛劑、消除皺紋的石蠟注射、可震動臉部讓肌肉緊實的「電聲」（electro-tonic）療法〕，應有盡有。所有這些偽科學當中存在一個最重要的觀點，就是年齡不是問題，科學才是關鍵。有了科學，歲月不會留下痕跡，甚至可以倒轉——至少在外貌上如此（如果你有意謊報年齡，這招不錯，因為魯賓斯坦二十初頭歲就這樣做了）。女人可以打破隨著年齡增加外表就不再年輕的魔咒，只要她們願意付出努力，還有金錢。

「沒有醜女人，」魯賓斯坦說，「只有懶女人。」

一九一四年，由於丈夫沈溺於女色，魯賓斯坦的婚姻觸礁。一戰爆發時，她讓妹妹寶琳（Pauline）負責巴黎沙龍，並離開歐洲在紐約市成立連鎖美容沙龍（她和丈夫在一九一六年協議分居，儘管後來在生意上還是需要他的幫助）。

魯賓斯坦在美國開設的沙龍，在設計上完全反映赫蓮娜這個品牌一心想躋身頂層的事實：超奢華的裝飾風格、如胡安‧米羅（Joan Miró）和薩爾瓦多‧達利（Salvador Dalí）這類前衛藝術，甚至還設有餐廳和健身房。魯賓斯坦為拉高加值定價策略的規格，要完全復刻她的歐洲沙龍成功的要素。這代表各分店之間要有一致的品牌操作。由於已經沒有其他親人可以協助經營新沙龍，魯賓斯坦投入大量資金培訓銷售員，讓所有分店都能使用相同的話術和銷售技巧。魯賓斯坦了解每個員工都是品牌大使。他們甚至還為了營造專業美容師的威信，穿起了

白色制服。

　　魯賓斯坦從曼哈頓東四十九街的「天之禮讚沙龍」（Maison de Beauté Valaze）起步，不久之後在舊金山、費城和紐奧良（New Orleans）迅速擴展沙龍店，在美國建立起了美容帝國。她為了避免產品需要一直進口的麻煩，於一九一六年成立赫蓮娜・魯賓斯坦美妝製造公司（Helena Rubinstein Beauty Products Manufacturing Company），負責生產赫蓮娜・魯賓斯坦沙龍線的產品，以及其他有在藥房和百貨公司販售的產品（以魯賓斯坦的行事作風，她繼續聲稱產品是「從巴黎直接進口」）。赫蓮娜・魯賓斯坦接著以俄羅斯美容專家的身分介紹她自己，因為奧地利在一戰與德國結盟，維也納當時聽來有比較負面的意涵。

　　一九二六年，魯賓斯坦整合所有美國業務，並在兩年之後以七百三十萬美元，將手上大部分股票賣給了雷曼兄弟（Lehman Brothers）。以當時的情況來看，她賣出的時機抓得剛剛好。九個月後，股票市場暴跌，連鎖店的價值一落千丈。魯賓斯坦在一九三一年回購她對公司的控制權，賣高買低讓她賺翻了。

　　在經濟大蕭條後的幾十年裡，魯賓斯坦將美國事業推向另一個高峰，她意識到，以自己的年齡，要用無暇肌膚說服別人有些牽強。她的宣傳照經過精心的噴刷處理，為的就是要抹去數十年的老態痕跡──但在四處宣傳過程中，沒經過修圖的魯賓斯坦把顧客嚇壞了。最後，魯賓斯坦讓侄女瑪拉（Mala）等

破壞性競爭

年輕正妹採用她的姓氏、負責品牌的面對面宣傳，才解決這個問題。

直到一九三〇年代後期，魯賓斯坦才嗅到美國監管機關對於她誇大產品訴求的做法正展開抵制與反彈。特別是一九三八年的《美國食品藥品和化妝品法案》（American Food, Drug & Cosmetic Act），迫使魯賓斯坦低調處理她的廣告。然而，木已成舟，她所建立的金字招牌，早已為全球數百萬婦女所信賴。有五家工廠在生產產品，準備銷往六千個經銷點，其中包括從墨爾本到米蘭（Milan）等大城市中的二十七家赫蓮娜‧魯賓斯坦沙龍。最後，她的產品是否能像她自始至終聲稱的那樣有效地除皺去斑並不重要。魯賓斯坦的香脂、油膏和乳液，最終都無法提供任何可量化研究的東西。更不用說她所有未經醫學驗證的水療護理了。

魯賓斯坦經常乘船穿越大西洋（Atlantic）以管理橫跨兩個半球的大美容帝國。一九三八年，在一次航海行程中，這位六十八歲的企業家遇到了小她二十三歲、自稱喬治亞（Georgia）王子的阿奇爾‧古里裡利‧特克科尼亞（Artchil Gourielli-Tchkonia）。後來兩人結婚了。魯賓斯坦沒有仔細地做身家調查，她從經驗得知，有夢最美、幻想無罪、開心就好。她甚至還創造了一系列以她摯愛的丈夫命名的男士護膚產品和香水。

兩人一起生活了十多年，直到一九五五年這位王子因心臟病發歸息主懷。魯賓斯坦本人則於一九六五年蒙主寵召，享年

九十四歲。當時她擁有的沙龍和工廠遍布十五個國家，資產價值超過一億美元。如今，她一手催生的全球化妝品產業價值超過○‧五兆美元。

CASE 21

葡萄乾地獄：聖美多 vs. 葡萄乾黑手黨

二○一八年，在工作一天後，哈利‧奧弗利（Harry Overly）正要開車回家，迫不及待想看到妻子。她正處於懷孕最後三個月的階段，所以這是一段特別非常時期。儘管奧弗利希望這份新工作的壓力能小一點，他仍然很興奮有這個機會。「聖美多」（Sun-Maid）集合加州夫雷士諾（Fresno）及周邊地區的葡萄乾種植者，以合作社形式成立一個多世紀之後，他被任命為執行長，花了幾個月才終於適應這個角色。不過，這一切並不容易。奧弗利自認知道包裝食品企業裡裡外外的一切。他待過的食品製造商不少，從卡夫食品（Kraft）、箭牌（Wrigley）到貝托利（Bertolli）橄欖油都在其列。但是在聖美多，奧弗利發現葡萄乾雖然一樣是褐色的一小粒，卻一點也都不像橄欖。兩者差遠了。

他在坐上聖美多最高職位不久之後，即肩負著要讓耐嚼、對兒童無害的葡萄乾符合新時代需求的任務。幾乎同一時間，葡萄乾產業其他業者施壓奧弗利一起參與非法勾當。這種幕後交易遠非一種新戰略，早已是加州葡萄乾產業的一部分。至少這是奧弗利開始意識到的狀況。儘管他本來對這種繪聲繪影嘶

之以鼻，但現在他開始相信所有這些關於「葡萄乾黑手黨」的傳聞。至少能說，到了令人憂心的地步。

無論真假，這些都留給明天再煩惱吧。今晚應該要關心的是他的妻子。

奧弗利將車停進他的車道，然後下車走上新家門階。他發現有一張紙條塞在前門縫隙。一陣恐懼襲來，他抽出紙條並打開它。

「你逃不掉。」

奧弗利假裝鎮定，將紙條再次折好。其他人可能會藉此機會要家人打包，轉往其他方面試試運氣：橘子或者是冷凍食品。但他不會。他來這裡是為了挽救葡萄乾業，而且他不會讓這些懦夫般的行為擋住他的路。

也就是說，他肯定要安裝保全系統。

＊　　　＊　　　＊

有時候最激進的戰術會出現在最意想不到的戰場上。拿葡萄乾生意來說吧，沒有什麼甜食比葡萄乾更普通的了。棕色皺皺的一小粒，加在玉米片或優格裡可以增添些許甜味，放在燕麥餅乾或萊姆葡萄冰淇淋則有令人愉悅的咀嚼感。然而，血腥的戰鬥卻因它而起。有時，「商業戰爭」中的戰爭兩字並不是比喻而已。從歷史上看，葡萄乾一直是美國最暴力的產業之一。一個多世紀以來，使出非法手段已是稀鬆平常的事。

十九世紀時，許多移民到美國西部來淘金，但農民，尤

其是地中海沿岸的農民，知道加州真正值錢的東西在哪裡。中央谷（Central Valley）漫長而乾燥的夏季使其成為種植水果的理想國度，而這種水果在美國大部分地區都種不太起來。這個地區一旦有了充足的灌溉，就能變得茂盛肥沃，柳橙、杏仁和葡萄的產量有可能足以供應整個國家。第一條橫貫大陸鐵路（First Transcontinental Railroad）於一八六九年完工，從東部吸引大批移民，同時也讓這些新種植者能把農產品快速運輸橫貫全國。一八七二年，中央太平洋鐵路（Central Pacific Railroad）延伸至聖華昆谷（San Joaquin Valley），農民用水淹灌這區，試種不同的農作物，以便知道哪些農作物可以生長，以及運往東部時是否可以禁得起火車的熱氣。一八七三年，一位名叫法蘭西斯・艾森（Francis Eisen）的農夫在夫雷士諾以東種植了約十公頃的麝香葡萄。他發現該地區不僅種植葡萄很理想，而且還是日曬葡萄的理想大地。幾年之內，他透過鐵路運送一箱又一箱堅硬耐熱的葡萄乾至全國各地。到一九〇三年，加州的葡萄乾年產量約為五千四百萬公斤。

　　對於所有加州的種植者來說，問題在於將產品推向中西部和東岸的市場非常昂貴。諸如有冷藏設備的火車廂和化學防腐劑之類的創新技術，可用於運送更精緻的農作物，但是布建和維護必要基礎設施並不便宜。即使農民負擔得起，農作物價格的波動也使得利潤高低難測。農民要讓這些新農場蓬勃發展，需要相互合作制定價格和調節供應。

　　農民根據自己的作物加入不同的農業合作社，例如代表柑

橘種植者的香吉士（Sunkist）和代表杏仁種植者的藍鑽（Blue Diamond）。在這種模式下，個體農民授權合作社，可以代表他們協商議定農作物的價格。如果有足夠的人參與，則合作社就有足夠的議價能力來設定更高的價格。這種方法讓每個農民有更好的回報，並證明了種植水果銷往全國各地的風險和成本在合理範圍。如果加州的農業要達到經濟規模，那麼合作模式至關重要。

在所有這些加州合作社中，最具侵略性和壟斷性的是聖美多。該組織成立於一九一二年，前身為加州葡萄乾聯合公司（California Associated Raisin Company），到一九二〇年代，該組織更名為「加州聖美多種植者」（Sun-Maid Growers of California），代表了加州八五％的葡萄乾種植者。

只有入社農民夠多、和買家談判很夠力的情況下，農業合作社才能發揮作用。但是，當有這樣的合作社存在時，個體農民還是可以用自營方式為自己賺更多錢。一旦合作社為了產品定價而費心地控制供應量時，這些只想牟取私利的不肖業者就可以藉著削價競爭來分一杯羹。在經濟學上，稱為搭便車問題。但是，一顆老鼠屎壞了一鍋粥。如果個體農民拒絕加入合作社，合作社將不得不想辦法說服他們。不幸的是，如果說不通，也別無選擇，沒有其他好辦法。

起初，合作社試圖想用社會壓力來壯大自己的隊伍：在中央谷的各個城鎮舉辦遊行和宣傳，把四月三十日訂為葡萄乾節（Raisin Day），合作社甚至創辦了自己的雜誌，利用各種措

施來營造大眾參與的印象。但是當這種方法無法獲得充分參與時，農民便採用一種新戰術：暴力恐嚇。整個葡萄乾產業都擠在幾百平方公里的缺水山谷內。不久前，一群所謂的夜騎士趁著黑夜掩護入侵鄰居的農場，摧毀葡萄樹，還向建築物發射子彈，甚至人身攻擊農民，脅迫他們簽訂合約。一名被痛毆的農民故意將自己的鮮血塗在簽署的協議上，暗禱合約在法庭上是無效的，事實證明這是正確的。

聖美多從未直接參與過這些攻擊。它只是鼓勵大家團結起來反對這些不合作的鄰居。當參與骯髒的把戲時，推諉不知情（plausible deniability）是關鍵。一九一五年，合作社宣布「所有已簽訂的合約……但任何形式的暴力行為將使合約失效。」儘管合作社向公眾宣示自己高尚的意圖，但在有默契的鼓勵下，夜騎士仍繼續這些黑手段。同時，地方當局對此也視而不見。許多不合作的農民是日本人、亞美尼亞人（Armenian）或墨西哥人，而聖美多則是由中央谷中強大而互有關聯的白人經營的。在暴力侵略和種族主義鼓吹下，聖美多成為加州最大的壟斷者。

在一九二〇年代初期，也就是一戰後亂糟糟的那段時期，聯邦政府終於出手干預。司法部開始調查葡萄乾產業，查到農民簽署參與合作社時所遭受到的「不受約束的暴民統治」（unchecked mob rule）。在一九二二年，國會通過規範聖美多等農業合作社的立法。但是，法律雖明確地導正價格問題，可是只要求價格「公平合理」。儘管從理論上來說，農業部長

有權決定標準，但是自法律通過以來，這項權力從未在本世紀被行使過。

在夜騎士撤退後的幾十年中，聖美多在大眾眼中才變得比較高尚得體。一九八〇年代紅極一時的趣味黏土動畫（Claymation）廣告——「熱舞的加州葡萄乾」（California Dancing Raisins）演唱「葡萄乾告訴我」（I Heard It through the Grapevine）——使葡萄乾在流行文化中占有一席之地，並振興了低迷的銷量。但是在背後，產業本身的殘酷文化幾乎沒什麼改變。聖美多拒絕讓其他品牌在自己的包裝上印上熱舞的葡萄乾，即使整個產業都有贊助這支廣告。聖美多品牌從廣告中獲得不成比例的收益，即使廣告超級成功，但只有聖美多得到好處。最終同業還是投票決定終止該廣告。

如今聖美多屬於八百五十個農家，這些家庭在加州中部的農地總面積約為二萬公頃。它們代表了四〇％的美國葡萄乾產業，平均每年生產約九千萬公斤的葡萄乾。同時聖美多仍然堅決承諾反對暴力。儘管聖美多已承認二十世紀初存在有「發生在農業和其他發展中產業裡令人感到遺憾的歷史共業」，但它堅稱「既不容忍也不鼓勵任何強制性的做法，也無有關本公司參與過的紀錄。」然而，據內部人士表示，價值五億美元的葡萄乾產業仍然充斥暴力和強制手段。

二〇一七年，聖美多聘請了三十八歲的消費食品品牌資深老將哈利・奧弗利擔任新執行長。當時的想法是注入新血來調理這個患有幽閉恐懼症的產業。但是奧弗利所遭遇到的不正常

文化，給了他重磅震憾。在他拒絕與其他同業參與非法勾結之後，氣氛立刻變得充滿敵意。顯然這些葡萄乾農民可不是鬧著玩的。

奧弗利告訴《紐約時報》：「我很快就發現，這個產業對於想辦法把餅做大不感興趣。這個產業只是在想如何相互竊取別人手中那塊餅。」同時，自「熱舞的加州葡萄乾」廣告不上了以來，葡萄乾的需求一直在下降。湯普森無籽葡萄（Thompson seedless grape，用於製作大多數葡萄乾的品種）的種植面積從二○○○年到現在已減少了大半。

奧弗利為了讓葡萄乾更貼近新一代消費者，希望能降低價格，但是這個計畫導致他與葡萄乾議價協會（Raisin Bargaining Association，RBA）發生直接衝突，後者以聖美多為核心成員。儘管需求減少，協會領導人仍希望提高價格──奧弗利認為這是不切實際又反直覺的舉動。當談判失敗，新任執行長帶著聖美多完全退出議價協會。沒多久，奧弗利和他的家人就受到暴力威脅。在威脅紙條留在他的前門之後，奧弗利採取安全措施保護他的家人和聖美多的供應量。紙條上的留言還威脅要燒毀所有農作物。

直到今天為止，還不知道到底是誰恐嚇了奧弗利，但毫無疑問的，所謂的葡萄乾黑手黨不僅存在，並且在中央谷還囂張得很。

* * *

詭計、謊言，甚至暴力，可見一斑。當賭注夠大時，一些領導者會搬出庫藏武器擊退敵人，進而確保公司未來的生存。儘管可能會在公眾面前出醜，甚至導致法律後果，但政府對公司不當行為的懲罰，並不像對個人犯罪那麼嚴厲——尤其耍陰招的一方還是大有所成的美國公司時。立意良善的新法規將來可能會排除這些特別令人生厭的手段，但是惹出麻煩的一方很少被要求退回大部分欠款。因此，欺騙的文化依然存在，而某些領導者也一直在動腦筋找新花招。也難怪，陰謀詭計會橫行於所有產業，並且為那些從不考慮私底下有多不道德的領導者所用。在商業戰爭中可以不擇手段，因為「兵不厭詐」。

但是，有些勝利不是在戰場上獲勝就算數——至少不是用舊方法就能勝出。這類戰爭不是一天兩天的事，而是長達數周、數月甚至數年。贏得顧客以及自家員工的喜愛和尊重，是贏得這類戰爭的方法。即贏得人心，不戰而屈人之兵。

第8章

得民心者得天下

「上下同欲者勝。」

《孫子兵法 · 謀攻篇》

舉凡行銷、廣告和公關，能打造有說服力的訊息——而且能吸引消費者聽完它——那麼公司在市場上就占有無可匹敵的優勢。

每個企業都在運用說服力。即使像 Zara 一樣放棄傳統廣告，也能傳達出強有力的訊息。消費者一定想當然會認為，有種不打廣告的公司肯定是夠好，才能只靠口碑。

當然，這種策略要走得久，必須要先有能炸翻天的產品。

實際上，出色的執行能力能讓任何消息很容易就炸開來。正如我們一再看到的，成為第一當然好，但最好還是成為最棒的那個。至於傳播溝通方面，既是大眾熟悉的產品又有具體產品效益的話，會很有幫助。解釋愈少、訊息愈簡單，愈容易廣布流傳。如果產品效益很難懂，那麼你需要真正大師級的說服力。就像赫蓮娜·魯賓斯坦一樣，你必須要很會編故事，知道如何賦予新式祕藏水療神祕的色彩，讓它充滿回春的希望。

我們將在本章中看到，最好的行銷是給顧客**和**員工一種他們可以信服的產品，然後讓他們與他人分享這種信念。

CASE 22

打造真正的信徒：巴塔哥尼亞

一九七〇年一個壯麗的夏日，攀岩者伊方·修納（Yvon Chouinard）正攀上優勝美地國家公園（Yosemite National Park）酋長岩（El Capitan）。儘管天氣晴朗，但是他卻快受不了。而且，非常火大。

　　修納知道自己應該已處於世界之巔，如同他攀向酋長岩頂端一樣。新公司「修納登山用品」（Chouinard Equipment）已成為美國最大的攀岩用品供應商。這個品類沒什麼競爭，工作也令人滿意，員工也都很出色。實際上，他大多數員工原先都是攀岩同好。況且，還有什麼地方能讓執行長一整天攀岩，而且把它說成是「工作」？

　　但是，修納感覺很糟。當他在岩石表面的裂縫錘入公司的鋼製岩釘時，他不禁注意到，上面布滿了新的孔洞和裂縫。攀岩者用來固定繩索的長釘，在短短的時間內已經讓酋長岩的面容千瘡百孔。修納在幾年前的夏天才開始攀爬這條路線，當時他的公司還沒有真正起步，那時酋長的臉還很完好。現在它居然已經毀容了。他知道這其實應該歸咎於誰：他自己。

　　十多年前，修納創立修納登山用品時，攀岩在美國還是很新穎的戶外運動。而這種戶外運動能快速成長，部分歸功於他自己的產品。修納之所以選擇創業，只是為了有足夠的錢讓他維持這種戶外生活方式，並將他對大自然的熱愛傳播給他人。如果大自然反被他自己的資本主義活動破壞，那麼真的是諷刺到家了。

　　當修納手指正緊緊用力把自己吊在離地幾百尺的空中時，他考慮要把所有岩釘的生產線都停掉，儘管這是公司最重要的收入來源。但是他也意識到，一旦到達山頂，就無法不爬下山。如果公司停止製造岩釘，攀爬族還是會去別家買。

　　但是，如果他們**不再需要**它們呢？

　　修納知道，一些英國登山者利用大大小小的鋁條楔形塞楔入裂縫以固定繩索，而不是用釘錘。楔形塞可以拆卸並重複使用，而不會損壞岩石。大多數攀登者不使用楔形塞，因為與岩釘相比，看起來不夠安全。但是，修納同時是一位聰明的鐵匠，還有著深厚的領域知識。他只花點功夫，就確定自己能製作出結實耐用的楔形塞。但是他如何說服世界各地成千上萬的攀爬者，將生命託付給另一種技術，而這些技術其實全都是為了保護岩石而開發的呢？要如何讓他們像自己一樣疼惜花崗岩呢？

　　當修納對這個挑戰愈想愈起勁時，他繼續攀岩。公司會很快發布一份完整的型錄。如果他希望顧客嘗試新東西，也許這個型錄可以說服他們。

＊　　　＊　　　＊

　　一些最成功、最富韌性的公司之所以能蓬勃發展，在於能與顧客建立長久的關係，而這種關係建立在自家產品價值的一貫性，及其能夠一以貫之傳達他們的價值。天才領導者和行銷人從自己的組織內部開始滲透：他們先贏得員工的使命感。一旦製造產品的人成為真正的信徒，風行草偃，顧客會不由自主地跟隨——實際上顧客就是王牌銷售員。

　　要鼓舞激勵員工成為信徒，領導者的價值觀必須超越賺錢牟利。當產品不僅僅是產品，當工作是為了更大的願景，那麼志同道合的人將會跟隨你到天涯海角。

　　巴塔哥尼亞（Patagonia）的反骨創辦人伊方・修納（發音 ee-VON shoo-ee-NAHR）從採購原料、生產到與顧客溝通，一次又一次不怕麻煩，堅持對的選擇，幾十年下來，已成為戶外服裝產業的潮流領導者。這種堅持不僅傳達出品德，而且對自身負責的態度，讓品牌贏得消費者無與倫比的信任。

　　修納的書《越環保，越賺錢，員工越幸福！》（*Let My People Go Surfing*）已成為這個時代的經典之作。他在書中解釋了這種企業理念，而這本書本身就是企業訊息傳播的傑作：

　　我們的品牌推廣工作很簡單：告訴人們我們是誰。我們不必創建虛構的角色，如萬寶路牛仔（Marlboro Man），或者像用雪佛龍（Chevron）用虛假的關懷活動打廣告——「我們同意」（we agree)。寫小說比寫非小說困難得多。小說需要創造力和想像力，非小說只需處理簡單的事實……巴塔哥尼亞的形象直接來自創辦人和員工的價值觀、嚮往戶外，以及本身的熱情。儘管很具體，還可命名，但不能把它變成公式。實際上，巴塔哥尼亞的形象來自於真實，因此抽象的公式會破壞它。而令人感到諷刺的是，巴塔哥尼亞之所以真實，一部分原因是它一開始就不在乎形象。

　　　　　＊　　　＊　　　＊

　　伊方・修納在一九三八年十一月九日出生於緬因州（Maine）的里斯本（Lisbon），小時候想著長大後當獸皮獵人，

或者從事任何可以整天在戶外的工作，最好是能用雙手幹活。修納的父親是來自魁北克（Quebec）的法裔加拿大人，一個喜歡戶外活動的硬漢，從事過各種行業——木工、水電工——除了教會兒子這些技術外，還培養出伊方認真工作的態度和懂得欣賞優質工藝的慧眼。

里斯本鎮住著許多法裔加拿大人的家庭，到七歲前，修納上的是一所法語天主教學校。因此他在家裡或學校很少說英語。當全家為了改善父親的哮喘病而搬到空氣乾燥的加州時，英語這事引起了一些問題。修納在伯班克（Burbank）上的是一所公立學校，在那裡他不斷遭到霸凌。他的新同學認為Yvon 是個女生的名字。而他因為還在學英語，課業跟不太上，只有工藝課是例外。

在這樣的成長過程中，修納發展出驚人的獨立性格也就不足為奇了。他開始騎自行車到洛杉磯河（Los Angeles River），還有一些都市地景的自然空間釣魚捕蝦，甚至用弓箭獵捕兔子。他感覺到自己內心澎湃熱血，很想自己出去闖蕩。隨著英語愈來愈進步，修納有了「超能 [1]」（misfits）戰友。他們一起成立了「南加州獵鷹俱樂部」（Southern California Falconry Club），訓練獵鷹狩獵（該州第一個獵鷹法規制定時，他和俱樂部也有出力，由此可見他未來會是行動主義者）。其中一個成員教修納如何在懸崖上繞繩下降到達獵鷹鳥巢處，俘獲小鷹來訓練，修納自此開始著迷上繞繩下降法。起初，他做

---

[1] 譯注：《超能少年》是英國科幻電視劇，主角是一群有超能力的少年。

的方法非常簡單，將繩子纏繞在臀部和肩膀上以控制下降速度。但是，在沒有專業裝備的情況下，沿著崖壁急降很危險，給這名十幾歲少年帶來至少一次瀕死經歷。因此修納運用他的機械技能，為自己製作皮革速降服裝，解決這個問題。

繩降變成了攀爬。十六歲時，修納攀登了懷俄明州（Wyoming）最高峰干內峰（Gannett Peak），並一個人在提頓山（Tetons）度過了剩餘的夏天，隨後的幾個夏天，舊地發展他的登山攀爬能力。他後來寫道：「現在回想那些攀爬的當年勇，有時會覺得自己能活下來，真是個奇蹟。」

修納在山巒俱樂部（Sierra Club）結識了其他攀爬愛好者，沒多久就去了優勝美地國家公園，要攀爬以前從沒人來過的岩壁。要成為第一批登頂的人，修納需要適當的裝備。他買了一個二手燒煤鍛爐、一個鐵砧和一些必要的工具，甚至自學打鐵，開始鍛造自己的攀岩鋼釘。慢慢地，修納開始做起小生意，賺錢養他的攀岩興趣。

多年來，他一直在冬天製作裝備，一年裡剩下的時間則在各個攀登點之間旅行，不搭帳篷就在戶外睡覺，出售放在後車廂的裝備給遇到的山友，維持生計。每天通常賺不超過一美元，因此他還打起松鼠、松雞和豪豬來為自己加菜。同一時期，修納經由閱讀如山巒俱樂部聯合創辦人約翰‧繆爾（John Muir）、拉爾夫‧沃爾多‧愛默生（Ralph Waldo Emerson）和其他美國先驗主義者（Transcendentalists）的文章後，有了他的中心思想。他很高興自己對攀爬沒有任何目的，而攀爬對

自己也沒有產生任何經濟價值。他開始鄙視消費文化，計畫在曠野大地上度過餘生。鍛造打鐵僅僅是達到目的的一種手段。在伯班克時，修納在一個小屋裡製作攀登裝備，甚至製作了他的第一份「產品型錄」，單頁而已還印了一段警語：不要指望在攀登季節時產品能及時交付。一九六四年，修納和他的新朋友首次由北美大牆路線登上了酋長岩（North America Wall of El Capitan）。

修納可能對消費抱持懷疑態度，但攀爬族對他的產品倒是很肯定。他受到父親的影響，非常重視工藝品質。設備不僅本身製作精良，而且是設計者本身花費大量時間所研發最先進的攀爬設備。這些產品是修納最棒的行銷大使——它們不需要打廣告。

但是隨著訂單增加，手工鍛造變得不可行了。修納僱用員工，使用更先進的機械設備、建立生產線，擴大生產規模。為了好好享受衝浪，一九六六年他將工廠遷至加州文土拉市（Ventura），並在接下來的十年內陸續把產品改良得更堅固、更輕便和更簡易。修納和他的員工自己也是這些裝備的使用者，因此品管對於他們所有人來說都是生死攸關的事。

多年持續不斷的創新使產品線自成一格且令人印象深刻。修納解釋說：「在山牆的底部，很容易發現修納登山設備製造的工具。我們的產品脫穎而出，因為它們的線條[2]（line）最乾

---

[2] 譯注：此處 line 為雙關語，除了指產品造型，也暗指使用他們的產品所攀爬路線會最乾淨。

淨。」攀爬族看到其他同好既實用又優雅的裝備，自己也想要有一套，於是殺到工廠直接買。最終，來自批發商的訂單開始湧入。隨著公司產品愈來愈受歡迎，以前在後車廂交易的模式不再能降低成本，於是公司開了一家專門店，甚至開始出口到其他國家。雖然銷量年年翻漲，但修納還是像以前一樣，只要夠支付生活費用，讓他可以去攀岩，他就什麼都不管。

到一九七〇年，修納登山設備已成為美國最大的攀岩設備供應商。儘管該公司飛速成長，但實際利潤並不多。修納不斷修改自己的設計，這意味著原本使用壽命可達三年或更久的昂貴器具和模具，一年後可能就會被丟棄。但是比起利潤，修納有更擔心的事：所有攀岩活動使岩石表面到處都有新的孔洞和裂縫。當他看到原先很原始的酋長岩路線損害多麼嚴重時，心裡那份驚恐激發他下決心要一勞永逸解決這個問題。

一些英國攀爬族使用的是楔形塞，它們是將鋁條滑入現有裂縫中，而不是使用岩釘。但是這些都不太可靠——大多數修納認識的攀爬者都不想拿生命冒險。因此，修納開發了一種改良過且更安全的楔形塞，並且放上他的完整型錄首發版。但是，要讓攀爬族廣泛採用這款楔形塞，將需要更多的時間。

就像鍛造一樣，塑造公眾輿論也是一種工藝。既然修納可以像鐵匠打造攀岩硬體設備，輕鬆地鍛造武器。同樣地，以道德為訴求的廣告可能才是一勞永逸的辦法。如同他對資本主義戒慎恐懼的做法，他知道自己的產品型錄是一個理想的機會，可以讓該公司成千上萬的產品愛好者信服並相信他的手藝。從

岩釘轉向楔形塞會使所有人受益，但這需要集體無私的行為，以實現更大的利益。依靠政府法規並無法實現這一目標。正如修納後來說的：「你必須先改變消費者，然後企業才會跟上，接著政府就會遵循企業。」儘管修納的設計解決現有楔形塞的安全性問題，但他知道大多數攀爬者會自然轉向他們最順手的工具。為什麼要冒險切換？想要打破長久將岩釘牢牢錘入岩石的習慣，沒有洪荒之力，恐怕一個小凹洞也打不出來。

修納的第一個完整型錄開頭，是長達十四頁由著名登山家道格‧羅賓森（Doug Robinson）撰寫的文章，內容是關於一個新名詞：「潔淨攀登」（clean climbing）：

潔淨，因為經過的攀爬者不會改變岩石。潔淨，因為沒有任何東西會錘入岩石內再拔出來，然後岩石留下疤痕，而使下一個攀爬者的體驗變得不再那麼自然。潔淨，因為登山者的愛護幾乎不會留下任何攀爬的痕跡。潔淨是攀登岩石而不改變岩石。對於自然人而言，又更靠近有機循環的攀登了。

儘管這篇文章不是修納寫的，但它是修納的核心理念。他的公司不是在「寫出虛榮、貪婪或罪惡感的文案」，而是堅持「事實和理念」。這篇文章是經過徵文才放在型錄開頭，修納重新定義了一代攀爬者的攀登道德觀念，並且走了很長一段路，只為保存他心愛的岩壁以供後人攀登。在短短幾個月內，岩釘的銷量下降，楔形塞的需求飆到頂點。

　　當然，如果楔形塞不重要、不切身相關且不值得攀爬族注意的話，它們將永遠原地踏步。修納寫道：「推廣能改變遊戲規則的產品很容易，因為沒有競爭，而且有很多故事可以講。如果我們推出了難以推廣的產品，可能是因為它與其他產品沒有什麼不同，那我們或許一開始就不應該製造它。」

＊　　　＊　　　＊

　　到一九七二年為止，攀登活動所需的所有物品，修納登山用品幾乎都有得買：不僅包括各種硬體裝備，還包括特製的褲子、襯衫、帽子、手套和背包。為了跟上生產的進度，公司擴展到了隔壁的工廠。隨著服裝產品對公司愈來愈重要，特別是在利潤方面，衍生了是否該把這個產品線拉出來單獨命名的問題。修納登山用品是攀爬族的知名品牌，但修納希望使用族群從登山攀岩拓展到其他戶外活動。沒有道理硬把服裝產品線與硬體設備綁在一起。用未來型錄裡的話說，巴塔哥尼亞[3]這個名字之所以中選，是因為它讓人聯想到「冰川融化成峽灣、鋸齒狀的波峰、南美牛仔和禿鷹的種種浪漫景象。」

　　在一九八〇年代，公司繼續朝多元化發展，開發新的領域，並針對冷、熱和潮濕等戶外活動會遇到的基本問題，提出尖端創新的解決方案，使得銷量翻漲五倍，從二千萬美元至一億美元。修納並不想發大財，他一直將巴塔哥尼亞所賺的利

---

[3] 譯注：巴塔哥尼亞（Patagonia）是西班牙語，指分布在南美洲南端的區域，位於今阿根廷和智利境內。

潤回放公司。

　　但是隨著巴塔哥尼亞以飆速成長，公司差點擱淺。看似無窮無盡的需求帶來了幾乎失控的成長，一九九一年經濟衰退來襲時，該公司的銷售額「僅」增長了二〇％，遠遠低於預期。修納被迫解雇了五分之一的員工，其中包括續任員工的親友。這場危機迫使修納盤點自己一手建立的事業。他不喜歡看到眼前的一切：

　　我們自己公司的成長超出了現有的資源和限制；像世界經濟一樣，我們已經變得太過依賴自己無法維持的成長。但是，作為一家小公司，我們不能不理會這個問題，期望它自動消失。我們迫於重新思考我們的優先順序，並制定新的做法。我們必須開始違反規則。

　　巴塔哥尼亞採取了許多務實步驟來導正財務狀況。但同樣重要的是，修納開始帶領他的員工，踏上為期一周的露營之旅。他會讓小組圍成一個圈，一個接一個向他們講解巴塔哥尼亞的理念、倫理和價值觀，由於他是公司唯一的老闆，所以這也是他個人的倫理和價值觀：

　　現在我意識到，當時我想做的就是在關鍵時刻向我的公司灌輸我身為個人、攀岩者、衝浪者、皮艇划艇者和飛蠅釣漁夫時，所學到的經驗教訓。我一直試圖簡單地過自己的生活，到

一九九一年，由於了解大自然環境的狀況，我開始多吃蔬果，並減少物質上的消費。

　　說服的炮口不見得總是朝外，尤其是一家成長飛速的大型公司。隨著員工離職和新員工加入，公司文化無可避免會轉變。任何組織做不到持續努力，都將逐漸和最初的使命和理想漸行漸遠。修納決定他不能讓情況繼續壞下去。他不想只是經營一家可以捐款給環保團體的公司。他想要「藉由巴塔哥尼亞建立一個模型，一個當其他企業在思索環保責任與管理、環境永續時可以借鏡的模型。」而如果自家員工未能一致向公司目標看齊，那就無法辦到。

　　要讓巴塔哥尼亞的「高度個人主義」員工朝著共同目標努力，對修納來說，一直是一種挑戰。他寫道：「要嘛必須說服他們公司要求的事是對的，要嘛他們必須親自看到這是對的。一些獨立的人，在他們『想通』這件事，或這件事變成『他們的想法』之前，會徹底拒絕配合行動。或更糟的狀況是，他們會以被動式攻擊來回應，以至於你以為工作會完成，但最終這個人就是沒做，這是一種表面上比較禮貌但代價卻更高的拒絕方式。」趁著野營之旅開講就是解決這個問題的方法。

　　巴塔哥尼亞在裁員之後，重新把公司有辦法承擔的成長列為重點，進而改善了財務狀況。一九九〇年代，公司又興旺起來，但這次不再是飛車式躁進成長。公司的焦點轉向供應鏈的每一個潔淨環節：完全換成有機纖維和再生合成纖維，減少

有毒化學藥劑的使用,並確保其供應商實行合乎人道的勞動條件。每一項改變都勢將大幅增加成本負擔。若不是修納很有耐心地持續進行內部勸說,像巴塔哥尼亞這樣的大公司,要想激發並引導必要能量來應付這些挑戰,絕無可能。

例如,在巴塔哥尼亞的整體溫室氣體排放和農藥使用指標中,棉花的影響很大。但是切換到有機棉不僅僅是成本更高而已。有機棉帶來許多新問題。其中一個問題是,居間的經紀商沒有足夠的材料來滿足巴塔哥尼亞的需求,這表示公司必須直接向個體農民購買,然後再對所有每一批產物自己做有機認證。還有另一個問題是,有機棉與傳統棉不同,它會粘上蚜蟲的蜜露,所以紡紗廠反對把有機棉用在他們機器上(最終,巴塔哥尼亞其中一家供應商找到一個聰明的解決方法:先冷凍棉花)。公司於一九九六年成功地將其所有棉花生產線轉換為有機生產線。

每當情況變得更複雜時,大多數公司的員工都會把燙手山芋丟出來,避免惹火上身。想讓整個組織為困難又複雜的目標同心齊力,而這些目標和底層員工又沒有直接關係時,說服本身就是一項了不起的傑作。修納是傑出鐵匠,但他的才能一直是在打造真正的信徒。

這一路走來,巴塔哥尼亞的產品型錄相當於大師級的說服課程,直接將修納的環保理念傳達給消費者,並鞏固品牌的真實性,進而帶動銷售。型錄要有效,裡面的照片很重要。最早期的型錄以山友們率真不做作的鏡頭為特色——因為沒有專

業模特兒的預算。但是這些照片的背後並沒有故事，而沒有故事，就無法傳達訊息。修納決定採用真實顧客使用真實產品的實境照。這種實拍手法很有說服力且具有啟發性：「與其用半裸不知名的紐約模特兒冒充登山客，不如讓真正叫得出名字的攀爬客真的去攀岩，雖然只露一點點，但這種影像要更性感得多。另外，它也更坦蕩蕩。誠實是我們在行銷和攝影上追求的目標。」多年來，巴塔哥尼亞採用實境實客的商攝做法，已成為戶外服裝業的標竿。

在這當中，有說服力的洗腦文從未停止過。自從成功說服攀爬者把他們的岩釘換成楔形塞以來，巴塔哥尼亞的型錄就一直在教育消費者：介紹能保暖、乾燥而又不增加重量的洋蔥式概念，或者使用合成材料，讓汗水在結凍前從身上吸走。儘管這些文章通常是為了推銷特定產品，但它們對自然界也有正面的好處。多年來，這已經建立了極大的信任度，繼而讓後續訊息傳播更能引起消費者共鳴。

這種信譽長期以來凝聚了許多為環境議題而奮鬥的力量，無論是為了恢復河川還是反對基改生物（GMO）。對於後者，巴塔哥尼亞的廣告放了一個簡單有力的標題：「一家戶外服裝公司對基因工程食品了解多少？還不夠多，你也一樣。」當倡導行動與巴塔哥尼亞的產品相輔相成時，公司會毫不猶豫利用這種影響力來推動銷售，而倡導行動依舊會有影響力。

公關對於任何企業來說，都是一個非常強大的工具，但是切入角度必須超出公司想推產品的私慾。當巴塔哥尼亞開發出

由可回收寶特瓶製成的人工羊毛時，公司免費得到的廣告效益相當於五百萬美元。修納寫道：「我們處理公共關係的方法是全力以赴：如果我們有新的新聞角度，就會積極爭取。我們會努力把故事告訴記者，無論是關於新產品、我們在環境問題上的立場，還是我們的關懷兒童計畫。但是，我們不會製作精美的公關資料袋，也不會在貿易展舉辦精心周到的媒體派對。我們認為，獲得媒體報導的最好方法就是說點些有料的故事。」

巴塔哥尼亞與 Zara 不同，還是會打廣告，但廣告宣傳通常只用不到百分之一的銷售額，遠低於大多數戶外用品或服裝公司。但在二〇一一年，該公司嘗試了一種連 Zara 都不會這樣做的反廣告策略：「今天是黑色星期五[4]（Black Friday），也是今年銷售由紅翻黑開始賺錢的一天。」這則全版廣告選擇於《紐約時報》開打。「但是黑色星期五及其所反映的消費文化，卻讓支持地球上所有生命的自然系統，陷入經濟困境。」廣告文案放在粗體標題「別買這件夾克」（Don't Buy This Jacket）下方和黑白拉鍊外套照片上方，那片空白把修納的想法表達得清清楚楚。它鼓勵消費者在一年中最大的零售日，減少、修補、再利用和回收現有衣服。

巴塔哥尼亞以具體的作為支持這項活動。公司收回任何巴塔哥尼亞產品再利用。當來自消費者的回收量不夠多時，公司就開設北美最大的服裝修改廠。公司訓練零售端的員工做店內

---

[4] 譯注：黑色星期五在美國通常指感恩節後的第一個星期五，許多商家推出促銷活動，是美國最忙碌的購物季。

基本修改，還更改了公司政策，允許顧客試著自己修改，而保固仍不失效。公司還創設一個以舊換新計畫，支持回購、清洗和轉售不需要的衣服。修納寫道：「由於這些商品的價格低於我們的正常價格，所以會有更多的人買得起，進而排擠掉粗製濫造衣物的市場，不然這些劣質衣物很可能一下子就會把垃圾場填滿。」

當宣傳活動反而讓銷量比上一年成長三〇％時，修納並不感到憂慮。他向員工保證，這次成長是來自新顧客，他們原先是購買其他品質較低劣的產品，現在產生了好奇心；這並不是因為既有顧客無視於公司的警語大買特買的結果。

雖然大多數企業都會運用說服力來撐大利潤，而這家業界一流的公司卻懷著更大的抱負。為了這個抱負而發出的說服聲，因而傳得更遠。修納在巴塔哥尼亞自行投入的傳播溝通，除了員工講座，還包括書籍和影片。他不放過任何可以發聲的管道。儘管修納盡了一切努力要改變大眾輿論，但他承認，任何公司也只能做到這樣了。「沒有什麼東西是有永續性的，」他告訴英國《衛報》，「我們能做的就是盡可能減少傷害。」

伊方・修納除了大力宣傳保護美麗大自然的重要性之外，也做了很多環保善舉。自一九八六年以來，巴塔哥尼亞已將其銷售額的一％或稅前利潤的一〇％（以金額較大者為準）捐贈給環保團體。二〇〇二年，修納與其他人共同創立「捐一％給地球」（One Percent for the Planet）的組織，該組織的成員，不管個人或公司，都承諾會實現百分之一的目標。到目前為

止，該組織已捐贈二‧五億美元給民間環保組織，其中九千萬美元直接來自巴塔哥尼亞。二○一三年，修納成立了創投公司「鐵皮屋創業」（Tin Shed Ventures），為從事環境和社會問題的新創企業提供種子資金。儘管修納使勁想拉住公司的發展速度，但巴塔哥尼亞的收入在二○一九年仍達到了八億美元。

CASE 23

派對計畫：布朗妮‧懷斯與特百惠戰隊

這是一九四八年一個異常涼爽的夏日。二戰已經落幕，美國剛剛開始成為新的全球超級大國。經過多年的戰時配給，美國人手頭上終於有些能自由支配的錢可以花。

這就是為什麼麻薩諸塞州（Massachusetts）威斯菲（Westfield）會令人心情很美麗的原因。「史丹利家庭用品」（Stanley Home Products）是生產拖把、刷子、清潔劑和地板蠟的製造商，正在此地舉行年度銷售大會，全國各地的史丹利推銷員都為此盛事前來，而其中一位是名叫布朗妮‧懷斯（Brownie Wise）的離婚單親媽媽，正從底特律搭火車趕來，一路上激動難耐，因為對懷斯來說，今年的大會將是她辛勤工作和精心策畫的里程碑。

對史丹利公司而言，提供總部朝聖之旅是公司激勵銷售團隊的絕佳機會。一方面，史丹利的賣家主要是女性，這本身就很不尋常。另一方面，他們都是出外打拼。這個大會實際上對大多數人來說，是能夠一窺公司內部之堂奧的唯一機會。這家

公司以一種革命性銷售手法推產品：居家聚會模式。

史丹利推銷員會以左鄰右舍的家為據點邀集顧客，向這些多半為女性的顧客展示每種產品的去漬和清潔效果。大家喝喝水果酒、玩玩遊戲，幾乎不會想到事後都買了產品。推銷員不只賣拖把，他們也賣夢想：如果能夠說服在場顧客也成為推銷員，那麼招募者可從新人的銷售中抽成。

對於住在郊區的家庭主婦來說，這種產品展示會／玩樂趴是一個遠離家事的小確幸、一個以外出購物為名而參加社交活動的機會。對公司而言，這種銷售方式非常有效，它並不是把產品直接賣給不得不聽或腦波很弱的顧客。而對推銷員來說，這種聚會不是件容易的工作，得要有自信、魅力、同理心和幽默感，各方面俱足才行。還得要有好體力，也就是有充沛體力將整箱清潔用品搬進搬出，如此夜復一夜表演女性個人秀。

在二戰結束後，婦女被迫讓出工作崗位給返鄉的阿兵哥，所以對那些掌握這種家聚銷售模式的人來說，這是個難得的工作機會。推銷員除了會收到聚會主辦禮之外，每筆交易也有一定百分比的抽成。成功的推銷員還可擴大規模，招募和激勵推銷團隊來不斷擴張金字塔愈來愈大的地基，而金字塔最頂端的推銷王受益最多。

當火車駛進威斯非車站時，懷斯看著窗外不禁笑了。想想與家暴酗酒的丈夫離婚後，為了維持自己和兒子的生計，一年前她還在擔任祕書。現在，她已在一家頂尖公司步步高升。懷斯堅信，家庭銷售將是未來走向，它的潛力遠遠超過拖把。這

要部分歸功於戰時的技術創新,現在各地的零售貨架上滿是新穎的產品,正需要實際動手展示這些新式省力設備和「奇蹟」產品的效用。懷斯打從骨子裡感受到實際動手展示的威力,而史丹利公司靠這個概念挖到了金礦。在史丹利公司裡,懷斯散發與眾不同的氣質,她是天生的推銷員和領導者,也是出色的溝通者,以其熱誠、鼓舞人心和高明的激勵方式,招募並訓練了一支精明的銷售團隊。

從本質上來看,懷斯像是一位牧師,而她的羊群:戰後不滿足於郊區生活的家庭主婦;她的布道:美國人雄心抱負的禮拜儀式。懷斯從小就想像自己享有名聲和榮耀,今日的火車之旅又向夢想邁出了一步。實際上,她相信心靈就是願望的力量:努力讓一件事情被看見,那它一定會實現。幾個月以來,她一再在腦中預演自己說服史丹利創辦人法蘭克‧史丹利‧貝弗里奇(Frank Stanley Beveridge),讓她擔任管理職。她的銷售數字很漂亮,而她的團隊也愛她。貝弗里奇如果不讓她進入公司的管理層將會是很愚蠢的決定。她擁有能讓史丹利公司化作潮流的能力。

不幸的是,儘管貝弗里奇在行銷方面的想法很進步,但對於其他領域卻是一副戰後美國男人的典型態度。當懷斯在大會上接近他時,才說沒幾個字,話就被打斷了:「別浪費時間,」貝弗里奇惡聲惡氣地說:「管理的地方沒女人的事。」

懷斯覺得非常洩氣,但還是勉強擠出一絲微笑。她在參加大會的其他活動、派對遊戲、產品展示和激勵演講的過程中,

慢慢鬆手了未來要成為史丹利主管的願景。在返回底特律的漫長旅程中，她默默陷入長考，直到望見母親和十歲的兒子在家門口迎接她時，她向他們和自己發下重誓，這是一個新目標、新願望，一個背後有她志氣抱負支撐的誓言。

「我會證明給他看。」

懷斯在史丹利學到的經驗——說服、啟發和吸引女性消費者——將使她走向成名和榮耀。她只需要找到一種具有說服力的產品即可。她現在對這個產品還一無所知，但其實它已經在架上，幾乎沒有存在感，是個需要有人宣揚的奇蹟產品：特百惠（Tupperware）。

*　　　*　　　*

這位懷斯女士將會引領風騷，影響數百萬美國女性，遠比電視圈刮起瑪莎・史都華（Martha Stewart）和歐普拉・溫弗蕾（Oprah Winfrey）媒體天后炫風的時刻還要早。她的成長時期並不缺堅強的女性榜樣。布朗妮・梅・韓福瑞（Brownie Mae Humphrey）於一九一三年五月二十五日出生在喬治亞州標福（Buford）的鄉村。她的母親羅斯（Rose）在附近的一家帽子工廠工作，這在當時的南方是很不尋常的，因為一般婦女有了孩子後，通常會辭職專心在家帶小孩。羅斯組織了製帽工人工會，經常巡迴全國向工人發表演講。這意味著她長時間不在家。在布朗妮的水電工父親傑榮（Jerome）與母親離婚後，母親忙於工會時，布朗妮有好幾年是託給在亞特蘭大

（Atlanta）附近做衣服的阿姨，或是精力充沛的外婆，一待就是好幾個月。外婆在外公去世後，獨自撫養七個孩子。布朗妮後來感念外婆教會她「勇氣的信仰」：相信命運掌握在自己手中。

　　韓福瑞是個有魅力、積極向上、才華橫溢的好學生，但她的興趣愛好卻在其他地方：寫作、插畫、時尚、**人群**。她八年級輟學後，加入了母親的行列，最後還在工會集會上演說。這份工作能振奮人心，但同時也很危險：想阻撓罷工的人會毫不猶豫地對工會的領導人暴力相向。這段經歷不僅教會韓福瑞如何在一大群人面前侃侃而談，也讓她學會如何說服女性。畢竟，加入並支持工會對她們自身最為有利，只是並非擺明了會有什麼好處。想激發聽眾的注意力，就要用對方法解釋激勵措施、淡化可能的風險。說服人們去做適合自己的事是門藝術，而韓福瑞很快就駕輕就熟。鮑勃‧基林（Bob Kealing）在《解鎖特百惠》（*Tupperware Unsealed*）中寫道，她令觀眾「嘆服」，「（大家）感到驚訝的是，這麼年輕的女子演說時，居然像牧師一樣老練。」

　　一九三六年，韓福瑞與粗獷英俊的福特汽車主管羅伯特‧懷斯（Robert Wise）相遇，兩人之間有了火花。這對戀人在當年結婚，並在鄰近福特總部的底特律定居下來。兩年後，他們有了兒子傑瑞（Jerry），而布朗妮的母親羅斯則搬到密西根幫忙帶小孩。不幸的是，羅伯特酗酒，而且會拳腳相向。一九四一年，布朗妮離婚，保留丈夫姓氏。此後，布朗妮和兒

子、母親三人搬到附近的迪爾柏恩（Dearborn）開始新生活。

　　當懷斯迫切需要有份收入時，正值偷襲珍珠港（Pearl Harbor）事件爆發。在美國參戰的情況下，許多阿兵哥被派往戰場，導致就業市場突然需要女性勞動力填補阿兵哥留下的空缺。懷斯在海軍轟炸機製造廠找到一份祕書的工作。當她不必打字或作口述紀錄時，她會寫作，先寫在日記上，之後再發表。她開始以「芙蓉」（Hibiscus）為筆名，為《底特律新聞報》（*Detroit News*）的諮詢專欄撰稿。芙蓉與懷斯本人不同，她的人設是有個愛她的丈夫和幸福美滿的家。在她的專欄中，芙蓉對寫信來的讀者加油打氣，而且喜愛自己完美的童年。而芙蓉與懷斯的強烈對比是，前者在密西西比州（Mississippi）一座與世隔離的農園中長大，身邊有僕人陪伴著。懷斯並沒有用「芙蓉」來逃避現實，而是從這些寓言中得到新靈感。這個專欄是她初次嘗試在當下為未來構思更有希望的願景。實際上，她後來倡導這種在腦中預演的想像力，她稱之為祈願的思考（wishful thinking）。這個想法也成為懷斯銷售理念的核心，也是她終其職業生涯一直用來激勵自己和他人的工具。最終，所有這些祈願的思考讓懷斯抓住了願望成真的時機。

　　一九四七年，懷斯訂購了一套史丹利家庭用品，希望在祕書的工作之餘銷售史丹利產品賺外快。起因是一名上門的史丹利推銷員，其拙劣的推銷技巧，讓她當場確定自己一定能做得更好。那組史丹利套裝產品還附上公開演說的小撇步，但由於懷斯在母親工會時的訓練，這些建議派不上用場。她能說善

道，恰恰適合這份工作。

史丹利的創辦人貝弗里奇在開公司之前，是從富樂刷（Fuller Brush）的到府推銷業務員開始做起。他是首位以家聚計畫拓展業務的企業家，這個計畫的點子起源於貝弗里奇手上一名推銷員，他在厭倦了只為了一對一銷售而將所有用品從一家搬到另一家時萌生這個點子。這位大膽的推銷員為讓自己努力的效果加乘，組織了團體展示會──居家聚會，以免費產品和折扣為條件，招募顧客充當主辦人。家聚主辦人會邀請她的鄰居來家裡看產品，並加入一些社交活動，然後當場依照產品說明，用史丹利的產品清理會場，讓大家親眼見證產品的功效。這樣簡單地從一對一轉變到一對多的銷售，讓業績大大飆升。由此可證，要說服顧客，利用社會壓力可產生強大的槓桿效果。正如懷斯後來在銷售手冊中寫道，「購買欲是具有感染力的；事實證明，個別推銷給十五名女性的業績，不如把這十五人**揪團**同時推銷的業績來得好。」

貝弗里奇對這新策略的價值深信不疑，接著讓其他銷售人員一同採用。男性推銷員先是努力拉進他們的妻子，久而久之有愈來愈多的顧客（主要是女性）自己也成了推銷員。史丹利建立了一個模式，讓推銷員招募自己的團隊，以量制價爭取更大的折扣，進而將利潤按團隊的金字塔架構下放每個人。如此一來，公司就能覆蓋愈來愈大的市場，而無需昂貴的管理架構。從公司的角度來看，這些產品幾乎都是自然銷掉的。

史丹利不僅提供推銷員折扣產品，而且不斷提供銷售誘因

和培訓。懷斯像海綿一樣吸收了所有建議，從「養成對他人感興趣的習慣」到「把你遇到的每個人都當作來自天堂的使者般對待」。到一九四九年，懷斯已為自己招募到十九人銷售團，並證明自己是傑出的領導者。源於以前寫諮詢專欄的經驗，她甚至開始為他們寫激勵周報：「身為一個銷售員，你渴望參加更多的聚會、投入更多的時間、有更豐厚的利潤……如果不是的話，那你就有問題了。」

懷斯知道她找到了自己的利基。為了讓業績上升，她努力地表揚並激勵團隊中的鑽石級推銷員，稱讚他們「炙手可熱響叮噹」，同時也鼓勵業績落後的人加油成為「搶手貨」。懷斯具備她所需的全部領域知識：對於剛進來團隊不久的菜鳥推銷員，她完全能了解他們是怎麼想的，以及如何最能激發他們的動機。她知道這些女人正在尋求認可，而不僅僅是多一些收入。家庭生活不僅單調乏味，而且長期被配偶和整個社會看低。不管她們是否真的缺錢，她的銷售員都想感覺自己活著有目的，例如她們善於做有意義的事之類。懷斯為賦予她們這個使命，不厭其煩地幫她們打造更光明的願景，她寫給她們：「想知道自己要什麼，先要清楚在得到前，自己必須放棄什麼。」至於她們是否想要「一件新的皮大衣、家中多個房間，或一輛新車」並不重要，只要她們懷有懇切的期望就好，懷斯自己從未停止憧憬未來。

但是當時機到來時，所有的期望還不足以說服貝弗里奇讓懷斯試試身手。那時懷斯團隊中有一位稀有的男性銷售員蓋

瑞·麥當勞（Gary McDonald），他偶然看到一名零售店的員工展示一系列名為特百惠的新塑膠容器。眼見消費者對於產品功能的關切熱度，麥當勞相信這個特百惠產品會非常適合他們的家聚模式。他把一疊有蓋的塑膠碗帶回來給懷斯。懷斯剛在年度銷售大會被貝弗里奇碰了大釘子，正在準備新方向。特百惠的出現恰恰好。

*　　　*　　　*

從外表看來，禿頭又神祕的大老粗伊爾·特百（Earl Tupper），不太像是能激起大批忠實顧客的人。他是個聰明自學的人，無法忍受愚蠢，而且還會馬上懲罰那些反應不夠快和無法絕對服從的員工。不過，特百了解塑膠材料，而塑膠是未來所趨。

經濟大蕭條讓特百的園藝事業破產後，他在杜邦（DuPont）尖端塑膠部門的研發部工作。一年後，他離開杜邦創立自己的塑膠公司。特百每天工作二十二個小時，只有在自己工廠的一張折疊床上吃飯和睡覺時才停下來，他用這種材料開發了一系列新產品。戰爭爆發，他正好從所有這些研究中獲利。特百塑膠（Tupper Plastics）開始生產所有東西的塑膠配件，從防毒面具到吉普車以提供戰爭所需。幾乎是一夜致富成了百萬富翁，那時特百才三十初頭。但是戰後，特百無法獲得足夠的塑膠樹脂原料來滿足公司的生產需求。他的供應商唯一有的大量原料是聚乙烯，這是一種又臭又油膩的塑膠廢棄物，當時沒有

已知的商業用途。特百對此倒是很感興趣，開始嘗試這些東西。最終他找到正確的溫度和壓力組合，可以讓聚乙烯形成一種耐用而柔軟的固體，這與市場上其他塑膠都不一樣。特百意識到，這種新塑膠無臭、安全，而且耐得住檸檬汁和醋這類的酸，是儲存食物的理想選擇。於是特百惠誕生了。

特百惠從接其他企業的大訂單快速起步，例如為駱駝牌（Camel）香煙生產成千上萬的塑膠煙盒。但到了一九四九年，公司很明顯需要新方法開發業務。零售業績平淡，而附帶插圖的郵購目錄也陷入困境。帶有氣密功能的塑膠容器不僅是一種新產品，還是全新的產品類別。僅僅放在架上展示是不夠的：光是一堆碗、蓋毫無魅力，無法傳達產品的獨特賣點。顧客看不出他們可以在特百惠碗中裝滿湯、緊緊蓋上它，然後掉在地上也不會濺出任何東西。「啵」一聲使容器產生真空並且「鎖住新鮮」，也不是那麼直觀。人們已經習慣將食物儲存在金屬罐或陶瓷罐中。僅僅用嘴巴說明聚乙烯與早期的塑膠相比柔軟又有彈性，或者保證它保存食物會有多新鮮，是遠遠不夠的。消費者需要看到並感受特百惠的實際效果。

那時，特百注意到底特律的需求激增，也就是布朗妮‧懷斯與其銷售團隊的所在地，她們直接從公司購買大量特百惠產品並自行轉售。事實證明，居家聚會是彰顯新產品優勢的理想場所，推銷的產品能看得見、摸得著。對於史丹利公司的產品，推銷員可能會故意在顧客地板上灑些東西，再把它擦乾淨。至於特百惠產品，懷斯的推銷員把裝滿液體的容器上蓋封緊，然

後扔過廚房。風險雖大，不過當容器一滴都沒有灑出時，收穫也很大。懷斯的特百惠派對就像是小型魔術表演秀，一轉身就打開了銷售大門。

當特百注意到底特律發生特百惠之亂時，懷斯經手販售的特百惠產品，已經多到她不得不將囤貨從自己的房子搬到倉庫。那年，她訂購超過十萬美元的特百惠產品來供應她的銷售團隊，相當於今天的一百多萬美元。這數字大到特百公司（Tupper Corporation）無法忽略，懷斯的銷售量比全國最大的百貨公司還要多。

特百與貝弗里奇不同，他完全開放女性任職管理階層。他要的只是最適合這個位置的人，而他相信懷斯是理想人選。公司派一位代表詢問她的意願。特百知道，全國各地的居家聚會推銷員都開始賣他的產品了，但他的公司內部沒有專家來組織和動員這股力量。她願意負責一個更大的新地盤並**用心**耕耘嗎？如果她願意，從整個佛羅里達州（Florida）開始，聽起來如何？

一九五〇年，懷斯與母親和十一歲的兒子傑瑞一起搬到佛羅里達州中部的基夕米（Kissimmee）。寬敞的店面開張後，她開始招募當地的推銷員。懷斯製作了一本手冊，解釋產品、居家聚會的銷售模式，以及她的銷售理念，並開始每周一次的銷售員培訓。懷斯知道銷售技巧對於銷售量所起的作用——雖然她可以花更多的時間招募更多推銷員，但將大部分精力投入到開發現有推銷員的技能會更有效率。她寫道：「我敢為我的

聲明打包票，就是如果只是給推銷員一系列的樣品，背面有預先備妥的臺詞、價目表，然後就上路推銷的話，那麼一名訓練有素的產品展示者將勝過兩名，有時甚至能抵過三名這樣的推銷員。」

實際上，懷斯真正的「顧客」是她團隊中的推銷員。無論是教導還是激勵方面，她的祕密武器是與他們交流的能力。她十幾歲時在工會集會上施展說服術時就游刃有餘，並且在她的「芙蓉」諮詢專欄中精益求精。懷斯真正的天賦在於，清楚表達出令人信服的成功願景並號召人們朝此邁進。懷斯的銷售手冊一開頭就說：「本計畫已在其他州成就極大的獲利。我們也將在您的鼎力合作之下，再下一城。」陽光之州（Sunshine State，佛羅里達州的暱稱）是他們下一個要拿下的地方。

可惜懷斯沒有拿下整個陽光之州。特百惠的其他經銷商已經把他們的代理權押在該州的部分地區。儘管特百承諾懷斯將代表她解決這些代理權糾紛，但事實證明公司無法解決這種情況。實際上，全國各地都出現類似問題。居家聚會系統的優勢正轉為弱點——如今，經銷商都了解到銷售特百惠的潛在利潤，缺乏明確的層級畫分，正帶來激烈的衝突和競爭。

該公司為解決這個問題，成立一個部門，將經銷商由上而下分為地區經理、分支機構經理、區域經理、部門經理和個別經銷商。公司的女將部門（Hostess Division）答應解決代理地盤的爭端，但最終懷斯只拿到佛羅里達州的一部分，而不是當初承諾的一整州。她看到大勢所趨，還是決定接受這樣的結

果。走老路的話，任何人——特百惠、經銷商或她自己——都沒有光明的前途。這種自上而下的管理架構是有潛力的。

不幸的是，特百找來負責女將部門的經理管理能力很差，以至於懷斯的推銷員沒拿到他們的年終佣金，這迫使懷斯得自掏腰包。更糟糕的是，產品配送不是延遲就是送錯地方。一九五一年三月，當她一手招募、訓練的銷售團隊成員，心生沮喪紛紛開始離開公司時，懷斯打了電話給總部，要求與特百直接對話。特百接過電話——畢竟懷斯是公司的最大經銷商——懷斯毫不保留表達她對領導的看法。懷斯詳細說明公司的許多缺失並要求立即提供協助，特百掛斷電話後，親自糾正這種情況。但當他發現自己無法解決關於女將部門的所有問題時，他確定是時候當面見見懷斯了。

隔月，特百在公司銷售會議上遇到了懷斯。懷斯和特百的其他高層管理人員說服他完全放棄零售和展示間。特百決定，公司自此將只透過派對計畫來行銷、銷售產品。特百為了新的特百惠家聚部門（Tupperware Home Parties Division），找來新任總經理：懷斯，她當時是美國最高管理職位中僅有的少數女性之一。特百知道懷斯具備了必要的技能來領導她的新銷售大軍。

他告訴她：「妳說了很多，而且每個人都專心在聽。」

正如特百之前所承諾的，特百惠產品從零售市場中全數撤出，將產品的未來以及公司本身完全交到了懷斯領導的家聚經銷商手中。這種信任算是押對地方了。在短短期間內，特百惠

的銷售業績突飛猛進。同年九月，公司董事會任命懷斯為副總裁。事實證明，貝弗里奇絕對是錯的，婦女在管理上能占有一席之地。

懷斯在公司的盛大活動中與數百名、甚至是數以千計的特百惠經銷商會面時，她年輕時在工會演說的經驗對她幫助很大。她是一位天生的領導者，在任何情況下都善於社交，並且很樂意與那些憎恨她權威的男性經理較量意志力——雖然她勸告女性推銷員使用柔性的銷售技巧和女性說服力來銷售更多的特百惠產品。懷斯知道，公司成長的關鍵是找出最成功的銷售術、使它更加完善，再傳布給全國各地的推銷員。即使懷斯已經適應了培訓和領導全國銷售組織的挑戰，她還是會花時間編撰和繪製她的業務通訊，而現在的目的是為了整合全公司的銷售團隊。

懷斯幫助特百惠建立充滿活力和競爭力的企業文化，這對隨後所有以銷售為導向的公司產生巨大影響。在懷斯的領導下，激勵措施至關重要。公司最成功的銷售員會受邀在佛羅里達州特百惠的銷售總部參加為期四天的年度大會。大會安排他們參加激勵講座，並與其他頂尖銷售員會面。懷斯的「周年慶祝」相當奢華，以野外遊戲為特色，獎品範圍從家電用品到渡假到快艇。這些聚會以及其他銷售獎勵措施，重點都是在提供每位推銷員強大的誘因，讓她們感覺即便身為全職家庭主婦和母親，也要繼續增加她們的業績。懷斯說：「打造員工，由她們來建立事業。」而她們真的做到了。到一九五二年，公司

旋風成長。懷斯的薪水超過二萬美元（相當於今天的二十一萬五千美元），這是她有生以來最高的收入。公司為了嘉獎懷斯的貢獻，甚至在佛羅里達州新銷售總部的附近買了一棟豪宅送給她。

　　儘管特百寫信稱讚懷斯讓公司成長如此之快，並深深敬重她招攬生意的能力——在一九五三年，還以馬相贈——當懷斯的光芒壓過產品本身時，兩人之間的關係開始惡化。懷斯正在以特百惠職位之外的身分樹立自己的名聲，她經常出現在雜誌、報紙，最後還上了電視。一九五四年四月十七日，她成為第一位登上《商業周刊》（*Business Week*）封面的女性。這篇文章將特百惠的成功歸功於懷斯的銷售術，而不是特百……或他的革命性產品。儘管特百很高興自己不在鎂光燈下，但他覺得特百惠應該永遠排在第一位。文章發表後，他給懷斯寫了張便條：「妳工作做得真好，但我仍然最希望照片裡……有『特百惠』！」

　　儘管特百在性別角色上持開放態度，但他的個性頑固自負，如果被下屬指正或占上風，一點也不開心，還會把這類諫言想成是不忠之舉。就懷斯而言，她覺得自己比特百更了解特百惠的顧客，所以如果她認為特百的想法不合時宜時，便會馬上指正。當特百考慮將新的特百惠產品重新鋪貨到百貨商店時，懷斯給老闆寫了一封措辭嚴厲的信，捍衛居家聚會的銷售模式：「普通的家戶推銷員並沒有意識到產品擺在商店展示櫃裡賣得有多差，」懷斯寫道：「（我們的）產品在商店陳列架

上出售……等於把特百惠的產品特色抽掉，而這個的特色只有在家聚計畫中才能呈現……特百惠產品必須現場示範。」

無論懷斯對於零售銷售的危險是否理解正確，她當眾直接反駁特百的意見，有所不同，對特百而言這不僅僅是意見表達而已。因為她現在是他的員工，而不再是獨立經銷商。兩人的書信往來開始怒火四溢。在某些時候，特百甚至還拒接懷斯的電話。

到一九五八年，懷斯已經是真正的媒體寵兒，可說是比Instagram 還早得多的當紅炸子雞。由於這種影響力，公司擁有上萬名推銷員和數百萬銷售額。但是現在特百在自己一手創立的事業中被漠視。也許是因為他不再覺得公司是他的了，他想把公司賣掉。為此，他要將懷斯與她幫助創立的品牌區隔開來。他對團隊說：「她被解雇了，我希望她所有存在過的證據都被消失。」由於懷斯從未拿過特百公司的股票，她打包走人的時候幾乎兩手空空。經過一場激烈的法律戰，她也只贏回了一年的薪資。不久之後，特百以一千六百萬美元賣掉自己的公司，與妻子離婚，並在中美洲買下一座島嶼。

儘管多年來懷斯成立好幾家新公司，但她從未重新成為眾人矚目的焦點，也沒能像之前那般成功。相反地，她與兒子和馬兒過著安靜的生活。這麼多年過去，當她回首自己待過的公司，因為實踐她所開發的方法，不斷壯大郊區家庭主婦團隊，並以她的創新說服術贏得顧客的心，可能會感到欣慰吧。懷斯實現了自己的夢想，儘管她最終不得不從夢中醒來。現在，她

的想法幫助了無數婦女擁有自己的生活。特百惠則繼續在一百多國銷售，而且滿懷抱負的推銷員仍舊在世界各地舉辦特百惠派對。

CASE 24

贏得真心、理智和腸胃：家樂氏玉米片

紐約時報廣場（Times Square）位於在曼哈頓百老匯和第七大道的交會處。在這短短的街區中，「世界的十字路口」（Crossroads of the World）上排滿了邊對邊（還有從上到下）的廣告──廣告看版、霓虹燈以及眼前的大型發光螢幕──至今已有上百年。一九〇四年，當《紐約時報》將辦公室遷至百老匯和第四十二街的南端時，這個廣場便改名為時報廣場。雖然《紐約時報》已向西搬遷，但如果你是一家企業正在尋求吸引全世界關注的平台，那麼時報廣場仍是宣傳重地。時報廣場是紐約市規模最大最重要的戲劇舞台之所在，而廣場本身就是這個星球上任何其他舞台都無法比擬的大舞台。

一九一二年家樂氏公司（Kellogg Company）執行長威爾‧基思‧凱洛格（Will Keith Kellogg 或簡稱 W.K.）正在找一處舞台。威爾深知一個好舞台有多重要。他旁觀哥哥約翰‧哈維‧凱洛格（John Harvey Kellogg），以精心打造的個人化品牌和在世界巡迴演講上不斷地自我宣傳，把自己拱成了家喻戶曉的健康專家。威爾在與難相處的哥哥斷絕關係後，成立公司販售兩人創新研發的玉米片，而不愛出風頭的威爾也信奉了宣傳的

力量。

麥加大樓（Mecca Building）坐落在時報廣場北端，與百老匯和第七大道相交的第四十八街上，這是當時最隱祕的標誌。它的外牆不斷地被各形各色、大大小小的廣告標誌隱藏起來。這棟建築幾乎在所有有放進時報廣場的照片和電影中，都擔任要角，不過它最終會在二○○四年被拆除，而正好連它的結構也隱藏起來。

今天，威爾打算越過此前所有的努力，簽下五年的建物屋頂使用租約。他將建造世界最大的電子招牌。在今年剩下的日子裡，十八名工人將努力在麥加大樓樓頂為家樂氏（Kellogg's）玉米片打造一個八十噸重的聖壇。這個價值四萬美元的招牌寬約三十二公尺、高約二十四公尺，上面有一個男孩的笑臉和一盒玉米片，大約各高十二公尺，站在威爾獨特的紅色簽名兩旁，這是公司所有產品的正面標誌，保證每盒玉米片是新鮮的良品。

當男孩皺著眉頭時，電子看板會秀出：「我要家樂氏玉米片。」接下來，笑臉會出現，帶著一條新訊息：「家樂氏玉米片到手囉。」

威爾從麥加大樓樓頂凝視著這座島嶼的長度，不禁看到這裡的諷刺之處。他從沒想過自己會是一位溝通者。因為他的哥哥一直在負責開口發言，當哥哥在媒體前擺姿勢拍照時，總是派威爾去做些打雜的髒活，而自己卻全身潔白，肩膀上還有隻可笑的鸚鵡。但現在他希望全世界都知道，這是威爾的公司、

威爾的產品。

＊　　　＊　　　＊

隨著十九世紀美國肉類生產業蓬勃發展，美國人的早餐份量和菜色也隨之增加。畢竟富裕的歐洲人不是從一碗麥片粥開始每一天。他們來到豐盛的自助餐坐下，裡頭種類繁多，從火腿、香腸到煙燻舌肉應有盡有。而美國愈來愈有錢，中產階級對於澎派早餐的胃口也變大了，裝進成堆的醃製鹹肉、一大盤的雞蛋和炸薯條。正所謂天命昭彰（Manifesting Destiny）、胃口必強[5]。

在豐盛的早餐逐漸成為國民常態之際，反彈必不可免。十九世紀中葉，一波新教（Protestant）教派在全國各地湧現，其中一派以強調不良飲食習慣對宗教影響而著名：基督復臨安息日會（Seventh-Day Adventists）。

威爾於一八六〇年四月七日出生在密西根的巴特克里克（Battle Creek），從小在基督復臨安息日會教會中長大，該教會最近在巴特克里克建立總部。復臨信徒在周六慶祝安息日，特別強調健康生活。他們的信條主張嚴格的素食飲食，禁止咖啡因、煙草和酒精。威爾一生都堅持復臨信徒的原則，只有在最後幾年放鬆了飲食的限制。

---

[5] 譯注：Manifest Destiny 為一慣用語，字面上有「明顯的命運」之意，源自十九世紀一派美國人為其在北美洲向西擴張領土的正當性所提出的論述，認為這是不可違抗的天命。此處作者用「胃口」（appetite）形容對美國人對領土擴張的信念，暗指美國人財富增加擴張，必然胃口大開。

　　威爾的父親是掃帚製造商，隨著基督復臨時間的迫近
（Second Coming），並沒有太過強調小孩的教育。威爾寫道：
「我的父親沒有堅持要我上學……正常的上學。」老師認為威
爾沉默寡言而且「傻傻的」，他也無所謂。實際上，威爾頭腦
聰明，只因為他牙齒有問題，所以不敢開口微笑，加上當時診
斷不出來的近視，使得他很難看清黑板和觀察同學的表情。他
在六年級之後就不再上學，像父親一樣學做掃帚，最後通勤到
附近的卡拉馬如（Kalamazoo）學習簿記、會計和其他商業技
能。另一方面，他的哥哥約翰‧哈維‧凱洛格比較早熟，以至
於教會從小就培養他成為基督復臨安息日會的要角。約翰（或
簡稱 J.H.）在他十幾歲時，就編輯基督復臨安息日刊物《健康
改革者》（*The Health Reformer*），並能撰寫明白易懂的長篇
論文，論述該教派教義及其實踐之道。約翰接著在紐約市柏衛
醫院醫學院（Bellevue Hospital Medical College）取得醫學學
位，成為一名出色的外科醫生。

　　一八七六年，約翰回到家鄉，接掌西方健康改革研究院
（Western Health Reform Institute）的管理工作，該研究院是
按照復臨信徒的飲食原則建立的。教派的創辦人和先知艾倫‧
懷特（Ellen White）說這些教義是神聖的啟發，但她知道約翰
的醫學專業知識和權威將為她的宗教主張提供重要的科學根
據。在約翰的領導下，研究院更名為巴特克里克療養院（Battle
Creek Sanitarium），以其革命性的方法幫助人們「學會保持
健康」而聞名世界。療養院（俗稱 San）以水療、旅館和「健

康大學」為大眾所知,在約翰的領導下蓬勃發展,從一百名患者擴增到高峰時期的七千多名。它成為所有人的嚮往之境,從你所能想像受過各種病痛折磨的絕望患者,到尋求片刻喘息的富商名人:總統哈丁(President Harding)、亨利・福特和愛蜜莉亞・艾爾哈特(Amelia Earhart),以及那個時代的其他名人都曾造訪。療養院龐大的建築群為這些患者提供了從「體能培養」(也就是運動)到按摩、尖端治療(如電療)的所有服務療程。療養院能成功終歸功於約翰出色的溝通能力,因為除了治療病人和演講外,他還寫了許多有關健康生活的書,大賣數百萬本。儘管他的某些醫療宣言令人質疑──他不贊成非為生育的性行為;而對於醋的看法,「醋,是一種毒藥,而不是食物」──隨著時間過去,從吸煙的危險到消化道對整體健康的重要性,很多都得到證實,是當今強調「腸道微生物」的先驅。

到了一八八〇年,約翰忙於寫書、到世界各地講學、出版健康雜誌、經營其他公司銷售健身器材和其他「保健」產品,同時還要看診,他很清楚自己沒時間實際經營管理療養院。此時害羞又寡言的弟弟威爾即將結婚需要買房,正在找其他穩定的工作,不想再做掃帚。約翰認為,弟弟威爾身為一名訓練有素的簿記員,會是療養院各種業務的理想經理。在約翰詢問之下,威爾接下工作。實際上,威爾在他們的童年時代就已經習慣服從霸氣哥哥指示的一切。現在甚至還要稱呼約翰為「凱洛格醫生」。威爾成為理想的「奴才」(威爾可憐地稱呼自己),

每周工作八十小時甚至更久，除了無止盡的行政事務外，還要處理龐大的設施維護工作。

　　工作量之重雖然令人痛苦，但哥哥約翰的惡劣對待，才是將威爾推到極限的原因。正如他後來所說，威爾經營療養院是「沒有榮耀而且錢又少」。即使約翰認真地把自己塑造成公共知識分子的形象，穿著醫師白袍與名人交流，追逐媒體關注時肩上還站了隻鸚鵡，但他從未給自己弟弟一個正式頭銜——威爾的工作就是在背後沒名沒分地管理療養院。凱洛格醫生在療養院偌大的院區裡騎自行車穿梭於會議之間時，他堅持要求威爾帶著記事本和鋼筆跟在旁邊跑，以防萬一他有任何想法時可以記下來。更糟糕的是，約翰居然還說威爾是「懶蟲」。

　　約翰在消化健康方面的工作遠遠領先於他的時代。約翰倡導所謂的「生物性的生活」，堅信避免食用辛辣、過鹹和油膩的食物，最好將雞蛋和乳製品的攝取量降至最低。當時美國人最常抱怨的健康問題之一是「消化不良」，這是有關消化和便祕等消化系統疾病的統稱。約翰正確推斷這一波抱怨潮是由於美國人飲食太過所致。要治癒此病，他為患者開了低蛋白、低脂飲食的藥方。約翰在研究圈養大猩猩之後，還認為人類每天應該運動腸道四到五次。因此，療養院的飲食不僅清淡，而且極富纖維，並輔以頻繁灌腸以保持消化道通暢。

　　約翰為他的患者提供又乾又硬的餅乾當作早餐，不加牛奶，甚至連水也沒有，為的是要刺激唾液分泌。當時有一名婦女為了啃餅乾假牙因此斷掉，約翰因而開始新試驗。他

把小麥粉、燕麥和玉米粉揉成麵糰後高溫烘烤，讓澱粉分解成更容易消化的糖或葡萄糖，他稱這一過程為「糊精化」（dextrinization）。將糊精化麵包弄碎烘烤後，有了他的頭號熱門產品：顆粒穀（Granula），最終改名為「纖穀脆」（granola），避免被另一同名穀物產品提起訴訟。

纖穀脆成為療養院標準的早餐內容。因深受患者歡迎，威爾選了院內餐廳附近一家商店上架，讓患者可以購買盒裝纖穀脆帶回家。該店家對銷售健康食品沒有興趣，因此約翰和威爾建立了自己的郵購業務，好讓以前的病人以每磅（約〇・四五公斤）十五美分買到纖穀脆。到了一八八九年，每周要寄送纖穀脆已達兩噸。

一八八三年，約翰建立了一個實驗廚房，讓他和妻子艾拉（Ella）以及威爾可以在廚房試做新食物。三人在開發出另一款黃金配方前，試過許多不同穀物、不同做法的組合。把煮熟的小麥麵糰盡可能桿薄後，再用刀將小薄片刮起送入烘烤，直到它們變成「小薄片吐司」。凱洛格醫生之後聲稱，製作麥片的最後階段是他夢到的。實際的情況是生麵糰被擱置一整晚，在被發現之前就已經發霉和發酵。根據約翰所說，在煮沸並桿平後，「變成大薄片，而每個去麩小麥粒各自形成小薄片！」這些薄片烘烤後鬆脆可口。威爾基於這次快樂的意外，進行更多的試驗，讓製作過程更加順暢，同時在實驗室筆記本上詳細記錄每批麵糰的實驗過程。威爾的員工後來還記得，他在要辨別哪個開發中新樣品最有希望時，具有「神準判斷力」。

　　療養院的患者對新產品讚不絕口。約翰於一八九五年五月為片狀穀物的製程申請專利，聰明確保該專利涵蓋除小麥以外的其他穀物製成的片狀食品。儘管威爾確有參與片狀穀物的研發過程是不爭的事實，約翰一如既往仍將弟弟的名字排除在專利之外。那年夏天，基督復臨安息日會在療養院的場地舉辦活動，凱洛格兄弟在活動上介紹這款麥片，凱洛格醫生稱為「格蘭諾斯穀物」（Granose）。這是他們第一次真正為產品做行銷。他們的郵購業務聖尼塔斯穀物公司（Sanitas Nut Food Company）以約二百八十克一盒、每盒十五美分販售格蘭諾斯穀物，需求上升的情況下，很快就不得不雇用更多的員工。格蘭諾斯穀物投產第一年的總銷量達到五萬多公斤。

　　同時，威爾繼續嘗試新配方，最終在一八九八年採用玉米代替小麥。事實證明，玉米片更受歡迎。那年，威爾為擴大產能，將玉米片的生產線遷至鎮上一處兩層高的樓房中。威爾每周工作一百二十個小時，除了要負責每天二十四個小時運轉的新工廠，同時還要處理療養院的所有日常工作與哥哥交辦的其他業務。在基督復臨安息日會和巴特克里克療養院之外，威爾看到玉米片的巨大潛力。就像約翰經常說的那樣，各地的美國人都因太豐盛油膩的早餐而生病。此外，由於工業革命使生活節奏加快，因此每天早上坐下來享用熱騰騰現煮早餐的人愈來愈少。他們得趕去工廠或辦公室上班。對於成千上萬的美國人來說，玉米片將是一種更健康、更方便的選擇。

　　威爾在四十多歲時仍然是個窮光蛋，但約翰已經發了大

財，沒興趣擴大聖尼塔斯公司，因為這可能帶來財富上或醫療聲譽的風險。「我認為重要的是不要做任何會挑起敏感神經的事情，」約翰後來在宣誓作證時說：「或是有任何機會……以為我是被商業或財務動機所策驅。」不過威爾並沒有清高到不承認他是出於商業或財務動機。他力勸哥哥上全國性廣告並在雜貨店鋪貨，但約翰拒絕了。格蘭諾斯穀物的銷售佳績，吸引許多模仿者搬到巴特克里克生產山寨品，威爾儘管心有不滿，但還是繼續為哥哥工作。甚至有療養院的員工把凱洛格兄弟的配方賣給這些廠商，或是自行生產玉米片。一位前病人 C. W.·波斯特（C. W. Post）推出自己的早餐麥片「葡萄堅果」（Grape-Nuts）產品，就賣得紅不讓。葡萄堅果既沒葡萄也沒堅果，它只是約翰的纖穀脆加了糖而已。幾年前，波斯特曾在療養院的廚房工作抵付醫療費用。當時約翰沒按威爾的意願對他們的製程保密。波斯特離開時帶走了所有配方。現在波斯特姆穀物公司（Postum Cereal Company）（最後成為通用食品公司，General Foods）靠販售葡萄堅果以及波斯特姆（Postum，實際上是約翰的穀本咖啡替代品）每年賺進數百萬美元。一八八八年至一九〇五年之間，單在巴特克里克就有一百多家新穀片公司，其中波斯特的公司最賺錢。

那時威爾終於覺得自己受夠了。如果約翰不抓住這個機會，讓他來。儘管他很怨恨哥哥，但多虧二十多年在巴特克里克療養院擔任影子總管，還有替約翰處理其他問題的歷練，威爾意識到自己有一個關鍵優勢：他已經摸透企業經營的各個面

向。實際上，他多年來認真研究管理領域的最新思維和技術，並盡可能學有所用，以有效率、能獲利的方式推展業務。或許這就是為什麼連療養院患者也對這名四十六歲的企業家信心十足的原因：先前住在療養院的患者幫威爾籌到二十萬美元的創業啟動金。

一九〇五年六月，威爾向哥哥提議買斷玉米片的權利，約翰同意了——約翰當時急需現金來支撐他的其他業務。一九〇六年一月兄弟倆簽署協議，威爾辭去他多重的職務，同年二月十九日，他成立了巴特克里克烘烤玉米片公司（Battle Creek Toasted Corn Flake Company）。

儘管在早期產品仍稱為「聖尼塔斯烘烤玉米片」（Sanitas Toasted Corn Flakes），威爾就已經在包裝盒的設計加上自己的簽名。他想明確區隔「正宗原創」玉米片與許多山寨品，這代表要和著名的凱洛格聯名〔玉米片大賣時，C.W.·波斯特自然而然就複製了玉米片，並把產品命名為波斯特烘烤玉米片（Post Toasties），雖然這只是山寨品還是撈進數百萬美元〕。不過，威爾將他的簽名當作新鮮度和高品質的一大保證，他一生都非常重視顧客的信任。這種信任非常重要，使他的產品與巴特克里克乃至世界各地的許多（大多數是無恥的）模仿者區分開來。威爾為他的玉米片設定愈來愈高的生產標準，而這些標準大大影響美國新興食品製造產業。今天，家樂氏（Kellogg）熟悉的紅色簽名仍然出現在該公司生產的絕大部分產品上。

一九〇七年夏天，當約翰人在國外時，威爾抓住另一個機會：巴特克里克烘烤玉米片公司變成為家樂氏烘烤玉米片公司（Kellogg Toasted Corn Flake Company）。同樣地，聖尼塔斯烘烤玉米片成為家樂氏烘烤玉米片（Kellogg's Toasted Corn Flakes）。威爾知道約翰回來後會反對這些變動，但是如果打起官司，他有信心能贏得這場戰鬥（兩兄弟為產品、品名纏鬥十多年，一九二〇年由威爾獲得決定性的最終勝利）。無論用什麼方式，現在是宣傳新品牌的最佳時刻。

威爾過去曾為療養院製作過廣告和小冊子，算是有些廣告經驗。最初，他在俄亥俄州代頓市（Dayton）上一些小廣告，並讓銷售代表把免費樣品挨家挨戶送上門。但是他很快意識到自己的格局太小了。家樂氏如果一次一個鎮一個鎮的推廣，無法拿下全國的市場。他需要冒很大的風險讓他的玉米片一舉成為全國家喻戶曉的產品，迅速引爆廣大的關注。

威爾決定將剩餘資金投到《女子家庭雜誌》（The Ladies' Home Journal）的全版廣告上，該廣告會觸及全國超過一百萬名女性。他知道如果要冒此大風險，配合的廣宣也要是世界級的才說得過去，所以轉而向好友阿奇·蕭（Arch Shaw）求助。蕭有出色的商業頭腦，最後還協助哈佛商學院發展管理研究領域。威爾和蕭認識在一八九七年，當時蕭賣給威爾一套會計系統，以便追蹤管理哥哥的業務。這兩個人現在已經變成好朋友。即便公司成立很久，威爾還是經常徵詢蕭的建議和幫助。一九〇六年，他沒有足夠的資金付給蕭，而蕭明智地接受了該

公司的股票，事實證明這個決定最終為他帶來不少財富。

　　蕭的宣傳活動可說是一堂消費者心理學的研究所課，它利用事實來呈現商品。廣告開頭說：「此公告違反好廣告的所有原則。」並接著解釋，由於這是家新公司，大多數雜貨店都還沒進它的玉米片。公司也尚無銷售團隊，因此對那些願意要求當地雜貨店隨時備貨的人，公司將提供「時令補給」的產品。

　　這個宣傳活動奏效了。美國家庭主婦幾乎一夜之間成了威爾的無薪銷售大軍，她們把優惠券拿到雜貨店，要求兌換免費玉米片。全國各地的雜貨店為了應付激增的需求，也開始賣威爾的產品。到第一年年底，公司售出將近十八萬盒玉米片。威爾的錢是借來的，花在相當於數百萬美元的廣告上等於是冒險，但這股需求動量無疑是值得的。既然廣告有效果，他就要繼續使力。一九○七年，他在紐約市發起一項新的宣傳活動叫「星期三是『眨眼日』」。這個活動鼓勵家庭主婦「對雜貨店眨眨眼，看看會得到什麼。」只要她們在星期三眨眨眼，她們就能得到一盒免費的家樂氏玉米片。雖然（或者說因為）威爾接受嚴格的宗教教育，他知道一點土味幽默能發揮多大的吸引力。威爾預料到「這則廣告將引起整座城市的好奇心」。眨眼活動僅僅在紐約市就帶動銷售量翻升十五倍。到一九○九年，公司的玉米片日生產量達十二萬盒。那一年，威爾把優惠券加到麥片外盒背面，小朋友剪下寄回就可得到一本彩色的活動作業簿。當這個點子大發利市之後，他決定省掉郵寄贈品這種麻煩事，開始在盒子內放入食玩。這些小圓扣、戒指、拼圖和遊

戲都也是成本，但如果按容積計算，實際上比起等量玉米片還便宜。裡頭的贈獎磁吸孩子們，同時獲利也增加了。

威爾擺脫哥哥的陰影，終於茁壯起來，成為一名大膽而果斷的商業領袖，與人們從小認知的孤僻男孩判若兩人。他孜孜不倦地努力創新從競爭中勝出，不斷改進、開發如米香（Rice Krispies）新配方。在過去那些年中，他採用有系統的方法使療養院運作平順，現在這套方法不僅用於生產，還用於擴大產品的廣告規模，並且總能玩轉更多、更大和更好的廣告手法。威爾從公司開始營運那年起，就不惜重金在全國各地豎起數千個廣告看板。

一九一二年，威爾簽下百老匯麥加大樓屋頂的五年租約。他在那個城市之顛建造了有史以來最大的電子招牌。這座三十多公尺寬、八十噸重的結構，以一個小男孩的笑臉和他自己的紅色簽名為特色，造價相當於一百萬美元。之後他還把招牌本身的故事帶進了廣告活動。單單那一年，他就花費了一百萬美元在全國幾乎所有雜誌和報紙廣告上，觸及一千八百萬人。至此，家樂氏的廣告由美國頂尖商業藝術家製作，以琅琅上口的廣告標語紅遍大街小巷。這些廣告並以卡通吉祥物為特色發起了可愛攻勢，進占報紙的漫畫版。

一九三〇年，家樂氏已經成為全球最大的早餐玉米片製造商。隨著大蕭條加劇，威爾反倒加倍廣告的力道，就像他在以前經濟低迷時一樣，產品也因此大旺。他為了幫助巴特克里克的居民就業，將工作時間縮短至一天六小時，並增加了第四組

輪班好讓更多工人領到工資。他還開始把作業基地拉到占地約四公頃的公園裡，以當時情況來說，這樣的做法創造了更多就業機會。

一九三一年四月二十七日，家樂氏公司在巴特克里克舉行公司成立二十五周年慶，並向創辦人致敬。賓州（Pennsylvania）參議員詹姆斯・J・戴維斯（James J. Davis）也在受邀之列，他說：「家樂氏公司為我們國家提供一個最顯耀的實例，就是事業要能持久成功的真正祕訣，在於致力貢獻於改善我們全體人民的身體狀況。」家樂氏總裁路易斯・布朗（Lewis Brown）則指出另一項事實：「凱洛格先生將他創業資本的最後一塊錢花在報紙上，從那以後的二十五年中，它在報紙廣告上花費了大約二千五百萬美元。」布朗這麼說道。他認為，這家公司能健康長青要歸功於這種特別致力於溝通的做法。他繼續說：「愈是在普遍蕭條時期愈要增加廣告支出是公司的政策。因為我們發現要衝出銷量，就要投入廣告支出。我們最好的收益是在一九○七、一九○八、一九二一和一九三○。」實際上，從一九○六年到一九三九年，威爾在廣告上花費近一億美元（相當於今天近二十億美元）。在一九三○年代，有更多的資金湧入家樂氏創先推出的廣告形式：贊助兒童廣播節目。無論時機是好是壞，威爾為吸引美國消費者的關注，不停地加碼，從而造就了美國食品製造業的巨人。

威爾在事業上積極進取，但從未汲汲營營於追求財富或地位。出於他的宗教信仰，威爾於一九三四年成立凱洛格基金會

（Kellogg Foundation），捐贈大部分財產，即六千六百萬美元的家樂氏公司股票，相當於今天的十億美元。威爾從小就近視，直到成年才確診，這是為什麼他在學業道路上走得很辛苦的原因之一。由於牙齒護理不善，他大部分牙齒都掉光了，這是為什麼他會很少笑。如果有外界的幫助，他可能既不會沉默寡言，也不會「傻傻的」。因此，這間基金會特別著重於改善兒童的牙齒和眼睛保健。

一九三九年，威爾辭去了公司負責人的職務，自一九〇六年以來首次將日常業務交給其他人。與此同時，療養院在日益惡化的經濟環境中苦苦掙扎，最終還是落到不得不出售，而哥哥約翰搬到比較小的地方工作。一九四三年，約翰誠摯地給弟弟寫了長達七頁道歉信。但直到當年去世前，這封信都沒有寄出。幾年後，威爾收到這封信，很高興在自己去世前得到哥哥的祝福。

一九五一年，高齡九十一歲的威爾逝世於巴特克里克。他在晚年因為青光眼幾乎喪失了視力。他退休後最喜歡的消遣之一，是坐在工廠外的停車場聽著機器轟隆隆的聲音，細聞烘烤玉米片的香味。

即使大多數人都忘記了巴特克里克療養院及創辦人的健康理念，也沒有意識到玉米片是起源於十九世紀的健康風尚，但人們每年仍舊食用超過一千億碗家樂氏玉米片。實際上，如果約翰甚至威爾得知今天大部分家樂氏公司的產品含糖量，遠遠超過即使威爾在不受哥哥控制之下膽敢添加的量，

必會感到沮喪。許多健康專家認為，諸如糖霜玉米片（Sugar Frosted Flakes，現在簡稱 Frosted Flakes）和玉米糖脆子（Sugar Smacks，現在是玉米蜜脆子，Honey Smacks）之類的產品，它們與當今的兒童肥胖症有其關聯，而這兩款都是在威爾去世後才上市。

近年來，家樂氏公司試圖適應不斷變化的健康趨勢。例如，它在二〇一七年以超過五億美元收購 RXBAR，這是一家時尚、注重健康的營養能量棒製造商。該品牌把簡短的全天然成分標示放在包裝正面，因而成功打開市場，這種策略正有助於家樂氏，迎向抵制高度加工、富含碳水化合物早餐食品的食尚趨勢。時間將證明 RXBAR 提出的健康訴求是否成立。與此同時，家樂氏廣布全球的世界級廣告依然傳進消費者的耳朵裡。該公司全球淨銷售額每年均超過一百三十億美元。

*　　　*　　　*

以令人信服的訊息建立顧客和員工的忠誠度，任何時候都可強化公司地位，但是風寒知松勁，在危急關頭就能看出說服力才會發揮最大的作用。

一如我們在上述每個故事中所看到的那樣，韌性是備受追捧的組織特質，而強大的溝通能力是韌性的組成要件。如果你下一季破產，那麼上一季的輝煌只是枉然。巴塔哥尼亞、特百惠和家樂氏能挺過艱困時期，靠的不是任何一項產品的成功，而是他們持續運用廣告、行銷和公關的精明策略。這些公司不

管處於順境或逆境，從未停止過溝通。

　　當然，其他因素也會影響續航力。有一門藝術能讓公司走得更遠。在下一章中，我們將探討為什麼當強風暴雨來襲，有些組織能乘風破浪向前航，有些組織卻魚死網破沉汪洋。

第 **9** 章

韌性精神

「兵無常勢，水無常形。」

《孫子兵法・虛實篇》

　　任何企業的成功都會受到各種外力影響，潮流來來去去、市場起起落落、經濟繁榮蕭條，凡此種種。有時市況大好，一家企業就算管理得再糟，也看似不可能全軍覆沒。領導者老是在面對非其所能控制的外部威脅，應接不暇。於是，一個世代會發生一至兩次、一次比一次更大的混亂橫掃整個地球──戰爭、大流行病和政治轉變──亂禍過處，滿目瘡痍。

　　不過，要在政治或經濟動盪中逃過死劫，並非不可能。全球管理最佳的公司不論處於高低谷、是盈還是虧，在巨變的時代裡往往還是能走過風雨，愈加茁壯。我們也看到一些公司，雖然在新冠病毒疫情高峰期遭遇狂風暴雨，但身處險境仍懂得避險，同時藉著其他公司停滯不前的機會，借力使力來克服難關。這些韌性組織及其領導者有何特徵？為何有的公司能披荊斬棘、破關升級；而有的公司領導者眼看企業快不行了，卻還在高呼罪不在我，束手等死？

　　我們在本章將探尋領導者在面臨非其所能掌控的衰退、戰爭和其他外部遇到的狀況時，依舊堅韌不拔的本質和緣由。歷史說明，歹時機也有好生意。

CASE 25

把垃圾變黃金：Adidas

　　阿迪・達斯勒（Adi Dassler）在母親之前的洗衣房裡，緊張兮兮看著他的第一個也是唯一的員工約瑟夫・「塞普」・埃爾哈特（Josef "Sepp" Erhardt）爬上一具大型的木製舊玩

意。那是一輛用木架支撐的老式自行車，踏板用撿來的皮帶固定在車架管上。儘管它看起來像十九世紀版的派樂騰飛輪機（Peloton），但實際上是臨時拼湊起來的皮件加工機具。對於年少的阿迪來說，要買工廠製的零件，想都不用想。即使他能負擔得起，鎮上的電力也不夠穩。德國自一戰結束以來，就很難滿足民眾的基本需求。除非他能有柔軟的皮革，否則根本**做不出**他想要的運動鞋。還好現在有這個臨時湊合的東西，讓他覺得事情有解了。洗衣房裡那座踏板式加工機具是達斯勒設計的。如果有什麼東西斷掉或是讓塞普受傷的話，也只能怪達斯勒咎由自取。他心想，**如果這還行不通，那我也不知道還有什麼其他辦法了**。達斯勒的製鞋事業初萌芽時，就是靠這輛自行車起家的。

塞普輕輕壓了一邊的踏板，接著再壓另一邊。自行車上僅剩的一個輪子開始轉了，達斯勒胡亂拼湊的機具也跟著轉，而且沒多久就轉得飛快。隨著塞普的腳愈踏愈快，皮革廢料來回滾動了起來，裡頭混著被丟棄的頭盔和水袋，是從附近戰場上中撿來的。

這可笑的玩意可以耶！

達斯勒在創立運動服飾巨頭 Adidas 之前，一路上一直這麼東拼西湊、即興發揮，直到全球爆發另一場衝突。他叫塞普繼續踩。皮料在滾了一圈又一圈後，會變得更軟、更好加工，接著就能進入塑形和縫製階段。如果能有電動磨具當然很好，但現在德國在這場決定性敗仗中只剩滿目狼藉一片殘骸，他不

得不用這台自行車。

至少目前如此。

＊　　　＊　　　＊

黑措根奧拉赫（Herzogenaurach）是德國巴伐利亞州（Bavaria）北部的一個小鎮。如今，這裡不僅是 Adidas 也是 Puma 的發源地，這兩大體育用品公司讓該小鎮聞名於世。水火不容的兩位創辦人實際上還是親兄弟：阿迪‧達斯勒和魯迪‧達斯勒（Rudi Dassler）。

一九一四年，歐洲陷入戰爭。達斯勒家四個孩子有兩個立即被徵召入伍、送往前線，他們分別是弗里茲（Fritz）和魯道夫（Rudolf），魯道夫就是大家熟知的魯迪。儘管大多數德國人預計戰事將盡，但達斯勒家的兩兄弟在戰壕裡可整整待了四年。在戰爭的最後一年，還未滿十八歲的阿道夫（Adolf），也就是阿迪，也被徵召入伍。等到達斯勒家的三名小兵都回到黑措根奧拉赫時，他們的母親早關了洗衣店。人們當時已花不起錢送洗衣物。

戰後，阿迪在一家麵包店當學徒，即使投入時間心力還出師了，最後還是決定不走這行，鞋子終究才是他的興趣。阿迪一心一意想用他的新點子闖出名堂：你腳下的鞋子可以專門針對特殊運動需求而改造。阿迪得益於父親既是修鞋匠，也是多項運動員，而有此獨到的見解──並能進一步實現它。

阿迪懷著滿腔熱血想測試這個想法，他利用母親的舊洗衣

房開設店舖。起初只是靠著修鞋子賺錢。從戰後的經濟形勢來看，大多城鎮居民買不起新鞋。雖然修理舊鞋子對阿迪來說再簡單不過，但製作新鞋不是靠這點聰明就行。製作鞋子所需的材料和設備在德國戰後衰敗期根本很難找到。外加那段時間通膨失控，要從銀行獲得信貸更是難上加難。

阿迪只好把注意力從他沒有的資源，例如可靠的電力、充足的原料供應、現代化的機械，以及借貸的管道等，轉移到他有的資源。他對戰後殘骸調查了一番，從中了解到這些垃圾也能變資源。他全豁出去了，開始在附近戰場上「拾荒」，把任何可能會派上用場的東西撿回家。頭盔、袋子和降落傘最後都成了阿迪新作品的原料。

「開發鞋子不是工作，而是他的愛好，」他的妻子凱特（Käthe）在日後這麼說道。「他很科學地做到了。」阿迪獨自在他的製鞋實驗室中，就自己擔任運動員時所遇到的問題構思並測試解決辦法。首先，他想為自己喜愛的田徑賽事改善鞋子的摩擦力，因此需要鐵匠的幫忙。他請了兒時玩伴弗里茲・澤列林（Fritz Zehlein）手工鍛造可以穿過鞋底的鞋釘。不過，在鞋上加釘增強抓地力不是什麼新點子，即使阿迪曾因為在鞋內放進一片很關鍵的鞋墊而拿到專利。在一八九〇年代，英國運動鞋製造商福斯特父子公司（Foster & Sons），是第一家推出釘鞋底跑鞋的公司。這家公司後來開發了 Reebok（Adidas 在二〇〇五年收購 Reebok）。阿迪的貢獻在於，因應每種運動的獨特需求來改造鞋釘或修改鞋子的設計。阿迪在反覆試驗

和弗里茲的幫助之下，鍛造出不同的鞋釘設計，進而為長短跑和跳遠運動員開發專用鞋。他另外還創造一種在鞋底嵌入金屬鞋釘的皮革足球鞋（足球場上自然是不允許尖尖的鞋釘）。

一九二三年，阿迪的哥哥魯迪放棄警官之路，加入阿迪的鞋業。發明家阿迪在他的店裡總是悶不吭聲地工作，而健談的魯迪則是滿嘴生意經。隔年，兩人一同創立了一家運動鞋公司，命名為達斯勒兄弟（Gebrüder Dassler）。兄弟倆為了有生意，把阿迪的鞋做派樣給當地的運動俱樂部，當時這個產業算是正在成長中，因為國家追求現代化和重建改造的時空背景，體育和科學在威瑪共和國[1]（Weimar Republic）大有全民入坑之勢。當時，阿迪大膽的實驗性設計打中了國民情緒。一九二五年，十二名工人單日生產五十雙鞋，包括足球釘鞋和田徑鞋。在時間的淬練下，達斯勒兄弟順利地「轉大人」，同時也克服了戰後的不滿與無奈。洗衣房最後不敷所需。隔年，兩兄弟把他們的作業現場搬到火車站旁一間工廠，安裝新機具、僱用更多工人。單日生產量翻倍變成一百雙。

要論運動服飾企業的優勢，其一就是品牌能見度。運動員腳上穿的鞋子品牌永遠不會是商業祕密。阿迪意識到，要宣傳達斯勒兄弟，沒有比讓贏家穿上他的鞋子還更好的廣告了。不過，他在體育贊助上的前衛想法並不僅止於免費宣傳。他想證明符合某項運動需求的專用鞋，也就是合適的鞋，能提高運動

---

[1] 編按：指一九一八年至一九三三年採用共和憲政政體的德國。

成效。而唯一的方法就是，說服頂尖運動員試穿他的鞋。在最高層次的運動比賽中，最微小的決定因素能左右勝利的結果。如果他的鞋子能使運動員縮短關鍵的幾秒鐘，那麼它們就是奪冠的決定性因素。

　　阿迪把他的釘鞋帶到一九二八年在阿姆斯特丹舉辦的夏季奧運會上。他在那兒遇到一位短跑女將麗娜・拉德克（Lina Radke）。她對於阿迪的體貼設計感到很驚豔，同時阿迪在田徑方面的領域知識也促使她決定在八百公尺比賽中穿上阿迪的鞋子。拉德克為德國贏得了第一枚田徑奧運的金牌。這不僅對達斯勒兄弟來說是意想不到的成功，也證實專用鞋能讓運動效果加乘的阿迪理論。拉德克在阿姆斯特丹創下的世界紀錄一直維持到一九四四年。

　　自然而然地，拉德克穿著阿迪的鞋子拿下金牌的畫面，吸引德國體育機構人士的注意。第一個關注到阿迪產品的運動界大咖是約瑟夫・韋策（Josef Waitzer）。韋策曾參加一九一二年斯德哥爾摩夏季奧運一共四場田徑比賽，之後轉任教練。直到一九二八年，他寫了幾本有關運動訓練的書，並被任命為德國奧林匹克田徑隊的總教練。當時，達斯勒兄弟的消息引起韋策聞風前往黑措根奧拉赫參觀工廠。韋策和阿迪因彼此都在追求極致的運動表現一見如故，而這種友誼很快就派上用場了：韋策成為該公司顧問，提供技術層面的重要專業知識，這門道只有世界巡迴賽事經驗豐富的田徑教練才內行。他從中推動更多德國運動員穿達斯勒兄弟的鞋子參加田徑賽，並藉此機會針

對阿迪設計的產品性能提供意見，以便讓阿迪日後改進。

阿迪善於東拼西湊，可說是父親幫他打下的基礎。但是，他的技能若要向上提升，還需要更高階的訓練。一九三二年，他前往皮爾馬森斯（Pirmasens）一間製鞋技術學院就讀，這個小鎮位於德法邊境，以製鞋業著稱。他在那裡愛上一名講師的女兒凱瑟琳娜・「凱特」・馬茲（Katharina "Käthe" Martz），兩人於一九三四年結婚。凱特生性大膽果斷，不止一次神救援阿迪的生意。倆人共育有五個孩子。

與此同時，另一波巨浪正席捲德國和整個歐洲。國家社會主義風起雲湧。弗里茲、阿迪和魯迪在一九三三年都加入了納粹黨（Nazi Party）。德國新任總理阿道夫・希特勒雄心勃勃想證明雅利安（Aryan）運動員在運動方面的優越論。兄弟兩人除了魯迪力挺納粹黨的意識形態之外，就連阿迪也認為希特勒執著於體育競賽就算再怎麼無謂，也對他們的生意有好處。同時，拒絕加入納粹黨也會讓達斯勒兄弟的生意做不下去。很快地，阿迪就提供運動鞋給希特勒青年團師（Hitler Youth）運動俱樂部，並訓練年輕運動員。

一九三六年，柏林舉辦奧運。希特勒領導下的新德國有機會在全球舞台上大秀肌肉。達斯勒和韋策之間的特殊關係，力保許多德國田徑運動員在比賽中都會穿他的田徑鞋。但是，阿迪把目光投向他國的運動員。

當時，美國傳奇黑人田徑選手傑西・歐文斯（Jesse Owens）已經是國際級運動巨星。他在高中時打平一百碼（約

九十公尺）短跑世界紀錄；在一九三五年的十大聯盟（Big
Ten）校際比賽中，打破三項世界紀錄，另外還打平一項紀錄。
說服歐文斯穿上達斯勒兄弟的鞋子，將讓該品牌一躍成為國際
關注的焦點。至於是否該顧及希特勒對於黑人運動員穿上德國
鞋的看法，阿迪甘心冒險一搏。唯一的問題是，阿迪不認識歐
文斯，也不會說英語。

　　阿迪無計可施，直闖奧林匹克選手村（Olympic Village）
找到這位美國運動員，並遞給他一雙贊助鞋。這款輕量低筒鞋
有六個精心設計的鞋釘，肯定讓歐文斯留下深刻的印象。也或
許是因為歐文斯自己也曾在修鞋店打工，讓他懂得欣賞達斯勒
的工藝。無論如何，阿迪都是頭一個贊助黑人運動員的廠商，
歐文斯在一百公尺短跑比賽中穿了德國鞋，還拿下金牌。接下
來，他擊敗德國跳遠王牌選手卡爾‧「路茲」‧朗（Carl "Luz"
Long），並創下個人最佳紀錄。歐文斯最後一共勇奪四枚奧
運金牌。這對美國來說是壓倒性的勝利，對達斯勒兄弟更不在
話下。

　　這個戰蹟對公司的影響可說是立竿見影。正如阿迪所料，
歐文斯在奧運上獨占鰲頭時腳上蹬的鞋，旋風帶動國際間出現
對達斯勒兄弟出品的鞋子大量需求。不久，兄弟倆不得不開設
第二家工廠來滿足爆量需求。至此，已有逾百名員工在製作阿
迪設計的鞋子，這些鞋款分別能應付十一種運動的特殊需求。
但是，達斯勒與歐文斯的輝煌戰果之間的關聯，將引發更重大
的後果。

　　儘管一戰結束後的前幾年日子很不好過，但達斯勒兄弟打從創立公司以來幾乎是心想事成。德國全民痴迷於運動和設計的社會條件，對於採用科學方法提高運動成效的運動鞋公司來說再好不過。如今，運動員穿上達斯勒兄弟贊助鞋，奪得七金、五銀和五銅，並創造兩個世界紀錄和三個奧林匹克紀錄，阿迪完全驗證他的想法：穿對鞋子很重要。

　　然而，柏林奧運結束的後幾年，希特勒下令入侵波蘭，掀起另一場翻雲覆雨的全球衝突。對於商戰來說，沒有什麼比戰爭本身更具衝擊性。達斯勒兄弟是否耐受得了希特勒的宣傳部長約瑟夫・戈培爾（Joseph Goebbels）所喊出的「全面開戰」（total war）？

＊　　　＊　　　＊

　　二戰之初，德國政府允許達斯勒兄弟以減少產能、較少雇員和限縮供應的方式繼續營運。因此，兄弟倆關閉第二家工廠。阿迪對於這類限制並不陌生，比起現在，他一開始在母親的洗衣房裡因陋就簡、即興發揮時的條件更差。然而，戰爭爆發一年後，阿迪被徵召擔任無線電通訊技術員。他可以用很少的資源辦事，但缺席卻會讓他一事無成。也許是由於阿迪與納粹黨的關係匪淺，他經過認定是該企業靈魂人物，很快就被遣送回鄉。接著該公司還獲得一筆來自德國軍方的訂單合約，要為軍隊生產上萬雙鞋。

　　這等狗屎運激怒了魯迪。這紙合約暗示阿迪對於公司營運

韌性精神

超級無敵重要，魯迪身為老哥，開始忿忿不平。他感覺到外界低估自己對事業的投入，而阿迪等於是缺課還考滿分。他覺得阿迪遠在天邊根本無力經營達斯勒兄弟，就連阿迪的犀利人妻凱特反擊也無濟於事。兩兄弟間的關係愈來愈緊繃，又因為彼此太過親近而矛盾加劇。兩兄弟各有各的家庭，卻和父母同住一個屋簷下。

即使魯迪本人曾為一戰奮戰四年之久，當他在一九四三年再次被徵召入伍時，兩人間的戰火一觸即發。魯迪將此歸咎於阿迪——顯然，他會雀屏中選，是因為要補上阿迪提早退伍的空缺。魯迪從波蘭為阿迪捎來的信之中滿是怨言：「我將毫不猶豫地請求關閉工廠，如此一來，你才會被迫擔起能讓你成為真正領導者的職業，成為背著槍桿的一流運動員。」

魯迪說到做到，他積極運作自己在德國軍方的人脈，從弟弟手中奪取工廠的控制權。那年十月，納粹政府強迫該工廠開始製造武器和其他戰爭物資。阿迪懷疑這是魯迪力圖要證明弟弟對公司沒那麼重要，進而推他入伍的結果。

達斯勒工廠的女裁縫們，不久後就成為把防爆盾和瞄準儀點焊到「煙突炮」（stovepipes）的軍工：這純粹是仿製美國巴祖卡火箭炮[2]（bazookas）的山寨貨，後來證實威力巨大，可輕鬆摧毀盟軍坦克。雖然這些煙突炮來不及扭轉戰爭的態勢，但是美軍於一九四五年四月凱旋挺進黑措根奧拉赫時，這

---

[2] 譯注：巴祖卡是二戰中美軍使用的單兵肩扛式火箭發射器的綽號，也稱 Stovepipe。

些武器吸引他們的注意。當坦克駛向工廠時，士兵們爭辯是否要把這座兵工廠炸成瓦礫，凱特當仁不讓，大膽向美國人解釋，火箭炮只是在脅迫下才生產的，而兄弟倆別無所求，只希望還有繼續製作鞋子的機會。她補充說，實際上，他們製作的鞋正是傑西·歐文斯一九三六年所穿的金牌戰鞋。

達斯勒兄弟因為凱特挺身救夫免遭於難，而這消息很快就在附近空軍基地傳開，讓駐紮在此的美國士兵也對達斯勒兄弟鞋狂熱起來，大筆訂購它的籃球和棒球鞋。戰後駐紮在達斯勒家中的美國軍官，還協助該公司取得所需物資以便恢復生產，例如木筏上的橡膠和帳篷內的帆布。美國人為了避免重蹈一戰後簽訂《凡爾賽條約》（Treaty of Versailles）的錯誤，迫切希望這次能重振德國經濟，這意味著要幫助達斯勒兄弟這種企業重新站起來。阿迪再次發揮足智多謀的本色，重新利用戰爭物料以供製鞋。但是，阿迪的前方還矗立著更大的挑戰，這將嚴重考驗他的韌性。縱使這個事業挺得過戰爭、採用了新方法，但兩兄弟間的嫌隙化解得了嗎？

這對兄弟與納粹分子的密切關聯，使他們在新政權底下成為眾矢之的。魯迪在戰後被關押在德國戰俘的拘留所中。魯迪一心想拿到返回工廠的許可，開始疑神疑鬼，覺得是阿迪在設法讓他一直出不去。美方調查人員確實懷疑魯迪協助蓋世太保（Gestapo），部分原因是阿迪咬出魯迪在他們的紐倫堡（Nuremberg）辦公室曾為納粹祕密警察工作——但魯迪矢口否認。美國人儘管懷疑，但手上有數十萬筆同類型複雜案件，

根本無力解決所有訴訟請求和反訴。一九四六年七月三十一日，只要是美方認定不具安全威脅的囚犯，包括魯迪在內全數釋放。算下來，美方把魯迪扣押候審了一年之久。

同時，阿迪本身也被歸於與納粹勾結的活躍分子，這個身分被禁止擁有公司。不過，黑措根奧拉赫的員工和居民站出來替他發聲。附近村莊有著半猶太血統的市長作證說，阿迪警告過他蓋世太保要逮捕他了，不僅如此，阿迪還把他安置在家裡。一位目擊者則說：「就我認識，體育對他而言是唯一一種政治形式。」魯迪返家的前一天，好加在有這些俠義辯護，阿迪重新歸入「追隨者」的身分，這種指控情節較輕，僅涉及罰款和緩刑，所以他可以繼續持有公司所有權。

當魯迪終於回到他們在黑措根奧拉赫的家時，兄弟間的嫌隙更深了。阿迪居然能從這一切脫身，這讓魯迪感到憤恨不平。現在換他對去納粹化（denazification）委員會反咬弟弟曾單獨在工廠裡積極鼓動軍備製造。他甚至指控阿迪在當地籌辦政治演講，阿迪的妻子得知後暴跳如雷，護夫模式再次啟動。她在提交給委員會的聲明中寫道：「在工廠內外舉行的演講應歸咎於魯道夫・達斯勒，任何工廠員工都可以證實這點。」凱特的辯護，再加上其他城鎮居民幫阿迪講話的聲量，壓過了魯迪僅憑臆測的抹黑。阿迪又再被重新歸類，基本上算是洗脫了所有罪名。

由於兩兄弟之間的分歧已大到不可逆，魯迪和妻小搬到河對岸居住。兩人分家分產後，也決定分業。魯迪重新啟動戰時

關閉的第二家工廠,並在那建立自己的鞋業公司,該公司就是後來的 Puma。三分之一的員工跟隨魯迪去了新公司,其餘員工則留在阿迪身邊,後者將他的新公司命名為 Addas,也就是阿迪・達斯勒的簡稱。但是,衰事還沒完,當他要註冊這個名稱時,發現已被一家童鞋公司拿去用了。阿迪的公司只好改名 Adidas。阿迪曾為了增加足部穩定性,在足球鞋上加穿三條平行鞋帶,而這種巧妙設計後來變成該公司的經典商標。

不可思議的是,Adidas 和 Puma 雙雙成為叱吒國際運動服飾界的兩大天王。在 Adidas 這邊,凱特取代魯迪成為阿迪事業上的合夥人。凱特做起生意來精明幹練,讓阿迪再度綽有餘裕,全然投入自己的設計世界中。阿迪繼續為網球運動員、滑雪運動者、拳擊手、板球投手、劍術運動員等開發鞋子。縱觀阿迪的一生,他經常與世界各地的運動員會面交流,討論他們面臨的具體問題,據此巧妙地設計出能解決這些問題的新對策。

到一九六〇年代,Adidas 已成為世界上最大的運動鞋製造商。該公司共有十六座工廠,每天生產二萬二千雙鞋子。即便阿迪成功致富,但他始終追求的是,致力於創新設計,並且要讓他設計的鞋子更符合每種運動的獨特需求,包括適用於足球鞋的旋入式鞋釘、減輕重量的尼龍鞋底,以及田徑運動員專用的替換式鞋釘等關鍵創新發明,均出自他的妙手。

魯迪在一九七五年十二月逝世。三年後,阿迪也離開人世。兩兄弟至死未見言歸於好。凱特在一九八〇年把事業交班給兒子霍斯特(Horst)之前,獨自經營 Adidas 好幾年,並於

一九八四年去世。

韌性涵蓋了多項特質：反彈回復的能力、其間所需要的勇氣和謙卑，還少不了足智多謀。沒有一家企業能久踞完美的條件。你是領導者，免不得要以簡馭繁。當你手上什麼資源都沒有，只能讓垃圾變黃金，物盡其用、人盡其才。

廣告不能停：當箭牌遇上經濟大衰退

時間是一九〇七年，事情已經超出小威廉・瑞格理（William Wrigley Jr.）所能阻止的能力範圍。

如果新廣告失敗，一定不是產品的錯。不僅芝加哥市內隨處可見，全國各地也有愈來愈多行人的鞋底黏上一塊塊黃箭（Juicy Fruit）和白箭（Spearmint）口香糖。不嚼則已，一嚼驚人，嚼口香糖，特別是箭牌，已成為新世紀健康又涮嘴的新消遣。有些人甚至選擇嚼口香糖而不是抽香煙。清新的白箭口香糖，富含真正水果萃取物、天然的糖和保鮮封口包裝：瑞格理對品質很講究，始終相信這是他的產品在搶食這塊市場大餅時，有別於其他了無新意又無味產品的原因。

不過，他已經在紐約市投下十萬美元的廣告，海報、霓虹招牌和廣告看板都上了，但就是無消無息，而且還上了**兩波**。所有廣告投資在美國最重要的市場上「幾乎沒有任何反應」。瑞格理後來說：「那是把錢丟到了水裡。」即便如此，他回頭還是下了第三波。

瑞格理知道，如果這次能做起來，美國市場志在必得。而且，如果他能拿下美國，要贏得跨大西洋市場，當是精彩可期。嚼口香糖在這一區仍舊被視為是種壞習慣，所以賭注愈大，會贏得愈多。當他進攻紐約而頭兩次都失敗時，他開始懷疑人生了。他對於消費者心理的超強直覺中，是哪裡出了問題：文案？廣告插畫？廣告置入？也許是時候該收起他的獅子雄心，把全副精力放在芝加哥地區，然後將全國市場留給畢曼（Beeman）和芝蘭（Chiclets）這類品牌了。當瑞格理拒絕加入他們的聯合信託行使壟斷時，主要競爭對手便聯合起來對付他。他曾認為自己能夠以一擋百。但現在，那股驕傲獅子心飄零在破產的邊緣。

然而，一段時間下來，瑞格理認為錯不在廣告。他在這方面的直覺一直準得要命——他知道顧客的想法，只是低估了挑戰的強度。時局艱難，而現在紐約正處於金融恐慌的暴風眼。證券交易市場一洩千里，銀行發生擠兌危機。企業破產倒閉比比皆是。瑞格理就像這個國家一樣正遭逢困難。

瑞格理年輕時曾懷抱採礦致富的夢想，他和一位朋友一同踏上漫長的西部之旅，在火車上他看著投煤的人不停地把煤鏟入火箱中。上坡時為了保持火車動力，他們必須每十五秒就往火箱裡投一次煤。動作只要稍慢一步，這輛鋼鐵巨獸必然會開始倒退嚕。

如果瑞格理在更大的企業紛紛倒下之際還想撐下去，他就不能抽廣告。如果停止鏟煤，那就過不了這個坡——只會一再

地往下滾。而事實是，口香糖是經濟衰退時的夢幻逸品：愛緊張的人用來消除緊張的一種習慣。當人們壓力山大時，很容易會分心、心浮氣躁，所以我們需要洗腦式提醒他們，白箭口香糖在這個非常時期是多麼清新又便宜的解憂妙丹啊。

撇開心理學，廣告版位在金融恐慌時期要便宜得多。他打算灑下的錢，將能夠讓整個城市開心地嚼了起來。

＊　　　＊　　　＊

今天，你可能是從這間公司特有的傳統口香糖看到箭牌這個字；如果你是棒球迷，那麼可能是在芝加哥小熊隊的主場——箭牌球場（Wrigley Field）認出它來。然而，在瑞格理的鼎盛時期，他的名字幾乎成了韌性的代名詞，因為當其他人臨陣退縮時，他仍舊衝衝衝。瑞格理是在貧困環境下成長的孩子，不僅活過來，還挺過兩次經濟衰退，要知道每次一衰退就有強大的競爭對手倒下。就像他的糖膠口香糖一樣——這可不是由蠟或樹汁製成的口香糖——它很耐嚼，還不會容易散開。瑞格理在某種程度上可說是，藉由重塑二十世紀的廣告和直效行銷找到了生存之道。瑞格利給兒子菲利普・K・瑞格理（Philip K. Wrigley）的教誨是「無論生意如何，廣告不能停。」菲利普後來成功繼承家業。此外，瑞格理腦袋靈活多變。早在加州「聖克拉拉河谷」（Santa Clara Valley）因設計晶片業冠上矽谷大名之前，瑞格理就已經掌握策略轉向的思維。

瑞格理於一八六一出生於費城一個信奉基督教貴格會

（Quakers）的大家庭，小時候因為惡作劇搞到被學校開除，就去了父親工廠工作，每天得花上十小時攪拌一桶又一桶的瑞格理氏礦物家事皂（Mineral Scouring Soap）。瑞格理當時年僅十三歲，這種工作讓他完全待不住，於是懇求父親讓他外出推銷肥皂。出乎意料的是，他的父親竟然同意了——他兒子看上去比實際年齡大——接下來四年，瑞格理就此展開漫長的推銷之旅，他駕駛著馬車在賓州、紐約和新英格蘭（New England）各地奔波。這段四處說服批發商家購買成箱肥皂的經歷，讓十幾歲的瑞格理打穩基礎，練就了他的銷售說服術。這段旅途中所學到的教訓，成為他終其一生都在傳授的員工教材：與人為善、恆心耐力和盡忠職守。還有就是防人之心不可無，因為他也要為自己留活路。

瑞格理最後回到費城，但仍然繼續賣爸爸工廠的肥皂。瑞格理在一八八五年二十三歲時結婚，過了六年，他帶著妻子和剛出生的女兒搬到芝加哥，開了分公司。《紐約時報》這麼形容他，「有勇氣、富進取心，以及永不言敗的樂觀派。」瑞格理當時口袋只有三十二美元，就這樣開始白手起家。

深刻理解顧客行為，也是韌性的一環。就算時機再差、日子再苦，人們還是會有物欲，只是需要的東西、需要的方式不同而已。要以他們想要的方式給他們想要的東西，不行的話就拉倒。在心理學中，能夠推測他人的想法、信念和情緒，也就是能用他人的眼睛看世界的能力，稱之為「心智理論」（theory of mind）。這種能力並非人人都擅長。成功領導者撐不過艱

困的時局，往往是因為這個盲點，他們缺乏了解顧客在非常時期想法會轉變的同理心。時機大好勢不可擋，時機變差仍然死守常規、一切照舊，結果只能落得問天問地問自己，為何原本的制勝法則不靈了。瑞格理能安然度過艱難歲月，這要歸功於他從小苦過來所養成的硬頸精神，還有就是他的超強本能，這種本能在他擔任行動推銷員的那幾年裡愈磨愈光。他長年以來和所有領導者一樣，都在追求這個問題的答案：他們**現在**到底想要什麼？

當時，商家因為產品利潤太薄，不想批售瑞格理氏礦物家事皂，瑞格理說服父親把零售價提高一倍至每盒十美分。這有助於提高利潤，但他知道商家會猶豫不只是這個原因。這些大城市裡的精明商家也是人，「每個人都喜歡白拿點什麼。」所以他決定要「多給點」──送禮物給零售商，以獎勵他們進肥皂。至於這當中的行銷話術就奧妙了，如果是買肥皂送肥皂，雜貨店或是批發店家知道肥皂就是肥皂，本質上還是商品；但現在可是買一盒瑞格理氏家事皂就送紅傘。雖然這雨傘肯定是便宜貨、紅色染料碰到雨還會褪色，但是他們對於免費雨傘能有什麼期望？

一樣的肥皂，但是不一樣的購買體驗。這些廉價傘的促銷收效，讓瑞格理有足夠資金投入在這個「多給點」的想法上。在某種程度上，這代表自己翅膀硬了，能飛了。他把自己的業務從瑞格理製造公司（Wrigley Manufacturing Company）分離出來，成為獨立的肥皂批發商。對瑞格理來說，這間公司從來

都不是為了賣某種特定產品，即使是盒子上印有家族姓氏的產品。瑞格理的童年幾乎都是在攪拌蒸汽鍋爐中度過，以至於沒那麼愛肥皂了。對他來說，顧客才是關鍵。

瑞格理為了讓肥皂更好賣，開始嘗試贈送不同的好康給零售商，最後選定蘇打粉。直至一八九二年，蘇打粉已經變得比肥皂還受歡迎了。瑞格理腦筋動得快，轉而改賣蘇打粉，完全展現他能在商品策略上靈活布局的個人特點。現在這種粉末也需要有加贈品，便宜、吸睛，還能把商家略略引向他的產品的小小好康。瑞格理把自己想成是忙碌的商家，在又熱又擠的店裡忙進忙出，一邊點貨，還得隨時慎防有扒手，光聽起來就不是輕鬆的活。那麼，有什麼東西能讓他們覺得好療癒呢？

*　　　*　　　*

人類嚼口香糖已有數千年歷史，無論是為了口氣清新、解渴、保持清醒，還是防止飢餓感。這種做法在各個文明中分別都出現過。五千年前的白樺樹皮節塊已經能用來作人類基因定序，因為這些出土的古早味口香糖還留有齒痕。古希臘人嚼的是從乳香樹樹脂製成的口香糖，而中國人嚼人參的根。在南亞，嚼檳榔更是數千年的口腔運動。至於新世界的某些地區，美洲原住民喜嚼雲杉樹液，而這種做法也見於新英格蘭地區來自歐洲的移民者身上。

一八四〇年代，一位名叫約翰・柯蒂斯（John Curtis）的人在緬因州建立了第一家雲杉樹液口香糖工廠，讓產品開始風

行。但是，雲杉樹液有個問題——這種味道需要習慣之後才會愛上，而且嚼沒多久就散了。加了石蠟之後比較好嚼，因此蠟與樹液混合版成為當時美國口香糖的首選。瑞格理買了幾盒，因為很多人緊張的時候習慣嚼口香糖，而店老闆們是緊張兮兮掛。他聽從直覺將口香糖當作贈品，結果真的大受歡迎。實際上，隨著銷路打開，瑞格理意識到口香糖現在已經變得比蘇打粉還要夯，就如同蘇打粉曾讓肥皂黯然失色一樣，該是順勢轉向的時候了。瑞格理再一次把贈品升格成產品來賣，反正顧客至上。

瑞格理把口香糖看得像肥皂一樣淡然。他的前兩個品牌是由口香糖供應商想的：適合女士細嚼的娃薩（Vassar）和大家都愛嚼的樂塔（Lotta）。瑞格理說：「誰都做得出口香糖，難的是要賣得出去。」瑞格理很執著於深究美國消費者的心理，而不是食品化學。說白點，口香糖確實嚼沒兩下就沒味道了，而且嚼一嚼就化在嘴裡了。瑞格理認為，這麼有潛力的產品應該要多放點精神。說做就做，瑞格理在研究一些替代品之後，提議供應商改用糖膠，取代樹液和蠟的混合物。糖膠是從中美洲和墨西哥的樹木製成的天然乳膠，在阿茲特克（Aztecs）和瑪雅（Maya）文明中都很流行，它能提供比樹液更持久、更美味的嚼感。由於芝蘭等新口香糖品牌火紅起來，糖膠的使用族群正在擴大。一八九三年，瑞格理推出兩個新口香糖品牌，至今歷久不衰：黃箭和白箭。黃箭因為富含水果萃取物風味極佳，而白箭則主打能讓口氣清新。這兩種新口味一下子爆

紅,以至於瑞格理打算放掉娃薩和樂塔這兩個品牌。他把眼下的產品搞定了之後,接下來要解決的是競品。

一八九九年,其他六家口香糖製造商邀請瑞格理加入了他們的聯合信託。這些公司透過這種形式聯手控制價格、供應量,同時在面對零售商時,握有較大的影響力。當瑞格理拒絕參與這種壟斷性體系時,他立即發現自己等同是與所有競爭宣戰。瑞格理知道和雜貨商家搏情感、掏心挖肺才有活路。他們是最終決定要進哪種口香糖,以及左右口香糖陳列醒不醒目的人。瑞格理再次發揮心智理論提到的長才。如果口香糖已經是產品,那麼就是該提供新贈品的時機了。他開始提供能吸引雜貨店家眼球的高階獎勵品:磅秤、咖啡研磨機和收銀機。這些獎勵品不但推升銷量,還說服了原本興趣缺缺的零售商,把產品陳列在顧客視線所及之處。可惜的是,口香糖的利潤太薄,以至於他還是賠錢。瑞格理並沒有繼續砸錢補這個洞,而是決定嘗試一種新方法,這種方法就像以前的附加贈品一樣先進。這代表他將在世紀之交,轉而擁抱廣告這門新科學。

自古以來,人們就在宣傳他們的產品。古埃及牆壁上刷的就是紙莎草紙做成的海報。在中國,各地的店舖使用銅版印刷的廣告招牌,最早可追溯到宋朝。然而,廣告隨著工業革命一直在進化。商業和競爭呈爆炸式成長之際,廣告的複雜性和規模也隨之擴大,並一路踏進了心理科學的陷阱。業界競爭激烈驅策著公司超越產品的正向解說面,讓這些新廣告愈來愈向洗腦和操縱偏斜,而這正是瑞格理天賦異稟之處。

　　瑞格理無法單靠獎勵品來抵制口香糖業托拉斯，他開始在芝加哥報紙和商店櫥窗上廣告。他的廣告五顏六色、活潑簡單而且記憶度高，除了去除菸味、清新口氣，更標榜是健胃整腸助消化和治口臭的超級偏方。廣告吸引消費者的注意，箭牌的獲利終於開始上揚。瑞格理對這個戰略愈加有信心，於是在一九〇二年決定加碼，在紐約市投放十萬美元的廣告。然而，令他懊惱的是，反應平平。

　　許多企業家在投資嚴重失利後，一般會就此收手、不再擴張。但是，瑞格理知道他的廣告會成功，因為它們在芝加哥和其他地方很可以，其成長的關鍵在於「快快說、天天說。」他只是低估了紐約水深火熱的程度。於是，瑞格理打算再試一次，在紐約市又投入十萬美元的廣告，結果還是行不通。冥冥之中，第二次失敗只不過是在刺激瑞格理再賭一把「賺回那二十萬美元。」

　　日本有句諺語說：「跌倒七次，就會爬起來八次。」這是具備心理韌性的強心臟。瑞格理從經驗中得知，廣告能讓口香糖熱賣。廣告支出規模可能錯了、海報上的文案可能要再調整，但是策略本身沒問題，所以他不打算放棄。他要做的是，從業務面改善公司，靜候對的時機。

　　等著等著，一九〇七年金融恐慌爆發了。

　　「世界變得好像是黑白的，每個人都勒緊褲帶，尤其是廣告，砍得更凶，」瑞格理後來回憶道：「我認為這正是全國性大型廣告登場的大好時機。」瑞格理揹著二十五萬美元的貸

款回歸紐約市。廣告版位需求水位正處於歷史最低點，因此瑞格理以二十五萬美元低價買下原本價值超過一百萬美元的廣告版位。箭牌口香糖的霓虹燈箱廣告閃遍整座城市，最後遍及全國。這一次，經濟衰退放大一連串廣告的轟炸效果，火力之大足以讓箭牌攻下六〇％的口香糖市場。

瑞格理還雪中送炭，向零售商發放免費口香糖的優惠券，再說一次，有誰不喜歡來點「好康的」？不僅如此，當這些零售商把優惠券寄給箭牌經銷商換取免費口香糖時，恰巧讓經銷商有機會和零售商打交道。瑞格理做過行動推銷員，深知這種人際關係有多重要。

多虧瑞格理不畏經濟衰頹，仍然堅持把公司做大，箭牌成為美國最受歡迎的口香糖產品，永遠打破口香糖業的托拉斯。一九一〇年，營業額已從十七萬美元成長至三百萬美元，而黃箭也榮登美國最暢銷的口香糖品牌。一九一一年，瑞格理收購他的口香糖供應商，進而在公司內部設立製造部門。以他建立的公司規模，唯有垂直整合才行得通。三年後，箭牌公司推出了青箭（Doublemint）口香糖：注入「雙重價值」（Double Value）、「雙倍清新口感」（Double Strength Pepper-Mint Flavor），以及「雙層保鮮潔淨包裹」（Double Wrapped-Always Fresh and Clean）三大元素。

瑞格理在紐約市的第二波廣告銀彈打得很成功，這使他的戰略又向前邁一步。人人手上都有一塊黏在包裝紙上的風味糖膠。對於口香糖這類衝動式購買來說，首選品牌的意識重於一

切。他說：「廣告就像開火車一樣，你必須持續把煤鏟入蒸汽引擎。如果不添煤，火就會熄。火車會在自己的動量作用下持續前進一段時間，但最後仍會漸漸減速停下來。」一九一五年，瑞格理從這個想法得出一個合乎邏輯的結論，按美國電話簿名錄向每個家庭郵寄四條黃箭口香糖，總計送出超過一百五十萬個包裹。他還玩起其他燒錢的噱頭，例如沿著紐澤西州特倫頓－大西洋城鐵路（Trenton–Atlantic City）放置約一公里長、共一百一十七個接力式廣告看版。廣告永不停。

瑞格理的公司在一九一九年公開上市。當時箭牌公司已有一千二百名員工，每天生產四千萬條口香糖。按照瑞格理的理念，每年會投入四百萬美元預算在這座廣告火爐裡。瑞格理說：「他們告訴我，箭牌四家工廠每天生產的口香糖，可以從紐約排到德州加爾維斯頓（Galveston），如果頭尾相接的話，幾乎可以跨過墨西哥灣（the Gulf of Mexico）。」而瑞格理本身的財富估計已達五千萬美元。箭牌口香糖包裝紙被翻譯成三十七種語言，遍及世界各地。

瑞格理一直都知道，要吸引善變的消費大眾，創造驚奇感尤其重要。沒有人會想到，信箱裡會躺著免費的口香糖──就是這種驚喜彰顯了宣傳噱頭的價值。隨著極具代表性的二十層箭牌大廈（Wrigley Building）築起，芝加哥河（Chicago River）北岸有了首座大型建築物，而且它還是這座城市中首座空調辦公大樓。瑞格理向記者解釋他的想法：「你有在這棟大樓裡看到我的名字嗎？」、「你有在大樓外牆上看到任何有

關黃箭的字樣？當我看上去好像要把我的名字用大到足以在幾英里之外就能看到的字母占據牆面……其實，別把我的名字刷在大樓上才是更好的廣告，事出反常，人們討論的熱度才會上升——因為這是他們萬萬沒想到我會做的事。」

瑞格理在公司大發利市時，仍繼續鴨子滑水。「沒有公司做起來就不用廣告這回事。」他說道，「每天都有從未聽過你的新生兒在誕生，而曾經知道過你的人會忘記你，如果不經常提醒他們的話。」

一九二五年，瑞格理將日常業務交給了兒子菲利普，轉而將大部分精力投向棒球。他自一九一六年就開始把從口香糖賺來的錢，轉投資芝加哥小熊隊，但當時只以五萬美元購買小部分股權。一九二一年，他成為球隊大老闆，繼續投入數百萬美元。就像管理自己工廠一樣，瑞格理對球場持續投入心血，這些球場的清潔度是出了名的高。他甚至會戴上一副白手套、擦過球場欄杆，看看髒不髒。瑞格理把用在口香糖上的廣告哲學，拿來宣傳小熊隊。他們的比賽即使是在數個廣播電台同步播放的情況下，轉播費也收得相當低。到一九二五年，小熊隊的比賽已成為廣播電台的固定賽事。

儘管菲利普已上位掌權，瑞格理對於事業的熱情仍未消褪。起初順風順水——咆哮的二〇年代對口香糖來說算不錯。在過去的十年中，生意增加兩倍，而一九二九年十一月二十七日的那個黑色星期五，美國十年盛況終於步入尾聲。一九二九年十月，美國仍陷在歷史上最嚴重的股市崩盤裡，瑞格理的照

片卻登上《時代》雜誌的封面。時局很差,上刊時機卻恰到好
處。即便是大蕭條時期,口香糖還是有足夠的韌性蓬勃發展。
箭牌一九三○年的淨利達一千二百二十萬美元——與該公司先
前的成長率不相上下。瑞格理說:「人們在低潮時會嚼得更用
力。」

　　情況丕變時保持彈性,急轉直下時堅定意志。瑞格理的韌
性並非一蹴而成。他在蘇打粉踢下肥皂時,轉向調整;口香糖
一腳踹開蘇打粉時,再度轉向。他一直以來,從未停止投資自
己的公司。一九○七年的金融恐慌曾讓瑞格理的勁敵們紛紛找
地方避風頭,他卻借了二十五萬美元去買便宜的廣告,讓霓虹
廣告覆蓋了整個紐約市。

　　瑞格理把一切都視作要認真管理的資源,這就是為什麼他
為每間工廠和辦公室的清潔度和組織結構設立如此高的標準。
瑞格理除了投資自己的公司,也投資別的領域。當時局變差
時,就如他生平所做的那幾次一樣,他玩得更大、投入更多。
例如,在小熊隊老闆查爾斯・威格曼(Charles Weeghman)陷
入財務困境時,瑞格理借錢給他周轉——以威格曼手上的小熊
隊股票作抵押。一九一八年,威格曼的餐廳在流感肆虐時遭受
重大衝擊,以至於動用大部分股票去借貸。很快地,瑞格理完
全控制球隊。無獨有偶,小麥和棉花價格在一九三一年暴跌
時,瑞格理宣布他接受以這些大宗商品支付箭牌貨款。對於想
生存就要「把煤鏟進引擎裡」的道理,他一向很懂。

　　瑞格理於一九三二年一月二十六日逝世,享年七十歲。該

公司於世界各地的工廠暫時關閉，並且在他的訃聞上特別記載一段了不起的事實，即他一生中所花的廣告經費達一億美元，這筆驚人的數目換算成今日的幣值，相當於二十億美元。他可能是當時單一產品的最大廣告主。當時政治領導人、棒球員、金融家和製造商等各界人士紛紛對他的逝世致哀。根據《紐約時報》報導，瑞格理在他漫長又忙碌的一生中，在「棒球、煤礦、運輸、影業、牧業和旅館業」展現了他的雄心壯志。亞利桑那州第一任州長喬治·W. P.·杭特（George W. P. Hunt）則說，這是「國家的損失，他旗下幾乎所有企業都走在業界前鋒。」瑞格理死後安葬在傳統石棺內，並永眠於他鍾愛的聖卡塔琳娜島（Santa Catalina Island）上。

二〇〇八年，箭牌公司已是世界上最大的口香糖製造商，以二百三十億美元的現金價格賣給瑪氏食品（Mars Inc.）。直至今日，美國和歐洲市場上有一半的口香糖，仍出自該公司。

想想看，瑞格理還曾經把它免費大放送咧。

CASE 27

闖關晉級：任天堂攻占美國記

一九八五年十月，美國年底購物季正開跑，這裡是節慶購物的大熱點：傳說中的曼哈頓玩具聖地 FAO 施瓦茨（FAO Schwarz）。在店外，穿著英式紅色制服的「玩具」士兵在站崗。儘管外頭重裝戒備，任天堂精銳的特工團隊已成功潛入店內。FAO 施瓦茨與美國幾乎所有零售商一樣，正設法全力

抵制這家日本公司及其全新電視遊戲機——任天堂娛樂系統[3]（Nintendo Entertainment System，NES）。這是因為美國遊戲機市場早就被做爛了。由於市場上充斥大量粗製濫造、沒創意，有時甚至是沒法玩的遊戲，孩童們幾乎拒絕再玩曾經主導市場的雅達利（Atari）和科萊克（Coleco）遊戲機。不過，任天堂向商家提供一個讓人無法拒絕的條件：所有沒賣出的產品會全額退款。該公司甚至在零售點放置顯示器，向顧客展示遊戲的玩法。這麼好的交易條件，即便美國電子遊戲產業正處於低谷，仍然令人難以拒絕。畢竟，現在只是感恩節。如果任天堂娛樂系統賣不動，他們可以在聖誕節前用芭比娃娃夢幻屋（Barbie Dream Houses）扳回一城。

　　任天堂的美國員工在店舖後頭開箱開到手軟。他們一直在紐澤西州哈肯薩克（Hackensack）一處髒到有老鼠出沒的倉庫裡沒日沒夜地工作，為的就是要在紐約市附近數百家玩具店試賣遊戲機，但是，人力不足讓他們快爆肝了。如果能在紐約一舉成功，任天堂就可以把遊戲機推向美國全境。不過，這項產品和頂頭美國子公司的前景不太妙。本周稍早，他們才剛在紐約一間時髦夜總會，傾全力辦了豪華鋪張的新品發表會，現場放了展示機讓記者們玩，除了隨處可見鍍銀版玩具機器人與遊戲機出沒，正中央還安了一座巨型機器人。對於提不起勁的記者來說，要論誘惑什麼也比不上開放式酒吧，但幾乎沒人上

---

[3] 譯注：台灣玩家俗稱的美版紅白機。

門。在美國媒體的眼中，電子遊戲已經玩完了。

鏡頭轉到了 FAO 施瓦茨，它為任天堂劃出約四・五公尺見方的大展示區，吸引這些十歲左右的天龍國小孩。任天堂廣告經理蓋爾・蒂爾登（Gail Tilden）急切地看著這些大人小孩走進展示區試玩起《機器人格羅》（Gyromite）和《打鴨子》（Duck Hunt），這兩者分別是機器人、光槍射擊類型遊戲，產品外型皆有迷彩偽裝設計的味道。任天堂希望透過五顏六色的配件和類似錄影機（VCR）的前開式設計，模糊掉電子遊戲機、娛樂系統、家用電腦和玩具之間的界限。

蒂爾登認為偽裝設計是必要的，但是當人們試著操控遲緩憨呆的機器人時，她不禁眉頭一皺。

她心想：「那真的非常乏味。」

儘管機器人差強人意，沒過多久任天堂還是在美國賣出第一台遊戲機。一名男子走進商店，在沒試玩展示機的情況下，手刀搶了一台遊戲機和架上所有的十五種任天堂遊戲。該團隊還熱切目送他走向收銀台。然而，在他離開商店後，才有人主動供出，他是日本某對手公司派來的人。

蒂爾登和她的同事們沮喪不已但未灰心，重新回到工作崗位，用行動證明任天堂遊戲在美國還有望。

*　　　*　　　*

幾十年來，遊戲機製造商一直絞盡腦汁，把最先進的零組件塞入最小最時尚的包裝裡，從而主導家用遊戲市場。他們

以遊戲庫的大小和範圍來區分遊戲裝置，這是因為除了遊戲本身之外，這些本質上隨時能上手的遊戲型電腦並沒有多大差異。結果就是，即使為了提供玩家獨占遊戲得買下整個遊戲工作室，主要大公司仍處心積慮搶下這些話題遊戲，就像微軟在二〇二〇年以七十五億美元收購貝塞斯達（Bethesda）以支持微軟 Xbox 新世代機種那樣。貝塞斯達曾開發《異塵餘生》（Fallout）和《上古捲軸》（The Elder Scrolls）等遊戲大作。

　　日本任天堂身處在這種環境下仍能力排群雄、一枝獨秀。它的裝置很少用到最先進的零組件，反倒是以便宜多樣的零組件壓低售價，降低新玩家的進入門檻，並且勇於承擔創新的風險。在一九八〇年代，井軍平（Gunpei Yokoi）開發設計有劃時代意義的攜帶型遊戲機遊戲手錶《Game & Watch》，讓遊戲秀在液晶顯示器（LCD）上。當時由於掌上型計算機興起，使得這個裝置在價格上相當親民。任天堂至今不敗，不是因為追求產業最高規格，而是為遊戲機制帶來獨創性。對於任天堂來說，比起製造威滅槍架（Zapper）讓玩家能射擊螢幕上的敵人，或是研發不用帶眼鏡就能製造三維視覺效果的主機（the3DS），求得業界最快畫面播放速率[4]的片刻勝利沒那麼重要。威滅是一種光槍控制器，讓玩家在玩 Wii 的時候，能把他們的動作轉化為遊戲中的一舉一動。任天堂的韌性源自於多元化發展的戰略。該公司不斷挹注新想法在遊戲設計、玩法、

---

[4] 譯注：又稱幀率。

行銷以及其他方面，而這意味著有突發狀況時，這間公司通常具備了足夠條件厚積而薄發。

二〇二〇年，新冠病毒疫情爆發，產業觀察者想知道，成千上萬美國人在封城期間宅在家時間變多了，是否會跑去搶購微軟 Xbox 或索尼 PlayStation。大家幾乎都沒想到是，閉關群眾泰半選的是任天堂特有的 Switch 遊戲機，讓 Switch 不僅創下硬體銷售紀錄還賣超勁敵。Switch 像先前的 Wii 遊戲機一樣，配有動態感應控制器，它一方面是可連接家中大螢幕電視的遊戲主機，同時也是掌機，可無縫轉換兩種使用模式，但在功能上卻不如其他競品。Switch 平台沒有那些打上 3A 標誌（AAA）、最新最出色的遊戲大作，也沒有超現實軍事狙擊手以及眾星雲集的職業運動隊伍，或至少要等到敵手推出之後很久才會有。不過，玩家擁有自己獨特又色彩繽紛的經典人物世界，像是瑪利歐（Mario）、林克（Link）和大金剛（Donkey Kong）。對此，硬派玩家可能會酸言酸語，但在這段人心惶惶、危機四伏的日子裡，是任天堂所開發的新版《集合啦，動物森友會》（Animal Crossing series）這個可愛純粹又療癒的系列作品征服國際，引發現象級風潮，並帶領 Switch 攻下玩家的新陣地。

儘管任天堂今日已是電子遊戲的代名詞，但這家公司實際開業時間是在一八八九年，比第一款電子遊戲要早了六十九年。回顧歷史，任天堂屢屢在動盪逆境裡贏下漂亮的戰役：戰爭、市場崩盤和疫情都走過。它致力於實現獨創性和實驗性，

並把這種追求看得比盲目跟風更重要，因而成為世界上最抗衰退的公司之一。

＊　　　＊　　　＊

任天堂創立於日本京都（Kyoto），最初是生產傳統手工紙牌花扎[5]（hanafuda）的商家。儘管「任天堂」在日文裡的意思是「聽從天命」，但有一說，創辦人山內房治郎（Fusajiro Yamauchi）暗指的是賭花扎的日本犯罪黑幫成員。無論如何，山內的真實用意已不可考。現代大型企業中像任天堂這種來自十九世紀的不死鳥，可想而知屈指可數。

在商業世界裡，小心謹慎的多元化策略是企業韌性的基石。擴大公司產品和服務範圍，從而滿足更多需求並吸引更多顧客，有助於其在任一領域產生波動時提高防禦力。領導者可能對於產品潛力有所感應，但是，要知道產品會否成功或面臨什麼新挑戰，實屬難料。多元化可以降低風險並借助機緣巧合。把許多小賭注的優先順序安排在大賭注之前，不是沒有道理的，尤其是在追求新奇的娛樂產業中，小賭注可能會帶來大回報。

一九六三年，任天堂開始一場多元化運動，勇於嘗試各種領域，當時帶領公司轉型的是公司創辦人的曾孫山內溥（Hiroshi Yamauchi）。山內溥的祖父、任天堂的第二任社長

---

[5] 譯注：亦稱花牌。

金田積良（Sekiryo Kaneda）在中風時，要求他輟學並接管公司。山內溥雖然答應了，但由於他還年輕，缺乏管理經驗，引發許多員工不滿與質疑。這些員工沒多久就發起罷工，而他為樹立自己特有的威嚴，鐵面無私解雇了包括堂兄弟在內「所有可能反對他的人」。

山內溥真正興趣不在於鬥垮保守派。他想改變現狀，趕緊壯大任天堂。花札的市場受限於年長的男性賭徒，因此他開始涉足西式塑料塗層撲克牌，把紙牌當作家庭娛樂消遣來行銷。甚至還推出背面印有迪士尼授權的卡通人物紙牌。山內溥初試多元化，在一年內就讓公司利潤幾乎翻倍，接著就帶著公司公開上市了。

一九六三年，山內溥野心勃勃想讓任天堂產品更多樣化，然而，在某次參觀美國當時最大紙牌製造商——美國撲克牌公司（United States Playing Card Company）——不起眼的小廠辦之後，他發現就算任天堂成為紙牌大王，也不過爾爾。因此，他開始帶進一連串新事業：速食米飯、圓珠筆、計程車、影印機、吸塵器，甚至「情趣旅館」這種在日本很流行的按時計費場所。「他並不想專精某一產業，」任天堂娛樂系統設計師上村雅之（Masayuki Uemura）後來觀察到，「他對於新趨勢十分感興趣。」

不過，山內溥很快就了解到，有效的多元化不僅僅在於多樣性——還必須有一個能讓這些賭注緊密相連的總體戰略。但除了不想把雞蛋全放進一個籃子之外，他腹中無大計，導致任

天堂差點以破產收場。山內溥因此體會到，要達到真正的多元化，必須借助任天堂現有實力作為轉型的跳板。任天堂最大的優勢在於強有力且廣大的經銷體系，可以把產品迅速又有效率地鋪到全國百貨公司和玩具店。從這個角度來看，玩具和遊戲顯然是多元化的重點發展領域，有助於公司未來成長。

一九六四年，任天堂的第一個玩具兔子飛車大冒險（Rabbit Coaster）上市，這是一款可以讓兒童「比賽」滾珠的塑膠軌道。緊接著還有其他玩具陸續上市。這些早期投入都有不錯的成果，從而激發日後的迭代，讓任天堂的產品更臻精妙：兔子飛車大冒險變成設計更精巧的兔子飛車大冒險 2.0，後來升級成以太空為主題的「極速飛車隊長」（Captain Ultra Coaster）。接著，山內溥雇用了橫井軍平（Gunpei Yokoi）。橫井軍平原本負責的是牌卡印刷機檢修工作，山內溥發現他老在工廠裡用他自己設計的木製手臂在瞎混，於是叫橫井軍平把這個裝置改造成塑膠玩具，好讓任天堂可以在聖誕節以前上市販售。沒想到這部「超級怪手」（Ultra Hand）創下一百二十萬台的銷量，完全印證了小賭注大回報。山內溥隨後指派橫井軍平負責新玩具的研發部門。

山內溥眼看日本在電子產品領域嶄露頭角，嗅出電動玩具和電子遊戲的商機。於此，該公司創造出一種能感測環境光線的玩具槍，也就是光束槍（Beam Gun），日後還發展成有如房間大小的互動式射擊模擬器。任天堂花費數十億日元在全國各地把保齡球館換成這種名為雷射軀體射擊系統（Laser

Clay Shooting System）的設置，展現了目前矽谷所盛行的戰略彈性。儘管山內溥本身不是發明家，但他熱衷於在各種不同的領域，運用便宜可得的資源進行實驗，藉此推動大有可為的新措施。

雖說市況好時韌性是種優勢，但韌性的真正價值在緊要關頭才會真正綻放。即使雷射軀體射擊系統因日益普及暴風成長，預購訂單堆積如山，工廠也全天候運轉，還是有項因素超出山內溥所能控制的範圍，它不僅威脅到遊戲，還進逼整個任天堂。那就是一九七三年嚴重衝擊日本的石油危機，所有有關雷射軀體射擊系統的訂單幾乎都飛了。任天堂的利潤直接砍半。在整個國家瀕於衰退的情況下，山內溥驚覺自己的公司已負債五十億日元。

山內溥憑著鐵般的意志決定重整旗鼓。任天堂把系統重新改良為獨立式遊戲機台。這是專為全國各地商店街打造的，儘管是機電產品不授軟體，但各種射擊遊戲都可以和「迷你雷射軀體系統」（Mini Laser Clay）共同安裝在這部機台裡，如此一來商店街的機台主就無需在買遊戲時另外購置昂貴的新硬體，任天堂也因此有競爭優勢了。該公司在一九七〇年代，為這套系統開發了更多遊戲，例如《荒野槍手》（Wild Gunman）和《打鴨子》，每款新遊戲的誕生，都為「迷你雷射軀體系統」注入新活力。山內溥由此看見了新商業模式的可能性。

一九七八年，任天堂成功開發一款軟體驅動的機台遊戲，

名為《雷達範圍》（Radar Scope）。兩年後，山內溥派任女婿荒川實（Minoru Arakawa）前往美國開設子公司並負責經銷這款遊戲。當時美國電玩街機市場正在竄升，山內溥認為這個市場極具潛力。對於任天堂而言，開拓國際市場可以是多元化的另一種形式，也是通往韌性的另一條路。一國沒落，另一國可能正在崛起，同時並進方為保全之道。

但是，說到技術，時間就是一切。待任天堂美國子公司開業時，《雷達範圍》已經推出一年，再加上生產和運送問題，又拖得更久了。等這三千台浩浩盪盪送到美國倉庫時，商場根本不想買這個感覺像是《太空侵略者》[6]（Space Invaders）翻版的破遊戲。荒川實用盡各種方法，最後只賣掉一千台。

荒川實陷入困境，他並不想讓岳父失望，但其餘的《雷達範圍》還是賣不動。荒川實在無路可走的情況下，建議山內溥再次運用曾經拯救迷你雷射軀體系統的策略：把新遊戲放進舊機台。山內溥覺得認為荒川實的策略雖有風險，但值得一試。他沒有交由公司裡某位頂尖設計師來做，而是把這個企畫開放為內部競賽。一位毫無遊戲設計經驗的新員工宮本茂（Shigeru Miyamoto），為《雷達範圍》替代方案提出了幾個點子，他最後在橫井軍平的協助下拿下這個案子。

宮本茂雖然剛進公司，但他耿直承認，自己對於公司產品或一般電玩並沒有什麼好印象。比起賽馬悍將機台，他更迷披

---

[6] 譯注：《太空侵略者》為日本太東公司於一九七八年推出的街機遊戲，美國市場由 Midway Games 發行。

頭四（Beatles）。儘管宮本茂從未設計過任何遊戲，但山內溥覺得這個才華洋溢的年輕人挺有遠見，同時還看出他對於美學有敏感度。宮本茂則認為，市場上存在尚未開發的新東西：敘事遊戲。一個嵌入故事，開頭、中間和結尾都交待清楚的遊戲。他想要描繪的是動機明確且能引起共鳴的對應角色，而不是惡棍般的卡通形象。

山內溥本身對電玩本身不感興趣。對他來說，它們就像是速食米飯或圓珠筆，再怎樣也只是產品。但他心底明白，如果急於用一個稍稍不同的版本來取代這個老套的遊戲，它只會是同一個籃子裡的另一顆雞蛋而已。挖掘像宮本茂這種不知深淺、特立獨行的「小白」來拯救美國任天堂，看上去冒險至極，但卻是多元化布局的明智之舉。不管這位年輕藝術家能否交出輝煌成績，他肯定會為任天堂帶來一些不一樣的**新**東西。而眼下任天堂要擴展產品線，最需要的就是新奇的玩意。讓年輕的遊戲設計師自由馳騁想像力進而找尋新方向，再歡迎不過了，而這新玩意只要能在那些賣不出去的《雷達範圍》機台中運作便可。

最初，宮本茂希望使用漫畫《大力水手卜派》（*Popeye*）中的角色：他設想了一款遊戲，要呈現卜派、布魯托（Bluto）和奧莉薇（Olive Oyl）之間的三角關係。不過，當宮本茂知道任天堂要使用這些角色必須拿到授權時，他轉頭設計了三個新角色：要從憤怒的大猩猩手中解救女友的「跳跳人」（Jumpman）。宮本茂把這隻猩猩取名為「大金剛」（Donkey

Kong）：「Donkey」有愚笨固執之意，而「Kong」則是一九三三年的電影《金剛》（*King Kong*）中猩猩的提稱[7]。他給跳跳人戴了頂帽子（因為很難畫出逼真的頭髮），而且還蓄起鬍子（受限於只能以低像素呈現畫面，嘴巴不管怎麼畫，就像上了馬賽克一樣有鬍子）。慢慢地，一款全新的電玩遊戲於焉成形。

把二萬個嵌入《大金剛》代碼的特殊轉換套件運送到美國後，荒川實和任天堂美國小團隊裡的其他成員勞時費力地將它們安裝在閒置的《雷達範圍》機台裡，不只是替換機身圖像很辛苦，那還是個熱死人的夏天。在這個汗如雨下的過程中，荒川實不時得面對他們的大鬍子房東瑪利歐·西加列（Mario Segale）上門催房租。他的團隊不禁發現房東和跳跳人長得超像，乾脆就把跳跳人改名為瑪利歐。《大金剛》在一九八一年成為業界最熱賣的街機黑馬，而跳跳人（現為瑪利歐）後來榮升為任天堂的吉祥物。

街機遊戲利潤豐厚，但山內溥決定循著超人氣的雅達利二六〇〇（Atari 2600）模式，冒險進軍家用遊戲機市場。儘管他的對手們看好街機市場，但他心裡有底，滿街都是遊戲機台的現象不知道還能持續多久。一九八一年的某個傍晚，山內溥在家中打了通電話給研發部的負責人上村雅之，二話不說向上村雅之發出戰帖，這是一項不可能的任務，裡頭有三大

---

[7] 譯注：據聞宮本茂原本希望大金剛的英文名稱是笨猩猩，查字典時發現驢子（donkey）也有愚笨之意，故使用之。

挑戰：打造一個可放入替換式遊戲卡匣的遊戲機、可以玩上一年以上不會膩的遊戲，而且要比任何競品要廉價得多。這就是他透過多元化發展企業韌性的做法。

「他總愛在喝了幾杯之後，打電話給我，」上村雅之後來回憶道，「所以我沒想太多，我只是回『當然好啊，老闆』，然後掛上電話。」孰知隔天一大早，山內溥一派清醒走向坐在位子上的上村雅之。「我們說好的那件事——你開始動了嗎？」上村雅之這才知道，老闆是來真的！

上村雅之花了六個月解構這場競爭：「我把市面所有（遊戲機）買回來解體，而且逐一分析。」這種設備的逆向工程沒那麼簡單。「我得請一個半導體製造商先溶解晶片上的那層塑膠，才能看到下面的電線，」他這麼說道，「拍完照片接著把它們放大，再研究裡頭的電路。因為我在街機遊戲方面有一些經驗，一看就知道，眼前這堆東西對設計新家用系統一點忙也幫不上……它們只是過時的老東西而已。」

上村雅之走頭無路，只能從零開始，拿廉價現成零組件來創新，以任天堂式的創新模式，應對山內溥的挑戰。這種方法可壓低原物料成本，同時讓公司更易於控管風險，而能以低廉價格賣給消費者。就如同吉列（Gillette）從刮鬍刀與刀片得到的教訓一樣，任天堂也從成功的雷射軀體系統上學到重要的一課。家用遊戲機要有利潤的話，要從遊戲下手，而不是遊戲機。

一九八三年七月十五日，任天堂家用遊戲機上市，或稱FC 遊戲機（Famicom），其在頭兩個月就創下五十萬台的銷

售佳績，有很大一部分要歸功於任天堂的低價策略，FC遊戲機售價低於當時同類遊戲機的一半，而薄利多銷只是策略一角。一九八五年九月，任天堂為FC遊戲機發行《超級瑪利歐兄弟》（Super Mario Bros），這是該公司繼話題街機之後又一力作，而兩者都是以美國任天堂的暴走房東為主角。當時，成功的家用遊戲機一般銷售量是數千台，《超級瑪利歐兄弟》開創了遊戲新紀元，衝出數百萬套的銷量，不僅把FC遊戲機犧牲的利潤全都賺回來，而且也讓FC遊戲機銷量隨著瑪利歐的知名度水漲船高。

在山內溥看來，現在是利用美國子公司將FC遊戲機推向西方世界的最佳時機。這個想法相當的破格，但完全說明他想走多元韌性的路。一九八三到一九八四年，美國電子遊戲市場幾乎崩塌。在日本，他們稱之為雅達利大衝擊（Atari Shock），但實際上美國各行各業無不受到衝擊。一九八五年，整個產業雪崩式下滑。遊戲廠商過度生產低劣遊戲和遊戲機最後自食其果：美國孩童不想再在破遊戲上浪費錢。「現在的遊戲真的有夠無聊，」一名十二歲的男孩向《紐約時報》說道，「它們全都一樣。你把入侵者殺光光，遊戲就結束了。無聊斃了。」從電影發想而來的《E.T. 外星人》（E.T. the Extra-Terrestrial）從無到有僅僅六周，只為了讓雅達利可以趕上一九八二年年末假期。但由於實在太難玩而滯銷，雅達利最後用混凝土把大量賣不出去的遊戲卡匣埋在新墨西哥州（New Mexico）的沙漠裡。

市場低迷讓製造商損失了數億美元，成千上萬的工人失業。在零售商眼中，電子遊戲熱潮已經消風。正如一家連鎖店的總裁所說：「產品盛衰終有時，它也不例外。」無獨有偶，全國各地有數百間街機遊戲場關門倒店。一名街機場主對《紐約時報》這麼說：「機器供過於求，市場僧多粥少。」

但是，任天堂的領導者卻不這麼看：他認為這次市場崩盤代表市場將迎接一場創新的洗禮，接納真正的新想法。這正是任天堂擅長解決的問題：既然玩家厭倦了大掃射，那就換猩猩和水管工的三角戀勝出吧。雖然山內溥一開始就知道 FC 遊戲機要堅守好品質才不會重蹈雅達利的覆轍，但是這難就難在任天堂必須靠其他公司開發遊戲，才有辦法提供強大的遊戲庫給消費者。這也是雅達利當初失敗的原因——當公司開放第三方遊戲開發商加入，像卡夫酷愛人（Kool-Aid Man）和百事侵略者（Pepsi Invaders）這類本質上是互動式廣告的劣質遊戲很快就會淹沒市場。山內溥為此超前部署，端出具有創新精神的授權案，名之為任天堂品質封標（Nintendo Quality of Seal）。由於 FC 遊戲機使用的是特殊晶片，唯有經過認證的遊戲才能相容。如果第三方開發商想為任天堂新遊戲機製作遊戲，他們必須先符合天堂嚴格的品質標準，並且每年只生產兩款遊戲。質重於量——不管他們喜不喜歡。

由於消費者的信任度空前的低，任天堂做出另一項大膽決定：有話實說。因此，任天堂與競爭對手形成強烈對比：遊戲卡匣上的圖案只准用真實畫面。任天堂當時的廣告經理蒂爾登

回憶說：「以前市面上的遊戲都有誇大不實之嫌。消費者可能會在封套上看到美美的夢幻圖，或是人們打網球的照片影像，但實際上都只是雅達利的乒乓球遊戲《乓》（Pong）的進階版。」與其冒著讓這些提不起勁的消費者再失望一次，任天堂決定要為他們設定精準的購買期望值。

美國與日本市場一樣都賺錢，但美國——不僅人口數是日本的兩倍，對於全世界還有著廣大的文化影響力——以市場潛力來看更形重要。不過，在任天堂尚未能說服大眾之前，必須先贏得美國零售商的心。當時，大多數人都認為在家玩電子遊戲是短期現象。任天堂為了繞過這種偏見，改變產品的設計。在日本，FC 遊戲機看起來就是一般家用遊戲機，和雅達利、科萊克遊戲機沒什麼兩樣，而後兩者現在仍在許多美國商店的倉庫裡堆著。若要打進美國市場，任天堂必須讓他的產品一眼出彩，因此轉而從家用媒體裝置裡頭找靈感。當時，在美國人客廳裡，錄放影機已經很常見。任天堂借用它的設計語言，為FC 遊戲機打造了新外型，員工口中的「便當盒」，指的便是美版遊戲機。他們把遊戲卡匣的凹槽，也就是今天的「Game Pak」插槽，從「主控台」（Control Deck）頂部移到前側（蒂爾登解釋道，「我們從來不用『電子遊戲』這個詞」）。然後，他們把 FC 遊戲機玩具般的紅白配色換成清冷的灰黑紅，把尖角改成圓角。原本活潑開朗的 FC 遊戲機，一下子變成時尚的任天堂娛樂系統。

萬一單靠重新設計還不足以說服懷疑者——山內溥從不

走大家走的路——任天堂還有強調可操作機器人夥伴（Robot Operating Buddy，R.O.B.）的廣告。可操作機器人夥伴是塑膠玩具機器人，可以聽從某些遊戲指令，目的是使零售商能將這套系統想成是變形金剛（Trans-formers）和聖戰士（Voltron）這類受歡迎的動作角色，而不是另一個炒過頭、注定要埋葬在新墨西哥州沙漠裡的電子遊戲。實際上，因為孩子們對於這個遲緩枯燥的機器人和死氣沈沈的遊戲興趣缺缺，沒多久它就停產了。但不可否認的是，這套披著機器人外殼的系統沒白白犧牲。任天堂把光線槍（Light Gun）加到遊戲機，並改名為威滅槍架，其開發方式與任天堂初代光束槍相同。

「美國人很愛槍。」FC 遊戲機創造者上村雅之後來說道。

如果他想在美國打下江山，山內溥會需要他打包票，FC 遊戲能西方世界存活下來。他向任天堂美國團隊宣告即將要在紐約市測試這個產品，這並非冒險在全美國上市的殊死戰。如果連紐約那些玩膩了的小屁孩都能接受這產品，那麼它要賣到美國其他地方都沒問題了。但問題是，這座城市裡的零售商和其他地方一樣都看衰電子遊戲。他們不在乎遠在日本的商店外頭，有著大批孩子露宿搭營就為了最新的 FC 遊戲機。美國任天堂負責人荒川實萬不得已，祭出了零風險的退貨政策給商店：盡其所能推銷這套系統，沒賣出的貨會全額退款。他還提議，由公司全權負責設置並操作店內展示機。零售商唯一要冒的險是騰出貨架空間。這個提議實在太過慷慨，但是商店絕對會接受。

一九八五年十月，任天堂娛樂系統在紐約市及周邊數百家商店正式上架。美國子公司少少的員工全天候投入，設置店內展示品和示範遊戲操作。在那個年末假期結束時，就已售出大半庫存。這雖不算大獲全勝，但這些數字足夠說服山內溥繼續耕耘美國市場。想在一個已飽和市場賣出五萬台遊戲機，代表他一定猜過：孩子們不是不愛玩遊戲了，他們只是想玩好玩的遊戲。

次年年初，該公司擴展到了其他城市：洛杉磯、芝加哥和舊金山。一九八六年年末假期再加一把勁，推出爆品《超級瑪利歐兄弟》搭配系統的販售組合。這項決定刺激銷量飛漲：現在是刀片在帶動刮鬍刀了。任天堂娛樂系統很快就以十比一的優勢超越競爭對手；一九八七年，躍居美國最暢銷玩具，售出三百萬台。其中一款新遊戲《薩爾達傳說》（The Legend of Zelda）還成為第一款單獨販售的遊戲，像《超級瑪利歐兄弟》一樣不捆綁遊戲機，衝出了一百萬套的銷量。

山內溥擔任任天堂社長已逾五十載，在他任職期間，堅信把藝術家放在第一位，即使是像宮本茂這樣在設計首款遊戲前毫無技術背景的人也一樣。山內溥說：「一個普通人無論多麼努力，都無法開發出好玩的遊戲。這個世界上只有少數人可以開發出人人都想玩的遊戲，而他們就是任天堂想搶的人才。」任天堂以極富創造力的韌性，多年來持續打造許多傑出之作，這一切根於多元化發展的戰略。山內溥建立三個獨立的研發部門並提供其豐富資源，驅策他們相互競爭，從而在設計、工程

以至純粹的想像力上，激盪出更加璀璨的成果。

在山內溥掌舵期間，從未把公司產品擴大為個人興趣。即使愈來愈多的成年人從任天堂的產品上發現電玩的樂趣，山內溥也只玩過《碁》（Go），這是中國的戰略遊戲圍棋，與《孫子兵法》一樣古老。山內溥圍棋下得很好。《新生代》（*Next Generation*）雜誌曾在人物簡介中提到：「唯有最厲害的戰略家，才有希望跨越像武術『黑帶』般的鴻溝，達到段位的等級[8]。山內溥是圍棋七段高手，棋風屬於力量型，行棋積極開放，防守時騰挪靈巧，進攻則絕不手軟。」由此一窺，山內溥之所以能帶領任天堂成為遊戲界主宰勢力的所有特質，全躍於棋盤之上。

山內溥二〇〇二年卸任社長，但仍續任董事長，接著在二〇〇五年退休，其手上持有的任天堂股票價值，讓他登上日本富豪榜。他曾捐贈數十億日元給京都一家癌症治療中心，其於二〇一三年去世，享年八十五歲。

從最初的 FC 遊戲機，一直到今天的任天堂 Switch，任天堂一共賣出近五十億套組電子遊戲，以及超過七・五億套系統。幾十年來，任天堂的經典角色——瑪利歐、大金剛、薩爾達公主（Princess Zelda）和皮卡丘（Pikachu）等，已成為國際級偶像。該公司自紙牌遊戲一路走到今天，其韌性並非來自於電子遊戲製作，而是來自於對多元化所投入的巧思與心力，

---

[8] 譯注：Q10 在圍棋只是一個點，稱為邊上星位，但此處若將 Q10 譯出，與前後文不連貫，故省略之。

並且一再地在遊戲設計、遊戲風格和遊戲機型態上賭上新想法，而這些是主要競爭對手們都不願冒的險。當遊戲業曲曲折折時，任天堂迂迴地前進了。

一次又一次，山內溥借助公司的優勢一肩擔起有意義且可管理的風險，直到發現真正有潛力的東西，再以最高的品質實現之。如果有更能造就韌性的良方妙計，他們應該還在找。

＊　　　＊　　　＊

「你不會從當乖乖牌中學到什麼，」維京集團創辦人理查‧布蘭森爵士（Sir Richard Branson）寫道。「你會從做中學，從跌倒中爬起來。」韌性企業從不怕倒下。實際上，如果沒有時不時跌倒一下，他們會覺得自己冒的險還不夠。恐懼失敗會比任何失敗更快地殺死一家公司。

困難時期想躲起來打安全牌，是本能反應。正如我們在本章中所見，偉大的領導者不論時機好壞都甘冒風險。那是因為即使眼前的路不好走，他們還是隨時向前看。這些領導者就算盡可能下小注以求降低風險，但也**絕對不會**讓不利條件——產業困境、經濟衰退，甚至戰爭——拖慢創新的步伐。當他們看好一場賭注時，會傾公司所有的力量挹注其中。他們知道謹慎小心和錙銖必較救不了自己。要嘛生意作成，要嘛死路一條。

這一切沒有捷徑。現在就著手，而不是坐等以後更容易的時候再切入。偉大的產品需要時間去開發——你不能等到資源不緊絀時再買入。無數企業因為把錢扔進一個早點動手才滅得

了的火坑自尋死路。如果你要等待時機成熟才開始布局未來，
那麼你永遠等不到。

結語

「如果你仔細觀察，絕大部分的一夕成
功，其實都花很長一段時間。」

史蒂夫‧賈伯斯（Steve Jobs）

在戰場上，即使是指揮官也無法確定誰是贏家，以及為什麼會贏。正如普魯士（Prussian）偉大的軍事戰略家卡爾·馮·克勞塞維茨（Carl von Clausewitz）寫道：「戰爭隸屬不確定之領域；戰爭中其行動依據，或遭不確定性迷霧所籠罩者，四有其三。」這就是「戰爭迷霧」，迷霧若起，要評估任何戰鬥的真實態勢，幾乎不可能，更不用說從中獲取教訓。所有商業戰爭最終都會告一段落，建立新平衡：熱情消退，關鍵人物轉任新職或退休。慢慢地，迷霧散去，真相浮現：做過的決策、採取的行動、評估的效果，無一不是現在明智的領導者得以鑑古觀今、借鏡觀形之依據。

從策略、定位到陰謀詭計，本書每一章都以三個非凡企業歷程的來龍去脈為例子，討論單一個主題。然而在全書各章間，依舊可以找到一些共同要素貫穿其中。如果考慮到這些例子的歷史縱深和領域廣度，我們會發現大部分的贏家獲勝之道有著極為驚人的相似度。本書提供一個難得機會，可以對照比較這些跨產業與歷史時代的成功案例。我們從這些研究調查中關於自身領導力的部分，可以學到什麼呢？

好的領導者都是很狡猾的。早在孫子時代，他們就認為「兵者，詭道也。」（《孫子兵法·始計篇》），而直覺有非常一致的作用。在本書的二十七個故事中，很少有人受過正規商業訓練。有些人學到收支平衡，抑或是有人像莉蓮·弗農一樣，從父親那裡拿到很大的進貨折扣。有些人出於需求，如亨利·福特，發明新式管理法，只為更有效率地追求自己的願景。

但是無論是糖果還是化妝品的戰場,他們在做關鍵決策時都非常仰賴直覺。這是必要的:大多數公司正在開拓新局面,圍繞新技術(電吉他、電腦交友)來打造事業,沒有舊劇本可供參考。在一個陌生難測的環境中,下一步該做什麼並沒有明確答案,這時如果一個領導者夠相信自己的直覺而果斷行動,那會是顯著的優勢。

從失敗中學習並再奮起的復原力,是堅韌領導力固有的本質。從窮光蛋到家財萬貫、從一個點子到首次公開發行,與看來平順的公司歷史相反的是,每個領導者的失敗次數遠比成功次數多。但他們一次又一次地走上戰場,他們學會了謙卑,並且鍥而不捨、堅持不懈。無論輸贏,他們在一場又一場戰鬥中奮勇向前,始終注視著地平線、審時度勢。孫子寫道:「其用戰也貴勝,久則鈍兵挫銳。」(《孫子兵法・作戰篇》)沒有什麼比持久戰更具破壞性。精明的領導者會花時間慎重考慮,一旦做出決定,便會優先採取迅速果斷的行動。本書提到的領導者們不畏風險,不僅願意賭上安全和聲譽來下決定,而且一而再、再而三做決定,因為要贏得戰爭別無他法。

偉大的公司領導者都十分了解所處產業裡裡外外的一切。孫子說:「知己知彼,百戰不殆。」(《孫子兵法・謀攻篇》)當然,這並不是說他們一定是自己產品的愛用者,或是一定實際使用過。奧莉夫・安・比奇從未學會飛行、山內溥從未玩過電子遊戲,然而,他們都對他們的公司、他們的客戶和他們的競爭對手充滿好奇心。

還有一項與領域知識、經驗一樣重要，就是決心和毅力，像赫伯・凱勒赫或露絲・韓德勒決心不惜任何代價也要贏得勝利的魄力。正如湯瑪士・愛迪生所說：「生活中的許多失敗，都是人們不知道自己在放棄時，他們離成功有多近。」贏得商戰的關鍵也許正是**沒有遠見**。這些人想不出任何其他方法來打造自己的事業。面對大多數人最終都會屈服的情況，我們也許是轉換跑道或去念個學位，但這些領導人似乎對失敗的可能性視若無睹。如果有人能像雷・克洛克那樣嘗試的話，他就不會停止尋找下一個創業的機會。

歷史告訴我們沒有勝利是永恆的，甚至可以說商業戰爭從來沒有真正的**贏家**。任何公司所能期望的頂多是稍事休息，這是處於利潤和生產力的黃金時期才有的待遇。最終，會有新競爭者進入戰場並畫定新戰線。有時領域本身會發生變化時，每個競爭者都會立即處於混亂之中。從根本上講，無論是製造肌肉車[1]（通用汽車）還是交友配對（Bumble），公司發展業務，就是把努力的心血和其他資源化作金錢的**過程**。就好像聽收音機要調頻率一樣，企業家創業時，他們把這個過程調整到合適的市場頻率。愛迪生的偉大競爭對手喬治・威斯汀豪斯提出商業電台的想法，進而幫公司賣出更多的收音機。一九二〇年十一月二日，西屋 KDKA 電台的首次商業廣播上線。當聽眾拿到早報之前，KDKA 就已經宣布哈丁與考克斯（Cox）的總

---

[1] 編按：肌肉車（muscle car），造型誇張、具備高性能引擎的雙門運動型轎跑車，價格親民。

統大選結果。整個世界因商業戰爭又經歷了一場劇烈變化。

　　一如我們在本書每一章中所見，成功地把業務調整到適當的市場頻率，是紀律和創造性的成果。但是市場頻率會不斷變動。當世界在變而企業跟不上變化時，戰爭就結束了。當領導者不願改弦易轍，頑固地使用不再可行的成功公式，企業就會衰落甚至崩解，更何況同時還有其他人在旁虎視眈眈轉鈕、調音和聆聽……。

　　從社會的角度，我們有充分的理由景仰企業家。從父權制社會中的婦女（基蘭‧瑪茲穆德－肖）到新大陸的移民（伊方‧修納），或兼具兩種身分的赫蓮娜‧魯賓斯坦，創業精神是所有人的成功之路；企業也承受著衰退（箭牌）和戰爭（Adidas）。而企業家或多或少都改變了世界。他們在追求市場主導權時，也無形中改變我們的工作、娛樂、飲食和穿著的方式。商業是一股自然的力量，終極的影響無以衡量。

　　就像現代軍事領導人仍在研究《孫子兵法》一樣，本書發掘的許多商業點子也經得起時間的考驗：李美聖的將商品化的產品去商品化、小威廉‧瑞格理的「廣告不能停」、瑪麗‧芭拉的「不再出爛車」、山內溥先生拿小賭注（甚至是情趣旅館）實現多元化策略。但是僅僅模仿以往的策略並不能保證會成功。我們看到最偉大商業領袖長遠的成功，其背後所通過的短期失敗關卡比我們知道的要多得多。要贏得整個戰爭，必先贏得一場又一場的戰鬥，但有時也必須認輸，並從錯誤中吸取教訓。勝利者要做的是不斷調整、再接再厲。正如 IBM 的托

馬斯・華森所說，成功很簡單：「將失敗率提高一倍。你以為失敗是成功的敵人，其實不然。你可以因失敗而灰心，也可以從失敗中學習。因此盡你所能，放膽繼續犯錯吧。」

企業家的嘗試永無盡頭，如伊爾・特百對塑膠的試驗，直到發現大量油膩的塑膠可以轉變為盈利的事業。在歷史的長河中，我們往往關注成功的試驗，但是再更深入的觀察，我們會看到企業家其實一次又一次地轉向調整：威廉・瑞格理從肥皂到蘇打粉再到口香糖；山內溥從撲克牌到玩具再到電子遊戲。儘管他們的領域差異極大，但都具備靈活性，有向市場靠攏的意願和能力，而不是等待市場移駕到他們的面前。

＊　　　＊　　　＊

從上個世紀到現在最偉大的商業戰爭一路走來，如此豐盛的旅程教會我們什麼事？最重要的是，周期性的巨大變化無可避免。雖然它們到來的那一刻充滿意外和驚奇，但其規律性是可以預見的。正如良好的領導者所深知的，下一波破壞的浪潮總會衝上岸。商業戰不僅是只跟對手競爭，有時整個大環境似乎也與對手合謀溺斃自己。正如我們一再看到的那樣，大型災難才是真正嚴峻的考驗。幾乎任何企業都可以在平靜的水域中生存。繁華的市場會掩蓋警訊：成長緩慢、管理鬆散和不明願景。巨大的政治和經濟動盪的浪花會捲走落在隊伍後面的人。繁華的表象瓦解後，每個企業生存能力的真相都會攤在陽光下，根基不穩的公司就會倒下。那些能有效地提供卓越價值的

企業，即使在最壞的時候，仍能乘風破浪、愈挫愈勇。

　　這中間的差異歸結於領導力。偉大的領導者能帶領公司度過困擾競爭對手的混亂局面：衰退、戰爭、流行病。他們的事業從暴風雨的烏雲中轉化重生，甚至更加活躍。想想奧莉夫・安・比奇在醫院病床上召開董事會，腹中有即將臨盆的孩子，而丈夫昏迷在大廳裡，二戰戰火正在歐洲肆虐。由於她無私而堅定的領導力，比奇飛機因應了戰爭的需要，並在和平時期到來時又調適了一番。我們都應努力結合謙卑與決心，無私忘我滿足當今人們的需求。這才是商業戰爭的終極藝術。

致謝

在我主持 Podcast《商戰》（*Business Wars*）期間，海納每個產業共四十多個商業戰爭的例子，最早可追溯到一百三十年前赫斯特（Hearst）與普立茲（Pulitzer）的報紙大戰，到最近因為全球新冠病毒（COVID-19）大流行，亞馬遜與沃爾瑪之間的競爭。如果沒有許多人的努力，無論是廣播還是這本書都不可能會實現。

首先，非常感謝妙聞公司[1]（Wondery）的團隊在整個過程中提供的見解、建議和支持。最重要的是我要感謝妙聞創辦人兼執行長，同時也是《商戰》創作者赫南·羅培茲（Hernan Lopez），三年前給我如此難得的機會與世界分享這些故事。儘管我已經很享受向歷史上一些最偉大的企業家取經，但隨著赫南持續建立一個大型「Podcast 之家」，現在居然還能與最偉大的企業家共事，對我而言是一種莫大榮幸。他對這個產業、這個產業的從業人員，以及對沉浸式敘事手法的熱情，激發了我以及其他許多人的靈感。我也要感謝赫南，是他別出心裁提出使用《孫子兵法》作為本書故事和課程架構的想法。同

---

[1] 譯注：Podcast 工作室與線上收聽平台。

時還要特別感謝妙聞的營運長珍·薩金特（Jen Sargent）、內容長（Chief Content Officer）馬歇爾·路易（Marshall Lewy）和最新系列（Current Series）副總珍妮·羅爾·貝克曼（Jenny Lower Beckman），他們為了編輯網頁和架構故事辛苦加班。

如果沒有《商戰》Podcast製作團隊，這本書也不可能問世，選集靈感來自：資深製作人（才華橫溢的「主持人溝通者」[2]，也是最懂我的長期合作夥伴）凱倫·羅（Karen Lowe），製作人愛蜜莉·佛斯特（Emily Frost）和聲音設計師凱爾·蘭道（Kyle Randall），他們的技術和巧思讓我每周聽起來都不賴，而且他們一貫的幽默讓我們都錄得很開心。

而我們的撰稿作家都是《商戰》的無名英雄，他們廣博的研究和敘事技巧，使我們能夠把聽眾帶往各地，東至華爾街、西至美國拓荒舊西部。特別感謝我們最出色（MVP）作家崔斯坦·多諾萬（Tristan Donovan），以及 A·J·拜姆（A.J. Baime）、芭芭拉·波加耶夫（Barbara Bogaev），彼得·吉爾史翠普（Peter Gilstrap）、約瑟夫·吉尼托（Joseph Guinto）、戴德·黑斯（Dade Hayes）、安迪·赫曼（Andy Hermann）、伊莉莎白·凱（Elizabeth Kaye）、吉娜·基廷（Gina Keating）、凱文·曼尼（Kevin Maney）、約瑟夫·門恩（Joseph Menn）、麥可·肯尼·美亞（Michael Canyon Meyer）、傑夫·波爾曼（Jeff Pearlman）、亞當·潘納伯格

---

[2] 譯注：主持人溝通者（host-whisperer）取材自美國電視劇名《Ghost Whisperer》，其主角可與死去的靈魂溝通，作者俏皮省去字母 g，暗指其可與主持人溝通。

（Adam Penenberg）、奧斯坦・拉克利斯（Austen Rachlis）、娜塔莉・盧伯梅（Natalie Robehmed）、馬修・沙爾（Matthew Shaer）和里德・塔克（Reed Tucker）。

感謝哈潑柯林斯出版公司（HarperCollins）編輯哈莉絲・漢鮑屈（Hollis Heimbouch）精妙細心的編輯，並感謝大衛・莫達渥（David Moldawer）幫忙整合整本書，「沒有你我們就做不到」還不足以說明你們的貢獻。感謝在德州大學阿靈頓分校（UTA）的妙聞團隊：傑瑞米・季默（Jeremy Zimmer）、彼得・貝內德克（Peter Benedeck）、歐倫・羅森寶（Oren Rosenbaum）、傑德・貝克（Jed Baker）、凱倫・亞伯史東（Kellen Alberstone），尤其要感謝亞伯特・李（Albert Lee）、皮拉爾・金恩（Pilar Queen）和梅雷迪絲・米勒（Meredith Miller），他們使本書的構想得以實現。

特別感謝我美麗又有才的妻子、一輩子的夥伴愛蜜莉（Emily），就是她與上述的羅夫人（Karen Lowe）密謀，讓我嘗試「新的商業 podcast」。也要感謝阿迪克斯（Atticus）和馬格諾利亞（Magnolia），在許多夜晚當我幫他們蓋被子時，鼓勵我成為更好的說書人。他們真是不易取悅的聽眾。

末了，我最要感謝我們的聽眾，邀請我們加入他們的生活；也衷心感謝商場上的戰士──第一線的企業家、主管和員工，從他們身上我們學到很多寶貴的經驗教訓。

文獻書目

　　《破壞性競爭》（*The Art of Business Wars*）一書中的故事取材甚廣，從書籍雜誌的人物簡介、同時期的新聞報導，到商戰鬥士們所說的字字句句。企業家以及為其撰文者，總是把他們拱上神壇。一如《商戰》網路廣播般，我們盡力從各個角度驗證事實，讓故事更趨近真相，並盡可能反映我們從中吸取的教訓。

　　下面列出各章的主要資料來源，供那些希望進行更深入研究的讀者參考。在此要說，我們從這些恢宏的企業對戰的所思所得，也只是點皮毛而已。

CASE 1

亨利‧福特的過人野心：福特 T 型車

American National Biography. "Ford, Henry (1863–1947), Automobile Manufacturer." Accessed August 27, 2020. https://www.anb.org/view/10.1093/anb/9780198606697.001.0001/anb-9780198606697-e-1000578;jsession id=7220FF993F3F7259A3F74DC6B8264E6E.

"Henry Ford Test-Drives His 'Quadricycle.'" History.com. Accessed August 27, 2020. https://www.history.com/this-day-in-history/henry-ford-test-drives-his-quadricycle.

Ford, Henry. *My Life and Work*. Kindle. Digireads.com Publishing, 2009. https://smile.amazon.com/gp/product/B00306KYVQ?psc=1.

Goldstone, Lawrence. *Drive! Henry Ford, George Selden, and the Race to*

Invent the Auto Age. Kindle. New York: Ballantine, 2016. https://smile. amazon .com/Drive-Henry-George-Selden-Invent/dp/0553394185.

Snow, Richard F. I Invented the Modern Age: The Rise of Henry Ford. Kindle. New York: Scribner, 2013.

CASE 2

打造夢想屋：芭比與美泰兒

"Barbie | History & Facts." In *Encyclopaedia Britannica*. Accessed August 28, 2020. https://www.britannica.com/topic/Barbie.

Bellis, Mary. "Biography of Ruth Handler, Inventor of Barbie Dolls." ThoughtCo., January 28, 2020. Accessed August 28, 2020. https://www .thoughtco.com/history-of-barbie-dolls-1991344.

Gerber, Robin. *Barbie and Ruth: The Story of the World's Most Famous Doll and the Woman Who Created Her*. New York: Harper, 2010.

Handler, Ruth, and Jacqueline Shannon. *Dream Doll: The Ruth Handler Story*. Stamford, CT: Longmeadow Press, 1994.

Johnson, Judy M. "The History of Paper Dolls," Original Paper Doll Artists Guild,1999. Updated December 2005. https://www.opdag.com/history. html.

Rios, Patricia Garcia. "They Made America." *Gamblers*. PBS, 2004. https:// www.pbs.org/wgbh/theymadeamerica/filmmore/s3_pt.html.

"Ruth Mosko Handler | American Businesswoman." In *Encyclopaedia Britannica*. Accessed August 28, 2020. https://www.britannica.com/ biography/Ruth-Mosko-Handler.

"Ruth Mosko Handler," Jewish Women's Archive. Accessed August 29, 2020. https://jwa.org/encyclopedia/article/handler-ruth-mosko.

"Who Made America? | Innovators | Ruth Handler." PBS. Accessed August 28, 2020. https://www.pbs.org/wgbh/theymadeamerica/whomade/handler _hi.html.

Winters, Claire. "Ruth Handler and Her Barbie Refashioned Toy Industry."

Investor's Business Daily, September 23, 2016. https://www.investors. com/news/management/leaders-and-success/ruth-handler-and-her-barbie -refashioned-mattel-and-the-toy-industry/.

Woo, Elaine. "Barbie Doll Creator Ruth Handler Dies." *Washington Post*, April 29, 2002. https://www.washingtonpost.com/archive/ local/2002/04/29/barbie-doll-creator-ruth-handler-dies/76bfe4ad-d4aa-431f-9c45–16b9b33046fd/.

逾期費用：百視達 vs. 網飛

Baine, Wallace. "The Untold Netflix Origin Story of Santa Cruz." Good Times, November 19, 2019. https://goodtimes.sc/cover-stories/netflix-origin-story/

Castillo, Michelle. "Reed Hastings' Story about the Founding of Netflix Has Changed Several Times." CNBC, May 23, 2017. https://www.cnbc. com/2017/05/23/netflix-ceo-reed-hastings-on-how-the-company-was-born.html.

Dash, Eric, and Geraldine Fabrikant. "Payout Is Set by Blockbuster to Viacom." *New York Times*, June 19, 2004. https://www.nytimes. com/2004/06/19 /business/payout-is-set-by-blockbuster-to-viacom.html.

Dowd, Maureen. "Reed Hastings Had Us All Staying Home Before We Had To." *New York Times*, September 4, 2020. https://www.nytimes.com/2020 /09/04/style/reed-hastings-netflix-interview.html.

Gallo, Carmine. "Netflix's Co-Founder Reveals One Essential Skill Entrepreneurs Must Build to Motivate Teams." *Forbes*, December 12, 2019. https:// www.forbes.com/sites/carminegallo/2019/12/12/netflixs-co-founder-reveals-one-essential-skill-entrepreneurs-must-build-to-motivate-teams/.

Keating, Gina. *Netflixed: The Epic Battle for America's Eyeballs*. New York: Portfolio/Penguin, 2013.

Levin, Sam. "Netflix Co-Founder: 'Blockbuster Laughed at Us . . . Now There's One Left.'" *Guardian*, September 14, 2019. http://www. theguardian .com/media/2019/sep/14/netflix-marc-randolph-founder-blockbuster.

McFadden, Christopher. "The Fascinating History of Netflix." Interesting Engineering, July 4, 2020. https://interestingengineering.com/the-fascinating-history-of-netflix.

Randolph, Marc. *That Will Never Work: The Birth of Netflix and the Amazing Life of an Idea*. Kindle. New York: Little, Brown, 2019.

Schorn, Daniel. "The Brain Behind Netflix." CBS News, December 1, 2006. https://www.cbsnews.com/news/the-brain-behind-netflix/.

Sperling, Nicole. "Long Before 'Netflix and Chill,' He Was the Netflix C.E.O." *New York Times*, September 15, 2019. https://www.nytimes.com/2019/09/15 /business/media/netflix-chief-executive-reed-hastings-marc-randolph .html.

CASE 4

回授迴圈：吉普森 vs. 芬德

Port, Ian S. *The Birth of Loud: Leo Fender, Les Paul, and the GuitarPioneering Rivalry That Shaped Rock 'n' Roll*. New York: Scribner, 2019.

Tolinski, Brad, and Alan Di Perna. *Play It Loud: An Epic History of the Style, Sound, and Revolution of the Electric Guitar*. Kindle. New York: Doubleday, 2016.

CASE 5

向右滑：Bumble vs. Tinder

Alter, Charlotte. "Whitney Wolfe Wants to Beat Tinder at Its Own Game." *Time*, May 15, 2015. https://time.com/3851583/bumble-whitney-wolfe/.

Bennett, Jessica. "With Her Dating App, Women Are in Control." *New York*

Times, March 18, 2017. https://www.nytimes.com/2017/03/18/fashion / bumble-feminist-dating-app-whitney-wolfe.html.

Crook, Jordan. "Burned." TechCrunch (blog), July 9, 2014. https://social. tech crunch.com/2014/07/09/whitney-wolfe-vs-tinder/.

Ellis-Petersen, Hannah. "WLTM Bumble–A Dating App Where Women Call the Shots." *Guardian*, April 12, 2015. https://www.theguardian.com/ technology /2015/apr/12/bumble-dating-app-women-call-shots-whitney-wolfe.

Ensor, Josie. "Tinder Co-Founder Whitney Wolfe: 'The Word "Feminist" Seemed to Put Guys Off, but Now I Realise, Who Cares?'" *Telegraph*, May 23, 2015. https://www.telegraph.co.uk/women/womens-business/11616130/Tinder-co-founder-Whitney-Wolfe-The-word-feminist-seemed-to-put -guys-off-but-now-I-realise-who-cares.html.

FitzSimons, Amanda. "Whitney Wolfe Helped Women Score Dates. Now She Wants to Get Them Their Dream Job." *Elle*, December 2017. https:// www.elle.com/culture/tech/a13121013/bumble-app-december-2017/.

Gross, Elana Lyn. "Bumble Launched a New Initiative to Support a Cause Whenever a Woman Makes the First Move." *Forbes*, May 10, 2019. https:// www.forbes.com/sites/elanagross/2019/05/10/bumble-moves-making -impact/.

Hicks, Marie. "Computer Love: Replicating Social Order through Early Computer Dating Systems." *Ada: A Journal of Gender, New Media, and Technology*, no. 10 (October 31, 2016). https://adanewmedia.org/2016/10 /issue10-hicks/.

Hirschfeld, Hilary. "SMU Senior Whitney Wolfe Launches Second Business, Clothing Line Tender Heart." The Daily Campus (blog), November 3, 2010. https://www.smudailycampus.com/news/smu-senior-whitney-wolfe -launches-second-business-clothing-line-tender-heart.

Kosoff, Maya. "The 30 Most Important Women Under 30 in Tech." *Business Insider*, September 16, 2014. https://www.businessinsider.com/30-most -important-women-under-30-in-tech-2014-2014-8.

Langley, Edwina. "Whitney Wolfe: The Woman Who Took Tinder to

Court— and Came Back Fighting." Grazia, August 3, 2016. https://graziadaily.co .uk/life/real-life/whitney-wolfe-tinder-bumble/.

Langmuir, Molly. "Meet ELLE's 2016 Women in Tech." *Elle*, May 13, 2016. https://www.elle.com/culture/tech/a35725/women-in-tech-2016/.

Lunden, Ingrid. "Andrey Andreev Sells Stake in Bumble Owner to Blackstone, Whitney Wolfe Herd Now CEO of $3B Dating Apps Business." TechCrunch (blog), November 8, 2019. https://social.techcrunch.com/2019/11/08/badoos-andrey-andreev-sells-his-stake-in-bumble-to-blackstone-valuing-the-dating -app-at-3b/.

Macon, Alexandra. "Bumble Founder Whitney Wolfe's Whirlwind Wedding Was a True Celebration of Southern Italy." *Vogue*, October 5, 2017. https://www.vogue.com/article/bumble-founder-whitney-wolfe-michael-herd -positano-wedding.

Maheshwari, Sapna, and Michelle Broder Van Dyke. "Former Executive Suing Tinder for Sexual Harassment Drops Her Case." *BuzzFeed News*, July 1, 2014. https://www.buzzfeednews.com/article/sapna/tinder-sued-for-sexual -harassment.

O'Connor, Clare. "Billion-Dollar Bumble: How Whitney Wolfe Herd Built America's Fastest-Growing Dating App." *Forbes*, December 12, 2017. https://www.forbes.com/sites/clareoconnor/2017/11/14/billion-dollar-bumble-how-whitney-wolfe-herd-built-americas-fastest-growing-dating-app/.

Perez, Sarah. "Bumble Is Taking Match Group to Court, Says It's Pursuing an IPO." TechCrunch (blog), September 24, 2018. https://social.techcrunch.com/2018/09/24/bumble-serves-countersuit-to-match-group-says-its-pursuing-an-ipo/.

Raz, Guy. "Bumble: Whitney Wolfe. How I Built This with Guy Raz." *How I Built This with Guy Raz*, October 16, 2017. Accessed May 6, 2020. https://www.npr.org/2017/11/29/557437086/bumble-whitney-wolfe.

Sarkeesian, Anita. "Whitney Wolfe Herd: The World's 100 Most Influential People." *Time*, 2018. https://time.com/collection/most-influential-people -2018/5217594/whitney-wolfe-herd/.

Shah, Vikas S. "A Conversation with Bumble Founder & CEO, Whitney Wolfe Herd." Thought Economics, July 2, 2019. https:// thoughteconomics.com /whitney-wolfe-herd/.

Slater, Dan. "The Social Network: The Prequel." *GQ*, January 28, 2011. https://www.gq.com/story/social-network-prequel-online-dating.

Tait, Amelia. "Swipe Right for Equality: How Bumble Is Taking On Sexism." *Wired UK*, August 30, 2017. https://www.wired.co.uk/article/ bumble -whitney-wolfe-sexism-tinder-app.

Tepper, Fitz. "Bumble Launches BFF, a Feature to Find New Friends." TechCrunch (blog), March 4, 2016. https://social.techcrunch. com/2016/03/04 /bumble-launches-bff-a-feature-to-find-new-friends/.

Valby, Karen. "Bumble's CEO Takes Aim at LinkedIn." *Fast Company*, August 28, 2017. https://www.fastcompany.com/40456526/bumbles-ceo- takes-aim -at-linkedin.

Witt, Emily. "Love Me Tinder." *GQ*, February 11, 2014. https://www.gq.com /story/tinder-online-dating-sex-app.

Yang, Melissah. "Sean Rad Is Out as Tinder CEO." *Los Angeles Business Journal*, November 4, 2014. https://labusinessjournal.com/news/2014/ nov/04 /sean-rad-out-tinder-ceo/.

———. "Tinder Co-Founder Resigns, but CEO to Stay On." *Los Angeles Business Journal*, September 9, 2014. https://labusinessjournal.com/ news/2014 /sep/09/tinder-co-founder-resigns-ceo-stay/.

CASE 6

電子腦：IBM vs. UNIVAC

Alfred, Randy. "Nov. 4, 1952: Univac Gets Election Right, but CBS Balks." *Wired*, November 4, 2008. https://www.wired.com/2010/11/1104cbs-tv -univac-election/.

Engineering and Technology History Wiki. "UNIVAC and the 1952 Presidential Election—Engineering and Technology History Wiki," November 2012. https://ethw.org/UNIVAC_and_the_1952_Presidential_

Election.

Henn, Steve. "The Night a Computer Predicted the Next President." *All Tech Considered*, NPR.org October 31, 2012. Accessed February 25, 2020. https://www.npr.org/sections/alltechconsidered/2012/10/31/163951263/ the-night-a-computer-predicted-the-next-president.

"The Night a UNIVAC Computer Predicted The Next President: NOV. 4, 1952." New York: CBS News, 1952. https://www.youtube.com/ watch?v=nHov1Atrjzk.

Pelkey, James. "The Entrance of IBM-1952." History of Computer Communications, 2007. http://www.historyofcomputercommunications. info/supporting-documents/a.3-the-entrance-of-ibm-1952.html.

Rios, Patricia Garcia. "They Made America." *Gamblers*. PBS, 2004. https:// www.pbs.org/wgbh/theymadeamerica/filmmore/s3_pt.html.

Satell, Greg. "Take a Long Look at IBM and You'll Understand the Importance of Focus." *Forbes*, January 10, 2016. https://www.forbes. com/sites /gregsatell/2016/01/10/take-a-long-look-at-ibm-and-youll-understand-the -importance-of-focus/.

Watson, Thomas J., Jr. "The Greatest Capitalist in History." *Fortune*, August 31, 1987. https://archive.fortune.com/magazines/fortune/fortune_archive /1987/08/31/69488/index.htm.

Watson, Thomas J., Jr., and Peter Petre. Father, *Son & Co.: My Life at IBM and Beyond*. Kindle. New York: Bantam Books, 2000.

CASE 7

網路大戰（上篇）：製作 Mosaic 瀏覽器

CASE 8

網路大戰（下篇）：網景 vs. 微軟

Berners-Lee, Tim. "A Brief History of the Web." Accessed March 2, 2020. https://www.w3.org/DesignIssues/TimBook-old/History.html.

————. "The WorldWideWeb Browser." Accessed March 1, 2020. https://

www.w3.org/People/Berners-Lee/WorldWideWeb.html.

Bort, Julie. "Marc Andreessen Gets All the Credit for Inventing the Browser but This Is the Guy Who Did 'All the Hard Programming.'" *Business Insider*, May 13, 2014. https://www.businessinsider.in/marc-andreessen-gets-all-the-credit-for-inventing-the-browser-but-this-is-the-guy-who-did-all-the-hard-programming/articleshow/35044058.cms.

Campbell, W. Joseph. "Microsoft Warns Netscape in Prelude to the 'Browser War' of 1995–98." The 1995 Blog (blog), June 20, 2015. https://1995blog.com/2015/06/20/microsoft-warns-netscape-in-prelude-to-the-browser-war-of-1995-98/.

———. "The 'Netscape Moment,' 20 Years On." The 1995 Blog (blog), August 2, 2015. https://1995blog.com/2015/08/02/the-netscape-moment-20-years-on/.

Crockford on JavaScript. Volume 1: The Early Years, 2011. September 10, 2011. https://www.youtube.com/watch?v=JxAXlJEmNMg.

Gates, Bill. "The Internet Tidal Wave." *Wired*, May 26, 1995. https://www.wired.com/2010/05/0526bill-gates-internet-memo/.

History-Computer. "Mosaic Browser—History of the NCSA Mosaic Internet Web Browser." Accessed March 3, 2020. https://history-computer.com/Internet/Conquering/Mosaic.html.

Kleinrock, Leonard. "Opinion: 50 Years Ago, I Helped Invent the Internet. How Did It Go So Wrong?" *Los Angeles Times*, October 29, 2019. https://www.latimes.com/opinion/story/2019–10–29/internet-50th-anniversary-ucla-kleinrock.

Lacy, Sarah. "Risky Business—Interview with Marc Andreessen." Startups.com, October 28, 2018. https://www.startups.com/library/expert-advice / marc-andreessen.

Lashinsky, Adam. "Remembering Netscape: The Birth of the Web." *Fortune*, July 25, 2005. https://money.cnn.com/magazines/fortune/fortune_archive/2005/07/25/8266639/.

Lee, Timothy B. "The Internet, Explained." *Vox*, June 16, 2014. https://www.vox.com/2014/6/16/18076282/the-internet.

Markoff, John. "A Free and Simple Computer Link." *New York Times*, December 8, 1993. https://www.nytimes.com/1993/12/08/business/ business-technology-a-free-and-simple-computer-link.html.

McCullough, Brian. *How the Internet Happened: From Netscape to the iPhone*. Kindle. New York: Liveright, 2018.

Weber, Marc. "Happy 25th Birthday to the World Wide Web!" Computer History Museum, March 11, 2014. https://computerhistory.org/blog/happy -25th-birthday-to-the-world-wide-web/.

Wilson, Brian. "Browser History: Mosaic." Index DOT Html/Css, 2005 1996. http://www.blooberry.com/indexdot/history/mosaic.htm.

Zuckerman, Laurence. "With Internet Cachet, Not Profit, a New Stock Is Wall St.'s Darling." *New York Times*, August 10, 1995. https://www.ny times.com/1995/08/10/us/with-internet-cachet-not-profit-a-new-stock-is -wall-st-s-darling.html.

CASE 9

祕方：雷・克洛克 vs. 麥當勞

Herman, Mario L. "A Brief History of Franchising." Mario L. Herman, The Franchisee's Lawyer. Accessed March 26, 2020. https://www.franchise-law.com/franchise-law-overview/a-brief-history-of-franchising.shtml.

Kroc, Ray. *Grinding It Out: The Making of McDonald's*. Kindle. Chicago: St. Martin's Griffin, 2016.

Libava, Joel. "The History of Franchising as We Know It." Bplans Blog, December 17, 2013. https://articles.bplans.com/the-history-of-franchising-as-we-know-it/.

Maister, David. "Strategy Means Saying 'No.'" DavidMaister.com, 2006. https://davidmaister.com/articles/strategy-means-saying-no/.

Pipes, Kerry. "History of Franchising: Franchising in the 1800's." Franchising.com. Accessed September 14, 2020. https://www.franchising. com /franchiseguide/the_history_of_franchising_part_one.html.

————. "History of Franchising: Franchising in the Modern Age." Franchising.com. Accessed March 26, 2020. https://www.franchising. com/guides/history_of_franchising_part_two.html.

Seid, Michael. "The History of Franchising." The Balance Small Business, June 25, 2019. https://www.thebalancesmb.com/the-history-of-franchising -1350455.

Shane, Scott A. *From Ice Cream to the Internet: Using Franchising to Drive the Growth and Profits of Your Company*. Upper Saddle River, NJ: Pearson/ Prentice Hall, 2005. https://www.informit.com/articles/article. aspx?p=360 649&seqNum=2.

CASE 10

口袋定位：iPhone vs. 黑莓機

Appolonia, Alexandra. "How BlackBerry Went from Controlling the Smartphone Market to a Phone of the Past." *Business Insider*, November 21, 2019. https://www.businessinsider.com/blackberry-smartphone-rise-fall -mobile-failure-innovate-2019-11.

Avery, Simon. "Two Universes: Apple vs. RIM." *Globe and Mail*, August 19, 2009. https://www.theglobeandmail.com/technology/globe-on-technology /two-universes-apple-vs-rim/article788996/.

Bond, Allison. "Why Do Doctors Still Use Pagers?" Slate, February 12, 2016. https://slate.com/technology/2016/02/why-do-doctors-still-use-pagers .html.

Breen, Christopher. "Remembering Macworld Expo: Why We Went to the Greatest Trade Show on Earth." Macworld, October 14, 2014. https:// www.macworld.com/article/2833713/remembering-macworld-expo.html.

Dalrymple, Jim. "Apple vs. RIM: Who Sells More Smartphones?" The Loop, April 25, 2011. https://www.loopinsight.com/2011/04/25/apple-vs-rim-who-sells-more-smartphones/.

Haslam, Karen. "iPhone vs. BlackBerry: Is Apple's Battle with RIM Won?"

Channel Daily News (blog), April 2, 2012. https://channeldailynews.com /news/iphone-vs-blackberry-is-apples-battle-with-rim-won/13001.

Isaacson, Walter. *Steve Jobs*. Kindle. New York: Simon & Schuster, 2011.

Jobs, Steve. "Steve Jobs iPhone 2007 Presentation, 2007." Singju Post, July 4, 2014 https://singjupost.com/steve-jobs-iphone-2007-presentation-full-transcript/.

Levy, Carmi. "RIM vs. Apple: Now It's Personal." *Toronto Star*, October 22, 2010. https://www.thestar.com/business/2010/10/22/rim_vs_apple_now _ its_personal.html.

Looper, Christian de. "This Was BlackBerry's Reaction When the First iPhone Came Out." *Tech Times*, May 26, 2015. https://www.techtimes. com/articles /55370/20150526/reaction-blackberry-when-first-iphone-came-out.htm.

Marlow, Iain. "In Motion: Jim Balsillie's Life after RIM." *Globe and Mail*, February 14, 2013. https://www.theglobeandmail.com/globe-investor/in-motion-jim-balsillies-life-after-rim/article8709333/.

McNish, Jacquie, and Sean Silcoff. *Losing the Signal*: *The Untold Story Behind the Extraordinary Rise and Spectacular Fall of BlackBerry*. Kindle. New York: Flatiron Books, 2015.

Megna, Michelle. "RIM CEO: 'We're Not Taking Our Foot off the Gas.'" InternetNews.com, June 19, 2009. http://www.internetnews.com/mobility/ article.php/3826041.

———. "RIM vs. Apple: Can RIM Stay Strong?" Datamation, October 26, 2009. https://www.datamation.com/mowi/article.php/3845461/RIM-vs-Apple-Can-RIM-Stay-Strong.htm.

Olson, Parmy. "BlackBerry's Famous Last Words at 2007 iPhone Launch: 'We'll Be Fine.'" *Forbes*, May 26, 2015. https://www.forbes.com/sites/ parmyolson/2015/05/26/blackberry-iphone-book/.

Pogue, David. "No Keyboard? And You Call This a BlackBerry?" *New York Times*, November 26, 2008. https://www.nytimes.com/2008/11/27/ technology/personaltech/27pogue.html.

Schonfeld, Erick. "Apple vs. RIM: Study Shows iPhone More Reliable than

Blackberry." Seeking Alpha, November 7, 2008. https://seekingalpha.
com/article/104779-apple-vs-rim-study-shows-iphone-more-reliable-than
-blackberry.

Segan, Sascha. "The Evolution of the BlackBerry, from 957 to Z10." PCMag.
com, January 28, 2013. https://www.pcmag.com/news/the-evolution-of-
the-blackberry-from-957-to-z10.

Silver, Curtis. "Great Geek Debates: iPhone vs. Blackberry." *Wired*, August
11, 2009. https://www.wired.com/2009/08/great-geek-debates-iphone-vs-
blackberry/.

Woyke, Elizabeth. "A Brief History of the BlackBerry." *Forbes*, August 17,
2009. https://www.forbes.com/2009/08/17/rim-apple-sweeny-intelligent-
technology-blackberry.html.

CASE 11

致勝酒款：百康

Agnihotri, Aastha. "Behind This Successful Woman Is a Man—
Kiran Mazumdar-Shaw Reveals How Her Husband Helped Grow
Biocon." CNBC TV18, December 26, 2019. https://www.cnbctv18.
com/entrepreneurship/behind-this-successful-woman-is-a-man-
kiran-mazumdar-shaw-reveals-how-her-husband-helped-grow-
biocon-3835671.htm.

Armstrong, Lance. "Kiran Mazumdar-Shaw." *Time*, April 29, 2010. http://
content.time.com/time/specials/packages/article/0,28804,1984685
_1984949_1985233,00.html.

Hashmi, Sameer. "'They Were Not Comfortable about Hiring a Woman.'"
BBC News, September 24, 2018. https://www.bbc.com/news/
business-45547352.

Mazumdar-Shaw, Kiran. "Delivering Affordable Innovation through
Scientific Excellence." Kiran Mazumdar Shaw: My Thoughts and
Expressions (blog), April 19, 2017. https://kiranmazumdarshaw.blogspot.

com/2017/04 /delivering-affordable-innovation.html.

———. "From Brewing to Biologics: Kiran Mazumdar-Shaw in Conversation with Catherine Jewell, Communications Division, WIPO." Kiran Mazumdar-Shaw (blog), May 8, 2018. https://kiranshaw. blog/2018/05/08/from-brewing-to-biologics-kiran-mazumdar-shaw-in-conversation-with-catherine-jewell-communications-division-wipo/.

———. "The Giving Pledge Letter by Kiran Mazumdar-Shaw Displayed at the Smithsonian National Museum of American History." Kiran MazumdarShaw (blog), December 23, 2019. https://kiranshaw. blog/2019/12/23/the-giving-pledge-letter-by-kiran-mazumdar-shaw-displayed-at-the-smithsonian-national-museum-of-american-history/.

———. "India Can Deliver Affordable Innovation to the World: Kiran." *Economic Times*, January 2, 2009. https://economictimes.indiatimes.com/ india-can-deliver-affordable-innovation-to-the-world-kiran-mazumdar-shaw/articleshow/3924777.cms.

———. "Leveraging Affordable Innovation to Tackle India's Healthcare Challenge." *IIMB Management Review* 30, no. 1 (March 1, 2018): 37–50. https://doi.org/10.1016/j.iimb.2017.11.003.

Morrow, Thomas, and Linda Hull Felcone. "Defining the Difference: What Makes Biologics Unique." *Biotechnology Healthcare* 1, no. 4 (September 2004): 24–29.

Singh, Seema. *Mythbreaker: Kiran Mazumdar-Shaw and the Story of Indian Biotech*. Kindle. Collins Business India, 2016.

Weidmann, Bhavana. "Healthcare Innovation: An Interview with Dr. Kiran Mazumdar-Shaw." Scitable by Nature Education, January 4, 2014. https:// www.nature.com/scitable/blog/the-success-code/healthcare_innovation_ an_interview_with/.

"What Are 'Biologics'? Questions and Answers." FDA, February 6, 2018. https://www.fda.gov/about-fda/center-biologics-evaluation-and-research -cber/what-are-biologics-questions-and-answers.

CASE 12

攻占天空：比奇飛機逆風高飛

Farney, Dennis. *The Barnstormer and the Lady: Aviation Legends Walter and Olive Ann Beech*. Kindle. Wichita, KS: Rockhill Books, 2011.

Hess, Susan. "Olive Ann and Walter H. Beech: Partners in Aviation." Special Collections and University Archives–Wichita State University Libraries. Accessed April 4, 2020. http://specialcollections.wichita.edu/exhibits/beech/exhibita.html.

National Aeronautic Association. "Wright Bros. 1980–1989 Recipients." Accessed April 4, 2020. https://naa.aero/awards/awards-and-trophies/wright-brothers-memorial-trophy/wright-bros-1980-1989-winners.

National Aviation Hall of Fame. "Beech, Olive." Accessed April 6, 2020. https://www.nationalaviation.org/our-enshrinees/beech-olive/.

Onkst, David H. "The Major Trophy Races of the Golden Age of Air Racing." U.S. Centennial of Flight Commission. Accessed April 4, 2020. https://www.centennialofflight.net/essay/Explorers_Record_Setters_and_Dare devils/trophies/EX10.htm.

Stanwick, Dave. "Olive Ann Beech: Queen of the Aircraft Industry." Archbridge Institute (blog), May 15, 2018. https://www.archbridgeinstitute.org /2018/05/15/olive-ann-beech-queen-of-the-aircraft-industry/.

Swopes, Brian R. "5 September 1949." This Day in Aviation, September 5, 2020. https://www.thisdayinaviation.com/tag/bill-odom/.

CASE 13

走味的淡啤酒：安海斯－布希 vs. 美樂

Backer, Bill. *The Care and Feeding of Ideas*. New York: Times Books, 1993.

Brooks, Erik. "Born in Chicago, Raised in Milwaukee: A New Look at the Origins of Miller Lite." Molson Coors Beer & Beyond, October 8,

2018. https://www.molsoncoorsblog.com/features/born-chicago-raised-milwaukee-new-look-origins-miller-lite.

Day, Sherri. "John A. Murphy, 72, Creator of Brands at Miller Brewing." *New York Times*, June 19, 2002. https://www.nytimes.com/2002/06/19/business/john-a-murphy-72-creator-of-brands-at-miller-brewing.html.

Knoedelseder, William. *Bitter Brew: The Rise and Fall of Anheuser-Busch and America's Kings of Beer*. Kindle. New York: Harper Business, 2014.

Rosenthal, Phil. "The Ad That Made Schlitz Infamous." *Chicago Tribune*, April 6, 2008. https://www.chicagotribune.com/news/ct-xpm-2008-04-06-0804040774-story.html.

CASE 14

快時尚當道：H&M vs. Zara

Benson, Beth Rodgers. "The Magnificent Architectural Restorations of Retailer Zara." Curbed, January 10, 2013. https://www.curbed.com/2013/1/10/10287018/the-magnificent-architectural-restorations-of-retailer-zara.

Blakemore, Erin. "The Gibson Girls: The Kardashians of the Early 1900s." *Mental Floss*, September 17, 2014. https://www.mentalfloss.com/article/58591/gibson-girls-kardashians-early-1900s.

Bulo, Kate. "The Gibson Girl: The Turn of the Century's 'Ideal' Woman, Independent and Feminine." Vintage News (blog), March 1, 2018. https://www.thevintagenews.com/2018/03/01/gibson-girl/.

Frayer, Lauren. "The Reclusive Spanish Billionaire Behind Zara's Fast Fashion Empire." NPR.org, *All Things Considered*, March 12, 2013. Accessed April 14, 2020. https://www.npr.org/2013/03/12/173461375/the-recluse-spanish-billionaire-behind-zaras-fast-fashion-empire.

Funding Universe. "Industria de Diseño Textil S.A. History." Accessed April 14, 2020. http://www.fundinguniverse.com/company-histories/industria-de-dise%C3%B1o-textil-s-a-history/.

Hanbury, Mary. "Karl Lagerfeld Once Worked with H&M to Make Fashion More Approachable, but He Said He Was Ultimately Let Down by the Giant Retailer." *Business Insider*, February 19, 2019. https://www.business insider.com/karl-lagerfeld-hm-collaboration-letdown-2019-2.

H&M Group. "The History of H&M Group." Accessed April 13, 2020. https://hmgroup.com/about-us/history/the-00_s.html.

Hansen, Suzy. "How Zara Grew into the World's Largest Fashion Retailer." *New York Times Magazine*, November 9, 2012. https://www.nytimes.com/2012/11/11/magazine/how-zara-grew-into-the-worlds-largest-fashion-retailer.html.

Heller, Susanna. "Here's What H&M Actually Stands For." Insider, June 19, 2017. https://www.insider.com/hm-name-meaning-2017–6.

Inditex. "Our Story." Accessed April 10, 2020. https://www.inditex.com/about-us/our-story.

Kohan, Shelley E. "Why Zara Wins, H&M Loses in Fast Fashion." Robin Report, May 6, 2018. https://www.therobinreport.com/why-zara-wins-hm-loses-in-fast-fashion/.

"Lagerfeld's High Street Split." *British Vogue*, November 18, 2004. https://www.vogue.co.uk/article/lagerfelds-high-street-split.

Marci, Kayla. "H&M and Zara: The Differences between the Two Successful Brands." Edited, April 21, 2019. https://edited.com/resources/zara-vs-hm-whos-in-the-global-lead/.

Mau, Dhani. "Zara Defeats Louboutin in Trademark Case, Does This Open the Door for More Red Sole Imitators?" Fashionista, June 11, 2012. https://fashionista.com/2012/06/zara-defeats-louboutin-in-trademark-case-does-this-open-the-door-for-more-red-sole-imitators.

Ng, Trini. "Covid-19 Casualties: H&M, Gap, Zara and Other Famous Fashion Brands Are Closing Their Physical Stores Worldwide." AsiaOne, July 15, 2020. https://www.asiaone.com/lifestyle/covid-19-casualties-hm-gap-zara-and-other-famous-fashion-brands-are-closing-their.

Parietti, Melissa. "H&M vs. Zara vs. Uniqlo: What's the Difference?" Investopedia, June 25, 2019. https://www.investopedia.com/articles/

markets/120215/hm-vs-zara-vs-uniqlo-comparing-business-models.asp.

Perry, Patsy. "The Environmental Costs of Fast Fashion." *Independent*, January 7, 2018. http://www.independent.co.uk/life-style/fashion/environment -costs-fast-fashion-pollution-waste-sustainability-a8139386. html.

Roll, Martin. "The Secret of Zara's Success: A Culture of Customer CoCreation." Martin Roll (blog), December 17, 2019. https://martinroll. com /resources/articles/strategy/the-secret-of-zaras-success-a-culture-of-customer-co-creation/.

Schiro, Anne-Marie. "Fashion; Two New Stores That Cruise Fashion's Fast Lane." *New York Times*, December 31, 1989, National edition. https://www.nytimes.com/1989/12/31/style/fashion-two-new-stores-that-cruise -fashion-s-fast-lane.html.

Trebay, Guy. "Off-the-Rack Lagerfeld, at H&M." *New York Times*, June 22, 2004. https://www.nytimes.com/2004/06/22/fashion/offtherack-lagerfeld -at-hm.html.

Tyler, Jessica. "We Visited H&M and Zara to See Which Was a Better FastFashion Store, and the Winner Was Clear for a Key Reason." *Business Insider*, June 15, 2018. https://www.businessinsider.com/hm-zara-compared -photos-details-2018–5.

WWD. "Truly Fast Fashion: H&M's Lagerfeld Line Sells Out in Hours." November 15, 2004. https://wwd.com/fashion-news/fashion-features/truly-fast -fashion-h-m-8217-s-lagerfeld-line-sells-out-in-hours-593089/.

CASE 15

巨人請醒醒：瑪麗・芭拉與通用汽車併肩作戰

Ann, Carrie. "Leadership Lessons from GM CEO–Mary Barra." *Industry Leaders Magazine*, July 27, 2019. https://www.industryleadersmagazine. com/leadership-lessons-from-gm-ceo-mary-barra/.

Bunkley, Nick, and Bill Vlasic. "G.M. Names New Leader for Global

Development." *New York Times*, January 20, 2011. https://www.nytimes. com/2011/01/21/business/21auto.html.

Burden, Melissa. "GM CEO Barra Joins Stanford University Board." *Detroit News*, July 15, 2015. https://www.detroitnews.com/story/business/autos /general-motors/2015/07/15/gm-ceo-barra-joins-stanford-university- board/30181281/.

Colby, Laura. *Road to Power: How GM's Mary Barra Shattered the Glass Ceiling*. Kindle. Hoboken, NJ: Wiley, 2015. Accessed April 11, 2020.

Colvin, Geoff. "How CEO Mary Barra Is Using the Ignition-Switch Scandal to Change GM's Culture." *Fortune*, September 18, 2015. https://fortune. com/2015/09/18/mary-barra-gm-culture/.

Editorial Board. "GM Reverses Openness Pledge: Our View." *USA Today*, July 23, 2014. https://www.usatoday.com/story/opinion/2014/07/23/gm- ignition-senate-mary-barra-editorials-debates/13068081/.

Feloni, Richard. "GM CEO Mary Barra Said the Recall Crisis of 2014 Forever Changed Her Leadership Style." *Business Insider*, November 14, 2018. https://www.businessinsider.com/gm-mary-barra-recall-crisis- leadership-style-2018-11.

Ferris, Robert. "GM to Halt Production at Several Plants, Cut More than 14,000 Jobs." CNBC, November 26, 2018. https://www.cnbc. com/2018/11/26/gm-unallocating-several-plants-in-2019-to-take-3- billion-to-3point8-billion-charge-in-future-quarters.html.

General Motors. "Mary T. Barra." https://www.gm.com/content/public/us/ en/gm/home/our-company/leadership/mary-t-barra.html.

Kervinen, Elina, and Aleksi Teivainen. "New CEO of Automotive Icon Is of Finnish Descent." *Helsinki Times*, December 13, 2013. https://www. helsinkitimes.fi/business/8707-new-ceo-of-automotive-icon-is-of-finnish- descent .html.

New York Times editors. "Mary Barra, G.M.'s New Chief, Speaking Her Mind." *New York Times*, December 10, 2013. https://www.nytimes.com /2013/12/11/business/mary-barra-gms-new-chief-speaking-her-mind. html.

"Rebuilding a Giant: Mary Barra, CEO, General Motors." New Corner, June 5, 2015. http://www.new-corner.com/rebuilding-a-giant-mary-barra-ceo-general-motors/.

Rosen, Bob. "Leadership Journeys—Mary Barra." IEDP Developing Leaders, January 1, 2014. https://www.iedp.com/articles/leadership-journeys-mary-barra/.

Ross, Christopher. "A Day in the Life of GM CEO Mary Barra." *Wall Street Journal Magazine*, April 25, 2016. https://www.wsj.com/articles/a-day-in-the-life-of-gm-ceo-mary-barra-1461601044.

Ruiz, Rebecca R., and Danielle Ivory. "Documents Show General Motors Kept Silent on Fatal Crashes." *New York Times*, July 15, 2014. https://www.nytimes.com/2014/07/16/business/documents-show-general-motors-kept-silent-on-fatal-crashes.html.

Trop, Jaclyn. "Changing of the Guard in a Traditionally Male Industry." *New York Times*, December 10, 2013. https://www.nytimes.com/2013/12/11 /business/changing-of-the-guard-in-a-traditionally-male-industry.html.

Vlasic, Bill. "G.M. Acquires Strobe, Start-Up Focused on Driverless Technology." *New York Times*, October 9, 2017. https://www.nytimes.com/2017/10/09/business/general-motors-driverless.html.

———. "New G.M. Chief Is Company Woman, Born to It." *New York Times*, December 10, 2013. https://www.nytimes.com/2013/12/11/business/gm-names-first-female-chief-executive.html.

CASE 16

國王的新耳機：Beats by Dre vs. 魔聲

Barrett, Paul. "Beatrayed by Dre?" *Bloomberg Businessweek*, June 22, 2015. https://www.bloomberg.com/news/features/2015-06-22/beatrayed-by-dre-.

Biddle, Sam. "Beat by Dre: The Exclusive Inside Story of How Monster Lost the World." Gizmodo (blog), February 7, 2013. https://gizmodo.com/

beat-by-dre-the-exclusive-inside-story-of-how-monster-5981823.

D'Onfro, Jillian. "Here's an Interview with the CEO Who Missed Out on the $3.2 Billion Apple-Beats Deal." *Business Insider*, May 11, 2014. https://www.businessinsider.com/monster-misses-in-apple-beats-acquisition-2014-5.

Eglash, Joanne. "Head Monster Is Mad About Music." *Cal Poly*, 2005.

Evangelista, Benny. "'Head Monster's' Winning Ways / Engineer Spins HighEnd Cable Wire Idea into Industry-Leading Company." *San Francisco Chronicle*, November 8, 2004. https://www.sfgate.com/bayarea/article /Head-Monster-s-winning-ways-Engineer-spins-2637224.php.

Farquhar, Peter. "How Kevin Lee Got On with Winning Life after Leaving Beats before It Was Sold to Apple for $3.3 Billion." *Business Insider Australia*, July 1, 2015. https://www.businessinsider.com.au/how-kevin-lee-got-on-with-winning-life-after-leaving-beats-before-it-was-sold-to-apple-for-3-3-billion-2015-7.

Guttenberg, Steve. "Monster Cable." Sound & Vision, July 3, 2012. https://www.soundandvision.com/content/monster-cable.

Hirahara, Naomi. *Distinguished Asian American Business Leaders*. Westport, CT: Greenwood, 2003.

Kessler, Michelle. "Is Monster Cable Worth It?" USA Today, January 16, 2005. https://usatoday30.usatoday.com/money/industries/technology/2005-01 -16-monster-sidebar_x.htm.

———. "Monster Move Puts Name on Marquee." *USA Today*, January 16, 2005. http://usatoday30.usatoday.com/money/industries/technology/2005–01–16-monster-usat_x.htm.

"Monster CEO: Beats 'Duped' Me." *USA Today*, January 7, 2015. Accessed May 1, 2020. https://www.youtube.com/watch?v=b_h_S3uf4Yw.

Russell, Melia. "A Monster Fall: How the Company behind Beats Lost Its Way." *San Francisco Chronicle*, October 5, 2018. https://www.sfchronicle.com/business/article/A-Monster-fall-How-the-company-behind-Beats-lost-13283411.php.

Stevens, Cindy Loffler. "Monster's Noel Lee—Down to the Cable."

It Is Innovation, November 1, 2010. https://web.archive.org/web/20130928151817/http://www.ce.org/i3/VisionArchiveList/VisionArchive/2010/November/Monster%E2%80%99s-Noel-Lee%E2%80%94Down-to-the-Cable.aspx.

Wilkinson, Scott. "Monster Founder Noel Lee Gets Geeky About Cables." Secrets of Home Theater and High Fidelity, October 12, 2012. https://web.archive.org/web/20130403064901/http://www.hometheaterhifi.com/video-coverage/video-coverage/onster-founder-noel-lee-gets-geeky-about-cables.html.

CASE 17

破繭西南飛：大家的西南航空

Economy, Peter. "17 Powerfully Inspiring Quotes from Southwest Airlines Founder Herb Kelleher." Inc.com, January 4, 2019. https://www.inc.com/peter-economy/17-powerfully-inspiring-quotes-from-southwest-airlines-founder-herb-kelleher.html.

———. "Southwest Airlines Bans Peanuts (but Your Trained Service Miniature Horse Is OK)." Inc.com, August 24, 2018. https://www.inc.com/peter-economy/southwest-airlines-bans-peanuts-but-your-trained-service -miniature-horse-is-ok.html.

Freiberg, Kevin, and Jackie Freiberg. *Nuts! Southwest Airlines' Crazy Recipe for Business and Personal Success*. New York: Broadway Books, 1998.

Guinto, Joseph. "Southwest Airlines' CEO Gary C. Kelly Sets the Carrier's New Course." *D Magazine*, December 2007. Accessed May 21, 2020. https://www.dmagazine.com/publications/d-ceo/2007/december/southwest -airlines-ceo-gary-c-kelly-sets-the-carriers-new-course/.

———. "Southwest Airlines Co-Founder Rollin King Dies, Also Has Many Regrets." *D Magazine*, June 27, 2014. https://www.dmagazine.com/frontburner/2014/06/southwest-airlines-co-founder-rollin-king-dies-also-has -many-regrets/.

Labich, Kenneth. "Is Herb Kelleher America's Best CEO?" *Fortune*, May 2, 1994. https://money.cnn.com/magazines/fortune/fortune_archive/1994/05/02/79246/index.htm.

Maxon, Terry. "Southwest Airlines Co-Founder Rollin King Passes Away." *Dallas Morning News*, June 27, 2014. https://www.dallasnews.com/business/airlines/2014/06/27/southwest-airlines-co-founder-rollin-king-passes-away/.

McLeod, Lisa Earle. "How P&G, Southwest, and Google Learned to Sell with Noble Purpose." *Fast Company*, November 29, 2012. https://www.fastcompany.com/3003452/how-pg-southwest-and-google-learned-sell-noble-purpose.

Moskowitz, P. E. "Original Disruptor Southwest Airlines Survives on Ruthless Business Savvy." Skift, September 5, 2018. https://skift.com/2018/09/05/original-disruptor-southwest-airlines-survives-on-ruthless-business-savvy/.

Rifkin, Glenn. "Herb Kelleher, Whose Southwest Airlines Reshaped the Industry, Dies at 87." *New York Times*, January 3, 2019. https://www.nytimes.com/2019/01/03/obituaries/herb-kelleher-whose-southwest-airlines-reshaped-the-industry-dies-at-87.html.

"Voices of San Antonio: Herb Kelleher." 2018. https://www.youtube.com/watch?v=7b9BBa_X5aI&t=8m19s.

Wang, Christine. "The Effect of a Low Cost Carrier in the Airline Industry." Thesis, Northwestern University, June 6, 2005. https://mmss.wcas.northwestern.edu/thesis/articles/get/548/Wang2005.pdf.

Welles, Edward O. "Captain Marvel: How Southwest's Herb Kelleher Keeps Loyalty Sky High." Inc.com, January 1, 1992. https://www.inc.com/magazine/19920101/3870.html.

CASE 18

報復性購物：莉蓮‧維儂郵購目錄

Mehnert, Ute. "Lillian Vernon." *Immigrant Entrepreneurship: GermanAmerican Business Biographies, 1720 to the Present*, June 8, 2011. http://www.immigrantentrepreneurship.org/entry.php?rec=72.

Neistat, Casey, and Van Neistat. "Monogram: The Lillian Vernon Story." 2003. https://www.youtube.com/watch?v=bNRIVJFFpbY.

Povich, Lynn. "Lillian Vernon, Creator of a Bustling Catalog Business, Dies at 88." *New York Times*, December 14, 2015. https://www.nytimes.com/2015/12/15/business/lillian-vernon-creator-of-a-bustling-catalog-business-dies-at-88.html.

Vernon, Lillian. "Branding: The Power of Personality." Kauffman Entrepreneurs, October 8, 2001. https://www.entrepreneurship.org/articles/2001/10/branding-the-power-of-personality.

―――. *An Eye for Winners: How I Built One of America's Greatest DirectMail Businesses*. New York: Harper Business, 1996.

CASE 19

我要和天一樣高：克萊斯勒大廈與華爾街四〇號爭峰之作

Bascomb, Neal. *Higher: A Historic Race to the Sky and the Making of a City*. Kindle. New York: Broadway Books, 2003.

"Building Activity on Lexington Av." *New York Times*, March 4, 1928.

Cuozzo, Steve. "Inside the Chrysler Building's Storied Past—and Uncertain Future." *New York Post*, March 8, 2019. https://nypost.com/2019/03/07/inside-the-chrysler-buildings-storied-past-and-uncertain-future/.

Maher, James. "The Chrysler Building History and Photography." James Maher Photography (blog), March 4, 2016. https://www.jamesmaherphotography.com/new-york-historical-articles/chrysler-building/.

Spellen, Suzanne. "Walkabout: William H. Reynolds." Brownstoner (blog), April 29, 2010. https://www.brownstoner.com/brooklyn-life/walkabout-trump/.

CASE 20

你的美麗我的計謀：赫蓮娜‧魯賓斯坦

Bennett, James. "Helena Rubinstein." Cosmetics and Skin. Accessed July 28, 2020. https://cosmeticsandskin.com/companies/helena-rubinstein.php.

Fabe, Maxene. *Beauty Millionaire: The Life of Helena Rubinstein*. New York: Crowell, 1972.

Kenny, Brian. "How Helena Rubinstein Used Tall Tales to Turn Cosmetics into a Luxury Brand." *Cold Call*, March 14, 2019. Accessed July 25, 2020. http://hbswk.hbs.edu/item/how-helena-rubinstein-used-tall-tales-to-turn-cosmetics-into-a-luxury-brand.

O'Higgins, Patrick. *Madame: An Intimate Biography of Helena Rubinstein*. 1st ed. New York: Viking Press, 1971.

Rubinstein, Helena. *My Life for Beauty*. Sydney: Bodley Head, 1965.

CASE 21

葡萄乾地獄：聖美多 vs. 葡萄乾黑手黨

Bromwich, Jonah Engel. "The Raisin Situation." *New York Times*, April 27, 2019. https://www.nytimes.com/2019/04/27/style/sun-maid-raisin-industry.html.

Woeste, Victoria Saker. "How Growing Raisins Became Highly Dangerous Work." *Washington Post*, May 17, 2019. https://www.washingtonpost.com/outlook/2019/05/17/how-growing-raisins-became-highly-dangerous-work/.

破壞性競爭

CASE 22

打造真正的信徒：巴塔哥尼亞

Balch, Oliver. "Patagonia Founder Yvon` Chouinard: 'Denying Climate Change Is Evil.'" *Guardian*, May 10, 2019. https://www.theguardian.com/world/2019/may/10/yvon-chouinard-patagonia-founder-denying-climate-change-is-evil.

Chouinard, Yvon. *Let My People Go Surfing: The Education of a Reluctant Businessman*. Kindle. New York: Penguin Books, 2016.

———. "A Letter from Our Founder, Yvon Chouinard." 1% for the Planet, April 22, 2020. https://www.onepercentfortheplanet.org/stories/a-letter-from-yvon-chouinard.

Sierra Club. "Sierra Club Announces 2018 Award Winners." October 1, 2018. https://www.sierraclub.org/press-releases/2018/10/sierra-club-announces-2018-award-winners.

CASE 23

派對計畫：布朗妮・懷斯與特百惠戰隊

"Brownie Wise." PBS American Experience. Accessed July 6, 2020. https://www.pbs.org/wgbh/americanexperience/features/tupperware-wise/.

Doll, Jen. "How a Single Mom Created a Plastic Food-Storage Empire." *Mental Floss*, June 6, 2017. https://www.mentalfloss.com/article/59687/how-single-mom-created-plastic-food-storage-empire.

Kealing, Bob. *Life of the Party: The Remarkable Story of How Brownie Wise Built, and Lost, a Tupperware Party Empire*. Kindle. New York: Crown Archetype, 2016.

———. *Tupperware Unsealed: The Inside Story of Brownie Wise, Earl Tupper, and the Home Party Pioneers*. Gainesville: University Press of Florida, 2008.

"Success and Money." PBS American Experience. Accessed July 6, 2020.

https://www.pbs.org/wgbh/americanexperience/features/tupperware -success/.

"Tupperware Unsealed: The Story of Brownie Wise." 2008. https://www.you tube.com/watch?v=KfqkUGNVHlw.

"Women, Wishes, and Wonder." PBS American Experience. Accessed July 6, 2020. https://www.pbs.org/wgbh/americanexperience/features/tupperware -wishes/.

CASE 24

贏得真心、理智和腸胃：家樂氏玉米片

Cavendish, Richard. "The Battle of the Cornflakes." History Today, February 2006. https://www.historytoday.com/archive/battle-cornflakes.

Folsom, Burton W. "Will Kellogg: King of Corn Flakes." Foundation for Economic Education (blog), April 1, 1998. https://fee.org/articles/will-kellogg -king-of-corn-flakes/.

"A Historical Overview." Kellogg's. Accessed July 19, 2020. http://www. kellogg history.com/history.html.

Markel, Howard. *The Kelloggs: The Battling Brothers of Battle Creek*. Kindle. New York: Pantheon Books, 2017.

———. "The Secret Ingredient in Kellogg's Corn Flakes Is Seventh-Day Adventism." *Smithsonian Magazine*, July 28, 2017. https://www. smithsonian mag.com/history/secret-ingredient-kelloggs-corn-flakes-seventh-day -adventism-180964247/.

Pruitt, Sarah. "How an Accidental Invention Changed What Americans Eat for Breakfast." History, August 2, 2019. https://www.history.com/news/ cereal-breakfast-origins-kellogg.

"W. K. Kellogg Is Honored; Senator Davis Praises Battle Creek Manufacturer on Anniversary." *New York Times*, April 28, 1931.

CASE 25

把垃圾變黃金：Adidas

Adi & Käthe Dassler Memorial Foundation. "Chronicle and Biography of Adi Dassler & Käthe Dassler." Accessed June 16, 2020. https://www. adidassler.org/en/life-and-work/chronicle.

Bracken, Haley. "Was Jesse Owens Snubbed by Adolf Hitler at the Berlin Olympics?" *Encyclopaedia Britannica.* Accessed June 15, 2020. https:// www.britannica.com/story/was-jesse-owens-snubbed-by-adolf-hitler-at-the-berlin-olympics.

Inside Athletics Shop. "History of Athletics Spikes." Accessed June 14, 2020. https://spikes.insideathletics.com.au/history-of-athletics-spikes/.

Mental Itch. "The History of Running Shoes." Accessed June 17, 2020. https://mentalitch.com/the-history-of-running-shoes/.

Smit, Barbara. *Sneaker Wars: The Enemy Brothers Who Founded Adidas and Puma and the Family Feud That Forever Changed the Business of Sports.* New York: Ecco, 2008.

CASE 26

廣告不能停：當箭牌遇上經濟大衰退

Bales, Jack. "Wrigley Jr. & Veeck Sr." WrigleyIvy.com (blog), March 23, 2013. http://wrigleyivy.com/wrigley-jr-veeck-sr/.

Castle, George, and David Fletcher. "William Wrigley Jr." Society for American Baseball Research. Accessed June 10, 2020. https://sabr.org/node/27463.

"The Chewing Gum Trust." *New York Times*, May 1, 1889.

Clayman, Andrew. "Wm. Wrigley Jr. Company, Est. 1891." Made in Chicago Museum. Accessed June 10, 2020. https://www.madeinchicagomuseum. com /single-post/wrigley/.

Mannering, Mitchell. "The Sign of the Spear: The Story of William Wrigley,

Who Made Spearmint Gum Famous." *National Magazine*, 1912.

Mathews, Jennifer P. *Chicle: The Chewing Gum of the Americas, from the Ancient Maya to William Wrigley*. Tucson: University of Arizona Press, 2009.

McKinney, Megan. "The Wrigleys of Wrigley City." *Classic Chicago Magazine*, August 27, 2017. https://www.classicchicagomagazine.com/the-wrigleys-of-wrigley-city/.

Nix, Elizabeth. "Chew on This: The History of Gum." History, February 13, 2015. https://www.history.com/news/chew-on-this-the-history-of-gum.

"William Wrigley Dies at Age of 70." *New York Times*. January 27, 1932. https://nyti.ms/2ZCmCMQ.

CASE 27

闖關晉級：任天堂攻占美國記

Alt, Matt. "The Designer of the NES Dishes the Dirt on Nintendo's Early Days." Kotaku (blog), July 7, 2020. Accessed August 22, 2020. https://kotaku.com/the-designer-of-the-nes-dishes-the-dirt-on-nintendos-ea-1844296906.

Ashcraft, Brian. "'Nintendo' Probably Doesn't Mean What You Think It Does." Kotaku (blog), August 3, 2017. https://kotaku.com/nintendo-probably-doesnt-mean-what-you-think-it-does-5649625.

———. "The Nintendo They've Tried to Forget: Gambling, Gangsters, and Love Hotels." Kotaku (blog), March 22, 2011. https://kotaku.com/the-nintendo-theyve-tried-to-forget-gambling-gangster-5784314.

Cifaldi, Frank. "In Their Words: Remembering the Launch of the Nintendo Entertainment System." IGN (blog), October 19, 2015. https://www.ign.com/articles/2015/10/19/in-their-words-remembering-the-launch-of-the-nintendo-entertainment-system.

———. "Sad But True: We Can't Prove When Super Mario Bros. Came Out." Gamasutra (blog), March 28, 2012. https://www.gamasutra.com/

view/feature/167392/sad_but_true_we_cant_prove_when_.php.

Kleinfield, N. R. "Video Games Industry Comes down to Earth." *New York Times*, October 17, 1983. https://www.nytimes.com/1983/10/17/business / video-games-industry-comes-down-to-earth.html.

Kohler, Chris. "Oct. 18, 1985: Nintendo Entertainment System Launches." Wired, October 18, 2010. https://www.wired.com/2010/10/1018nintendo -nes-launches/.

———. "Sept. 23, 1889: Success Is in the Cards for Nintendo." *Wired*, September 23, 2010. https://www.wired.com/2010/09/0923nintendo-founded/.

"Mario Myths with Mr Miyamoto." Nintendo UK, 2015. https://www. youtube.com/watch?v=uu2DnTd3dEo.

Nintendo Co., Ltd. "Company History." Accessed June 19, 2020. https:// www.nintendo.co.jp/corporate/en/history/index.html.

Nintendo of Europe GmbH. "Nintendo History." Accessed June 19, 2020. https://www.nintendo.co.uk/Corporate/Nintendo-History/Nintendo-History-625945.html.

O'Kane, Sean. "7 Things I Learned from the Designer of the NES." The Verge (blog), October 18, 2015. https://www.theverge.com/2015/10/18/9554885/ nintendo-entertainment-system-famicom-history-masayuki-uemura.

Oxford, Nadia. "Ten Facts about the Great Video Game Crash of '83." IGN (blog), September 21, 2011. https://www.ign.com/articles/2011/09/21/ten-facts-about-the-great-video-game-crash-of-83.

Park, Gene. "Mario Makers Reflect on 35 Years and the Evolution of Gaming's Most Iconic Jump." *Washington Post*, September 14, 2020. https://www.washingtonpost.com/video-games/2020/09/14/mario-nintendo-creators-miyamoto-koizumi-tezuka-motokura/.

Picard, Martin. "The Foundation of Geemu: A Brief History of Early Japanese Video Games." *Game Studies* 13, no. 2 (December 2013). http:// game studies.org/1302/articles/picard.

Pollack, Andrew. "Gunpei Yokoi, Chief Designer of Game Boy, Is Dead at 56." *New York Times*, October 9, 1997. https://www.nytimes.

com/1997/10/09/business/gunpei-yokoi-chief-designer-of-game-boy-is-dead-at-56.html.

———. "Seeking a Turnaround with Souped-Up Machines and a Few New Games." *New York Times*, August 26, 1996. https://www.nytimes.com/1996/08/26/business/seeking-a-turnaround-with-souped-up-machines-and-a-few-new-games.html.

Ryan, Jeff. *Super Mario: How Nintendo Conquered America*. Kindle. New York: Portfolio/Penguin, 2011.

Sheff, David. *Game Over: How Nintendo Conquered the World*. Kindle. New York: Vintage, 1994.

國家圖書館出版品預行編目資料

破壞性競爭：Apple vs. BlackBerry, H&M vs. ZARA,Bumble vs. Tinder,
看巨頭爭霸如何鞏固優勢、瓜分市場！／大衛‧布朗（David
Brown）著；李立心，柯文敏譯. -- 初版. -- 臺北市：商周出
版：英屬蓋曼群島商家庭傳媒股份有限公司城邦分公司發行，
2021.12

　　　面；　　公分

譯自：The art of business wars : secrets of victory from history's greatest
rivalries.

ISBN 978-626-318-060-4（平裝）

1. 企業競爭 2. 企業經營

494.1　　　　　　　　　　　　　　　　　110018301

BW0787

破壞性競爭

原　書　名／The Art of Business Wars
作　　　者／David Brown & Business Wars
譯　　　者／李立心、柯文敏
責 任 編 輯／劉芸
外　　　編／張語寧
版　　　權／黃淑敏、吳亭儀、江欣瑜
行 銷 業 務／周佑潔、林秀津、黃崇華

總　編　輯／陳美靜
總　經　理／彭之琬
事業群總經理／黃淑貞
發　行　人／何飛鵬
法 律 顧 問／台英國際商務法律事務所　羅明通律師
出　　　版／商周出版
　　　　　　臺北市中山區104民生東路二段141號9樓
　　　　　　電話：(02) 2500-7008　傳真：(02) 2500-7759
　　　　　　E-mail：bwp.service@cite.com.tw
發　　　行／英屬蓋曼群島商家庭傳媒股份有限公司　城邦分公司
　　　　　　臺北市中山區104民生東路二段141號2樓
　　　　　　讀者服務專線：0800-020-299　　24小時傳真服務：(02) 2517-0999
　　　　　　24小時傳真服務：(02)2500-1990‧(02)2500-1991
　　　　　　讀者服務信箱E-mail: cs@cite.com.tw
　　　　　　劃撥帳號：19833503　　戶名：英屬蓋曼群島商家庭傳媒股份有限公司城邦分公司
訂 購 服 務／書虫股份有限公司客服專線：(02) 2500-7718；2500-7719
　　　　　　服務時間：週一至週五上午09:30-12:00；下午13:30-17:00
　　　　　　24小時傳真專線：(02) 2500-1990；2500-1991
　　　　　　劃撥帳號：19863813　　戶名：書虫股份有限公司
　　　　　　E-mail: service@readingclub.com.tw
香港發行所／城邦（香港）出版集團有限公司
　　　　　　香港灣仔駱克道193號東超商業中心1樓
　　　　　　Email：hkcite@biznetvigator.com
　　　　　　電話：(852)2508-6231　　傳真：(852)2578-9337
馬新發行所／城邦（馬新）出版集團【Cite (M) Sdn. Bhd.】
　　　　　　41, Jalan Radin Anum, Bandar Baru Sri Petaling, 57000 Kuala Lumpur, Malaysia
　　　　　　電話：(603)90578822　　傳真：(603)90576622　　Email：cite@cite.com.my
封 面 設 計／黃宏穎　　　　　　　內頁設計排版／唯翔工作室
印　　　刷／韋懋實業有限公司
總　經　銷／聯合發行股份有限公司　電話：(02) 2917-8022　傳真：(02) 2911-0053
　　　　　　地址：新北市新店區寶橋路235巷6弄6號2樓

■ 2021年12月9日初版1刷

Printed in Taiwan

城邦讀書花園
www.cite.com.tw

定價／570元

ISBN：978-626-318-060-4（平裝)
ISBN：9786263180598（EPUB)

版權所有‧翻印必究